그림해설
가정전기학 입문

일본 옴사 편 | 월간 전기기술 편집부 역

주식회사 **성안당**
도서출판 **성안당**

日本옴사 · 성안당공동출간

그림해설

가정전기학 입문

Original Japanese edition
ETOKI KATEI NO DENKIGAKU NYUUMON HAYAWAKARI
by Fumihiro Kumagai, Masahiro Ooshima, Shouji Oohama and
Hiroshi Iwamoto.
Copyright ⓒ 1995 by Ohmsha, Ltd.
published by Ohmsha, Ltd.

This Korean language edition do—published by Ohmsha, Ltd. and
Sung An Dang, Inc.
Copyright ⓒ 1997~2020
All rights reserved.

그림으로 해설한 가정 전기의 모든 것

차 례

1 전기의 탄생에서 가정까지

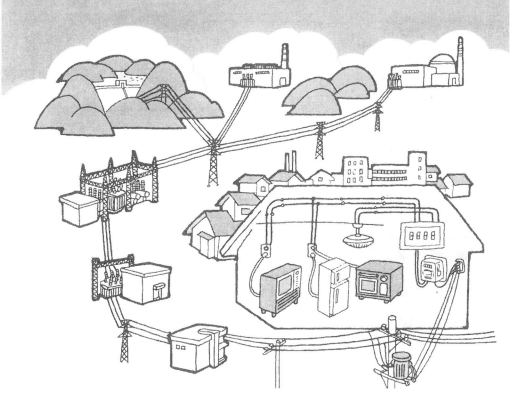

　　늘 편리하게 사용하는 가정용 전기기구도 그 근원이 되는 전기가 없으면 아무 소용이 없다.

　　전기에는 직류와 교류가 있는데, 일반적으로 가정에서 사용되는 것은 교류 100볼트 전기이다. 우선 가정의 전기학을 이해하는 첫걸음으로서, 교류 전기가 발전소에서 생겨 가정에 이르기까지의 과정을 이야기하겠다.

　　또, 가정에 보내지는 전기를 옥내에 배선하는 과정과, 전기의 안전한 사용 방법, 가정용 전기기구의 사용 방법 등을 그림으로 알기 쉽게 설명한다.

1 전기가 보내지는 과정

수력 발전소

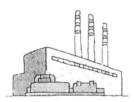

☆ 물이 떨어지는 힘으로 수차, 발전기를 돌려 발전한다.

화력 발전소

☆ 석유를 연료로 하여 보일러에서 증기를 발생시킨 다음 그 압력으로 터빈, 발전기를 돌려 발전한다.

• 1차송전선 •
송전 철탑
초고압
500kV~275kV

원자력 발전소

☆ 화력 발전의 보일러 대신 원자로를 이용한 것으로, 증기의 압력으로 터빈, 발전기를 돌려 발전한다.

2차 변전소

☆ 2차 변전소는 2차 송전선에서 보내온 154kV~77kV의 전기를 77kV~22kV의 특별 고압으로 낮추는 작용을 한다.

2차 송전선

☆ 2차 송전선은 1차 변전소에서 2차 변전소로, 154kV~77kV 전압의 전기를 가공 송전선으로 보내는 작용을 한다.

특별 고압
154kV~
77kV

송전
철탑

1차 변전소

☆ 1차 변전소는 1차 송전선에서 보내온 500kV~275kV의 전기를 154kV ~ 77kV의 전압으로 낮추는 작용을 한다.

1차 송전선

☆ 1차 송전선은 발전소에서 1차 변전소로, 500kV~275kV의 초고압 전기를 가공 송전선으로 보내는 작용을 한다.

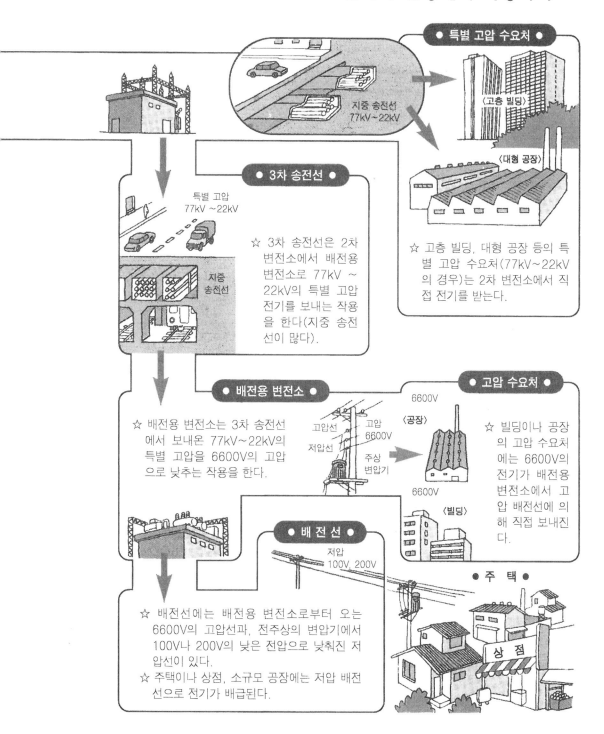

● 특별 고압 수요처 ●

지중 송전선
77kV~22kV

〈고층 빌딩〉

〈대형 공장〉

☆ 고층 빌딩, 대형 공장 등의 특별 고압 수요처(77kV~22kV의 경우)는 2차 변전소에서 직접 전기를 받는다.

● 3차 송전선 ●

특별 고압
77kV~22kV

지중
송전선

☆ 3차 송전선은 2차 변전소에서 배전용 변전소로 77kV~22kV의 특별 고압 전기를 보내는 작용을 한다(지중 송전선이 많다).

● 배전용 변전소 ●

☆ 배전용 변전소는 3차 송전선에서 보내온 77kV~22kV의 특별 고압을 6600V의 고압으로 낮추는 작용을 한다.

● 고압 수요처 ●

6600V

고압선
저압선

고압
6600V

주상
변압기

6600V

〈공장〉

〈빌딩〉

☆ 빌딩이나 공장의 고압 수요처에는 6600V의 전기가 배전용 변전소에서 고압 배전선에 의해 직접 보내진다.

● 배전선 ●

저압
100V, 200V

● 주 택 ●

상 점

☆ 배전선에는 배전용 변전소로부터 오는 6600V의 고압선과, 전주상의 변압기에서 100V나 200V의 낮은 전압으로 낮춰진 저압선이 있다.
☆ 주택이나 상점, 소규모 공장에는 저압 배전선으로 전기가 배급된다.

2 가정내 전기 구조

● 침 실〔예〕●

형광등 20〔W〕 ×2
백열등 30〔W〕
콘센트

● 욕실 · 세면대 · 화장실〔예〕●

형광등 20〔W〕
백열등 40〔W〕
콘센트

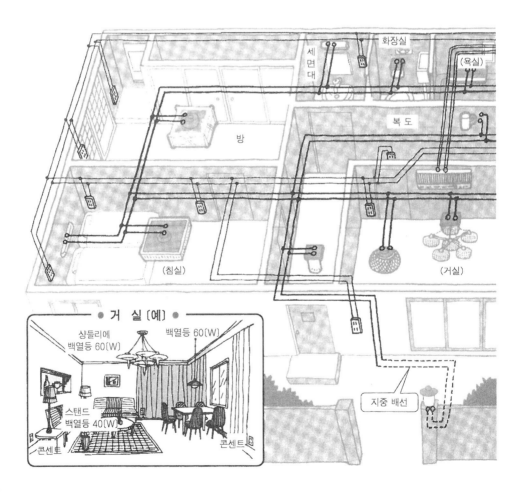

● 거 실〔예〕●

상들리에 백열등 60〔W〕
백열등 60〔W〕
스탠드 백열등 40〔W〕
콘센트
콘센트

세면대
화장실
(욕실)
복도
방
(침실)
(거실)
지중 배선

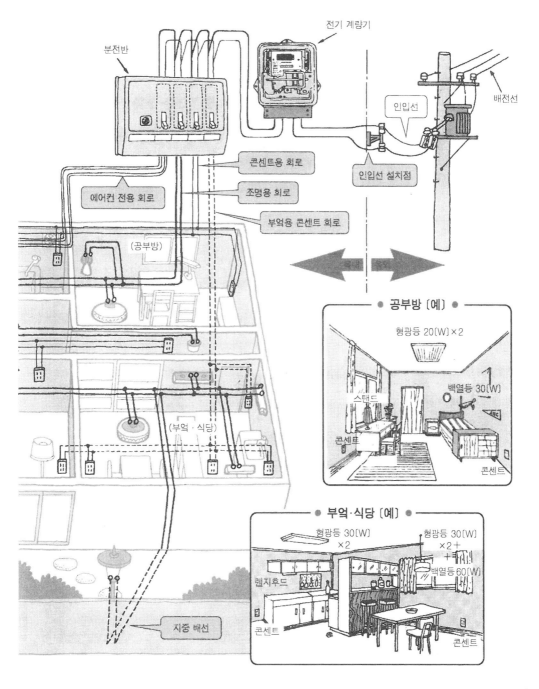

전기 계량기

분전반

콘센트용 회로

에어컨 전용 회로

조명용 회로

부엌용 콘센트 회로

(공부방)

인입선

배전선

인입선 설치점

지중 배선

(부엌·식당)

공부방 [예]

형광등 20[W]×2

백열등 30[W]

스탠드

콘센트

콘센트

부엌·식당 [예]

형광등 30[W]
×2

형광등 30[W]
×2+

백열등 60[W]

렌지후드

콘센트

콘센트

3 물이 떨어지는 힘으로 발전하는 수력 발전소

수차가 발전기를
돌려서 전기를
일으키지.

물의 힘으로
수차를 돌리고 있어.

● 수력 발전소란 무엇인가? ●

**수력 발전소란
무엇인가?**

수력 발전소란 [그림 1]과 같이 높은 곳에 있는 물을 낮은 곳으로 유도하여, 물이 떨어지는 힘, 즉 물이 가지고 있는 위치 에너지를 운동 에너지로 바꿔 수차를 돌리고, 수차에 연결된 발전기로 발전하여 전기 에너지를 일으키는 것을 말한다.

수력 발전소는 일반적으로 험한 산속에 건설되어 전기 소비지에서 멀기 때문에, 송전선이나 댐 등의 건설에는 많은 비용과 기간을 필요로 한다.

**수력 발전소의
종류**

발전에 이용할 수 있는 물의 에너지는 낙차와 유량의 곱이 클수록 더욱 커진다. 이 낙차를 얻는 방법에 따라 발전소의 형식이 달라진다.

● 댐식……강을 가로질러 높은 댐을 쌓아 물을 저장하고, 이것을 수압

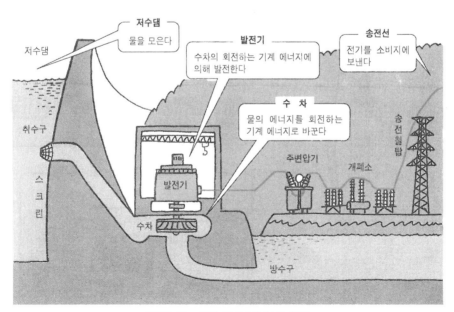

저수댐
물을 모은다

저수댐

발전기
수차의 회전하는 기계 에너지에
의해 발전한다

송전선
전기를 소비지에
보낸다

취수구

스크린

수 차
물의 에너지를 회전하는
기계 에너지로 바꾼다

송전철탑

발전기

주변압기

개폐소

수차

방수구

[그림 1] 수력 발전소(댐식) [예]

이 걸린 터널을 통하여 바로 아래의 발전소로 물을 떨어뜨려 발전한다.

● 수로식······ 강을 상류에서 막아 취수구를 만들고 물을 수로로 유도한 다음, 본류와의 낙차를 이용하여 발전한다.

● 댐·수로식······댐으로 저장한 물을 수로에 의해 더욱 낙차를 크게 하여 발전한다.

양수 발전소란 무엇인가?

양수 발전이란 〔그림 2〕와 같이, 수력 발전소의 위와 아래에 저수지를 만들고, 야간에 화력 발전 등에 의한 전기를 사용하여 발전에 이용한 물을 아래의 저수지에서 위의 저수지로 퍼올려 놓은 다음, 다음날 주간에 재차 이 물을 방출하여 발전하는 방법을 말한다. 즉 야간에 발전한 전기를 물의 상태로 저장해 놓고, 주간에 재차 전기로 바꾸는 셈이다. 이와 같은 발전소를 양수 발전소라 한다.

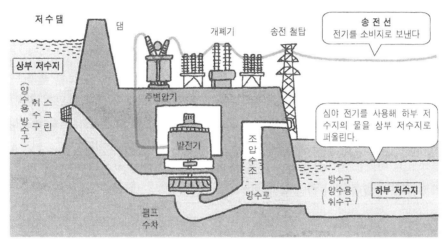

〔그림 2〕 양수 발전소〔예〕

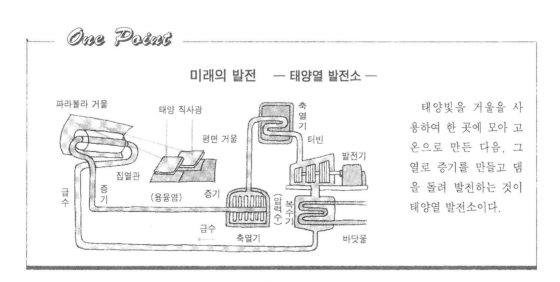

4 석유를 연료로 하여 발전하는 화력 발전소

증기의 힘으로 터빈을 돌린다.

터빈이 발전기를 돌려 전기를 일으킨다.

발전기

보일러?

터빈

● 전기는 어떻게 만들어지나? ●

화력 발전소란 무엇인가?

화력 발전소는 〔그림 1〕과 같이 원유나 중유 등을 연료로 하여 보일러로 증기를 발생시킨 다음, 그 압력으로 터빈·발전기를 돌려 발전하여 전기 에너지로 바꾸는 곳이다.

화력 발전소에서 원유나 중유 등의 연료는 보일러 내에서 연소하는데(연소한 폐가스는 굴뚝으로 방출된다), 그 열 에너지를 보일러 내의 보일러 물〔水〕에 가하여 고압·고온의 증기를 만든다. 이 증기는 터빈에 보내지고, 터빈에서 그 열 에너지를 회전의 기계 에너지로 바꾼다. 그리고 터빈에 직결된 발전기를 돌려 발전하면, 전기 에너지로 변환되는 것이다.

화력 발전소는 연료로 사용하는 석유 등을 해외에서 운반해오기 때문에, 수송에 편리하고 운전에 필요한 대량의 물을 얻기 쉬운 해안가에 만들어진다.

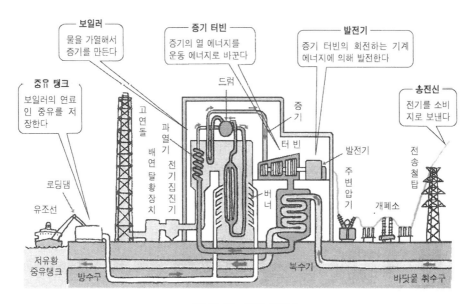

〔그림 1〕 화력 발전소

원자력 발전도 〔그림 2〕와 같이 증기의 압력으로 터빈이나 발전기를 돌려 발전한다는 점에서는 화력 발전과 똑같다. 다만 화력 발전의 보일러를 원자로로 바꿔 놓은 것인데, 증기는 원자로에서 우라늄 등의 핵분열 반응에 의해 생기는 열로 인해 발생한다.

원자력 발전소는 우라늄 235라는 물질을 2~3% 함유한 것을 핵연료로 사용하기 때문에 거의 100% 우라늄 235로 되어 있는 원자 폭탄처럼 폭발할 염려는 없다.

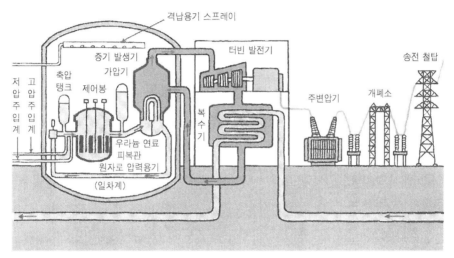

〔그림 2〕 원자력 발전소

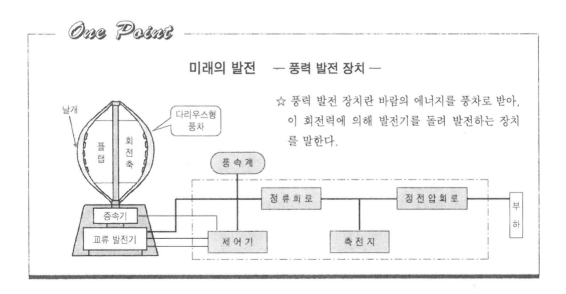

One Point

미래의 발전 — 풍력 발전 장치 —

☆ 풍력 발전 장치란 바람의 에너지를 풍차로 받아, 이 회전력에 의해 발전기를 돌려 발전하는 장치를 말한다.

5 산을 넘고 골짜기를 건너 전기를 보내는 송전선로

● 전기가 보내지는 과정 ●

송전선이란 무엇인가?

송전선이란 전기를 발전하는 발전소와 그 전기의 전압을 바꾸는 변전소, 혹은 변전소와 변전소 등을 연결하여 전기를 보내는 역할을 하는 것을 말한다.

일반적으로 송전선은 발전소에서 배전용 변전소에 이르기까지의 변전소에 의해 구분되어 〔그림 1〕과 같이 1차, 2차, 3차 송전선으로 나뉘고, 각각 적당한 전압을 유지한다.

송전선의 전압이 높은 이유

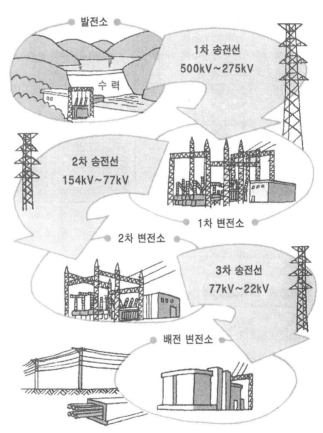

〔그림 1〕 발전소에서 변전소로 전기를 보내는 송전선로의 구조 〔예〕

일정한 거리에 일정한 전력을 보낼 경우 전선로의 저항에 의해 발생하는 전력 손실(전선로에서 열이 되어 잃는 전력. Joule 손실이라 한다)은 전압의 2제곱에 반비례하므로 전압이 높을수록 전력 손실은 적어지며 송전 효율이 좋아진다. 또 전력은 전압과 전류의 곱으로 결정되므로 전압을 높이면 그 만큼 송전선에 흐르는 전류는 적어진다. 따라서 전선이 가늘어도 되며 전선비가 적어지는 이점이 있다.

그 때문에 송전선의 전압은 높으며, 현재는 500kV가 가장 높은 송전 전압이다.

가공 송전선과 지중 송전선 송전선에는 가공 송전선과 지중 송전선이 있다. 하이킹 등을 할 때 산을 넘고 골짜기를 건너 〔그림 2〕와 같이 여러 개의 송전 철탑이 계속되는 것을 볼 수 있는데, 이것이 가공 송전선이다. 그러나 도시의 하늘에는 송전선이 눈에 띄지 않는다. 인구가 밀집되어 있는 도시에서는 송전선이 케이블로 지하에 매립되어, 〔그림 3〕과 같은 지중 송전선으로 되어 있다.

〔그림 2〕 가공 송전선〔예〕

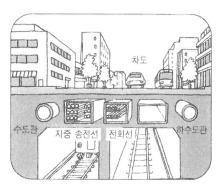

〔그림 3〕 지중 송전선

One Point

일본에서는 이사할 때 주의*!!* 가정용 전기 기구를 사용할 수 없는 경우가 있다

일본에서는 시즈오카현의 후지가와강을 경계로 동쪽이 50Hz, 서쪽이 60Hz로 되어 있다. 교류식 전기 시계, 테이프 리코더, 전축 등 모터를 사용하는 기구는 회전 속도가 변하므로 못쓰는 경우가 있다. 주파수가 다른 지역으로 이사할 경우에는 각 기구의 명판을 확인하여, "50Hz" 혹은 "60Hz"라 표시된 것은 전파상에서 고쳐쓴다. "50/60Hz"라 표시된 것은 양쪽 다 쓸 수 있다.

6 변전소에서 가정으로 전기를 보내주는 배전선로

● 전기가 보내지는 과정 ●

변전소란 무엇인가?

발전소에서 발전한 전기를 경제적으로 소비지에 보내려면 송전 전압을 차례로 올릴 필요가 있다. 또 소비지에서의 안전을 위해서는 낮은 전압으로 차례로 내릴 필요가 있다. 이를 위해 송·배전 선로의 적당한 장소에 전압을 바꾸는 변전소가 설치된다. 변전소에서 전압을 바꾸려면 〔그림 1〕과 같이 변압기를 이용한다.

변전소의 전압을 구분하는 방법

발전소에서 발전된 전기(10~20kV)를 송전하기 위해 고전압(154kV, 275kV, 500kV)으로 하는 송전용 변전소와 소비지 주변에서 전압을 내리는 1차 변전소(77kV), 전압을 더욱 낮추는 2차 변전소(22kV, 33kV), 배전선에 보내기 위한 배전용 변전소(6.6kV) 등이 있다.

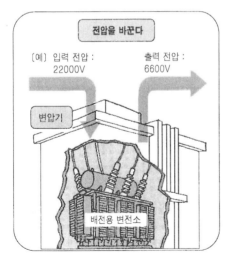

〔그림 1〕 전압을 바꾸는 배전용 변전소〔예〕

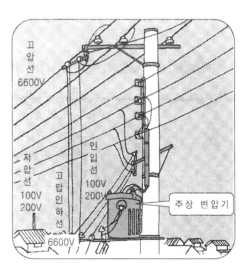

〔그림 2〕 고압 배전선과 저압 배전선

배전선이란 무엇인가?

　　　　　　배전용 변전소에서 6600볼트의 전압으로 떨어진 전기는 〔그림 3〕과 같이 배전선을 통하여 일반 빌딩이나 공장 등으로 직접 보내지는 외에, 전주에 부착된 주상 변압기에 의해 200볼트나 100볼트의 사용하기 쉬운 전압으로 낮춰져 주택이나 상점, 소규모의 공장 등에 배급된다.

　　이와 같이 배전선이란 배전용 변전소에서 주택이나 상점, 공장으로 보내는 전선로를 말하며, 〔그림 2〕와 같이 6600볼트의 고압선과 주상 변압기에서 전압을 낮춘 100볼트, 200볼트의 저압선이 있다. 일반 가정에서는 100볼트의 저압선이 옥내 배선용 전압으로 사용된다. 또 배전선에서 6600볼트 이상의 고전압으로 직접 대형 공장에 보내는 것도 배전선이라 한다.

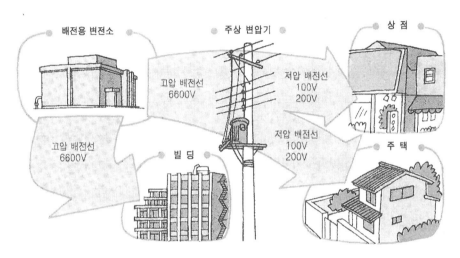

〔그림 3〕　배전용 변전소에서 빌딩이나 주택에 전기를 보내는 배전선로〔예〕

One Point

전압을 바꾸는 작용을 하는 변압기

　　변압기란 1차측에서 교류 전력을 받아 전자 유도 작용에 의해 전압을 변성하여, 2차 회로에 동일 주파수의 교류 전력을 공급하는 장치를 말한다.

　　예를 들면 주상 변압기에서는 1차측 고압 6600V의 전압을 105V 또는 210V의 저압으로 변성하는 주상에 설치된 변압기를 말한다.

7 전주에서 가정으로 전기를 끌어들이는 인입선

인입선이란 무엇인가?

　　인입선이란 〔그림 1〕과 같이 전력 회사의 저압 배전선 전주에서 가정으로 끌어들여진 최초의 설치용 철물까지의 배선을 말한다. 보통 여기까지는 전력 회사가 시공한다.

　　인입선의 부착용 철물 이후의 배선은 전기 공사점에 의뢰하여 배선 공사를 받는다. 그러나 인입선 설치 지점에서 옥내 분전반까지의 배선 도중에 가정에서 사용한 전기의 양을 재는 전기 계량기는 전력 회사가 장치한다.

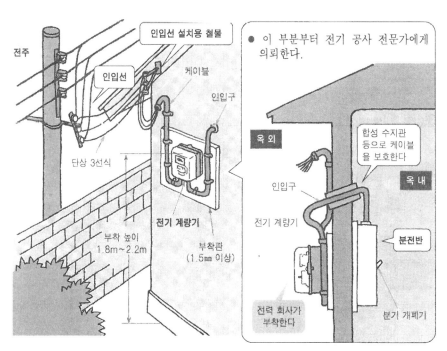

〔그림 1〕 전주에서 주택으로 전기를 끌어들이는 배선을 인입선이라고 한다

16

인입선에는 2개의 전선으로 끌어들이는 단상 2선식과 3개의 전선으로 끌어들이는 단상 3선식이 있다.

단상 2선식은 〔그림 2〕와 같이 2개의 전선 중 1개가 어스(접지 : 일정한 저항치를 갖고 땅에 연결된다)되어 있다. 따라서 가정용 전기 기구는 이 2개의 전선 사이에 병렬로 연결하여 사용한다.

단상 3선식은 〔그림 3〕과 같이 3개의 전선 중 중앙의 1개(중성선이라 한다)가 어스되어 있으므로, 각각의 외측 전선과 중성선 사이에 100볼트로 사용하는 전기 기구를 병렬로 연결하며, 양쪽 전선 사이에 단상 200볼트의 전기 기구를 병렬로 이을 수 있기 때문에 편리하다.

최근에는 가정용 전기 기구의 증가에 따라 전력 손실이 적은 단상 3선식이 많아지고 있다.

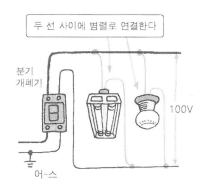

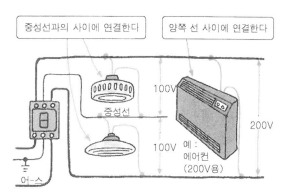

〔그림 2〕 단상 2선식〔예〕　　　　　〔그림 3〕 단상 3선식〔예〕

One Point

위험해요! 여러분들은
이렇게 하면 안돼요

가정용 전기 기구는 너무 흔해서 잘못 취급하기 쉽다.

어느 자료에 의하면, 전기 난로가 고장난 경험이 있는 세대 중 40%가 전기 난로의 위에 자주 올라간다고 답한다.

세탁기의 어스는 25%가 설치되어 있지 않고, 전기 난로 가까이에서 세탁물을 건조시킨 경험이 있는 가정은 20%, 텔레비전 위에 꽃병 등 물이 들어 있는 물건을 올려 놓은 가정은 10%나 된다고 한다.

8 옥내 전기 배선 계획

● 집안의 배선은 어떻게 되어 있나 ●

주거용 전기 설비의 계획

주거용 전기 설비는 쾌적한 집가꾸기의 기본이다. 신축이나 증·개축 때의 옥내 전기 배선 계획에 대하여 방마다 정리해 본다.

〈거실의 전기 배선〔예〕〉

- 조명은 전체 조명 외에 액센트를 주는 벽 조명, 플로어 스탠드 등이 좋다.
- 사용하는 전기 기구가 많으므로 콘센트는 여유있게 쓰기 쉬운 위치에 분산해 놓는다.
- 냉·난방에는 히트 펌프를 검토해 보자.

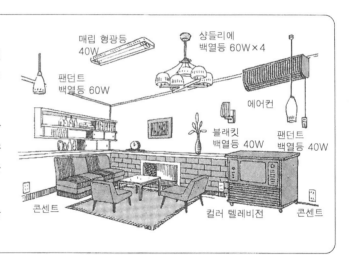

매립 형광등 40W
팬던트 백열등 60W
상들리에 백열등 60W×4
에어컨
블래킷 백열등 40W
팬던트 백열등 40W
콘센트
컬러 텔레비전
콘센트

〈안방의 전기 배선〔예〕〉

- 조명은 단순하고 안정된 것으로 하자. 바닥 사이에 보조 조명을 하면 효과적이다.
- 안방은 다목적으로 사용되므로 콘센트는 넉넉하게 마련한다.

형광등 20W×4
실린더 라이트 백열등 40W
펜던트 백열등 40W
콘센트
에어컨
(바닥 설치형 히트 펌프)

〈화장실·식당의 전기 배선〔예〕〉

- 식탁을 비추는 조명으로는 그림자가 생기지 않는 와트수가 큰 것을 선택한다. 또 광원으로는 비교적 색을 바르게 표현하는 백색 형광등이 좋다.
- 콘센트는 쓰기 편리한 장소에 설치하고, 전자 렌지 등의 대형 기구에는 전용 회로를 설치한다. 또 환풍기도 필요한 것 중의 하나이다.

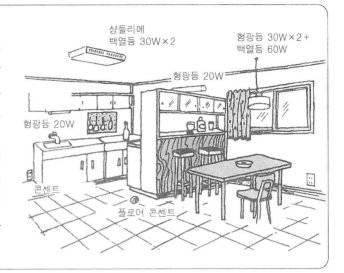

샹들리에
백열 30W×2

형광등 30W×2 +
백열등 60W

형광등 20W

형광등 20W

콘센트

플로어 콘센트

〈아이들 방의 전기 배선〔예〕〉

- 조명은 전체 조명과 책상 보조 조명, 머리맡에 등을 붙인다.
- 콘센트는 적어도 2개 이상 필요하다.
- 난방으로는 안전하고 쾌적한 전기 담요가 좋다.

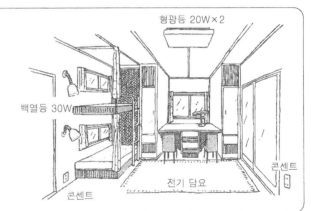

형광등 20W×2

백열등 30W

콘센트

전기 담요

콘센트

One Point

조명 기구 선택 방법

같은 밝기를 얻는데 형광등은 백열전구의 약 3분의 1의 전력이면 된다. 따라서 밝기 위주라면 형광등이 유리하다.

조명기구에는 천정 매립형, 펜던트형 등이 있는데, 가장 밝은 것은 펜던트형이다. 삿갓 모양 중에서는 아래쪽이 개방된 것이 가장 효율적이다.

9 옥내 전기 배선에는 용도별 전용 회로가 있다

● 집안의 배선은 어떻게 되어 있나 ●

분전반은 전기의 교통 정리이다

분전반은 흔히 가정의 부엌이나 부엌문 위쪽에 설치한다. 전력 회사의 저압 배전선을 통한 인입선으로부터의 전기는 [그림 1]과 같이 전기 계량기를 통하여 분전반으로 이어져 있으며, 집안의 전기는 모두 여기에서 배급된다. 즉 집안에서 전기의 교통정리를 취급하는 것이 바로 분전반이다.

분전반은 분기 개폐기 등을 장치한 대, 또는 이들을 수납하는 난연성 재질의 상자를 말한다.

전기가 과다하면 열리는 분기 개폐기

분기 개폐기란 분전반 속에 장치되어 있는 안전 브레이커 등을 말하는데, 전기의 과다 사용이나 전기 기구의 고장, 단락 등 전류가 과도하게 흐를 때 스위치가 열려 전기를 차단함으로써 배선을 보호하는 역할을 한다. 안전 브레이커는 배선에 이상이 있으면 자동적으로 전기를 차단하는데, 전류가 과도하게 흐른 원인을 제거하고 스위치를 넣으면 원래대로 전기가 흐른다.

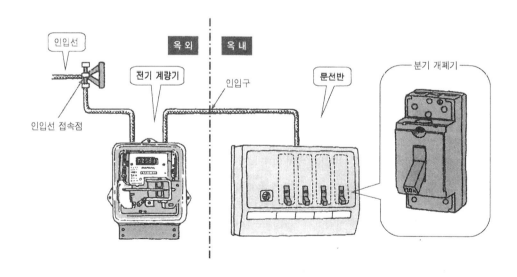

[그림 1] 분전반은 집안 전기의 교통 정리이다

가정의 옥내 배선에는 [그림 2]와 같이 분전반에서 각 방으로 전등이나 콘센트 용도별로 전용 배선이 되어 있는데, 이것을 분기 회로라 한다.

따라서 분기 회로의 수만큼 분기 개폐기가 필요하다. 전기 기구를 효율적으로 쓰려면 분기 회로가 최소한 3~4회로 있어야 한다.

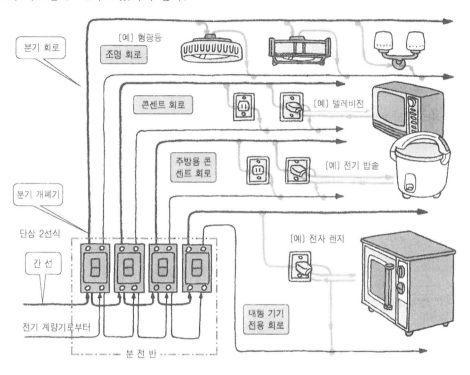

[그림 2] 옥내 배선에는 용도별 전용 분기 회로가 있다

자기 몸을 태워 회로를 보호하는 퓨즈!

퓨즈는 정격 이상의 전류가 흐르면 녹아 끊어져, 회로를 차단함으로써 화재 사고를 방지하는 작용을 한다.

퓨즈가 끊어지는 이유는, 과다한 전류가 흐르면 줄(Joule)의 법칙에 의해 전류의 2제곱에 비례하는 열을 자체 내에서 발생시키기 때문이다.

10 옥내 배선도에 쓰이는 그림 기호

● 집안의 배선은 어떻게 되어 있나 ●

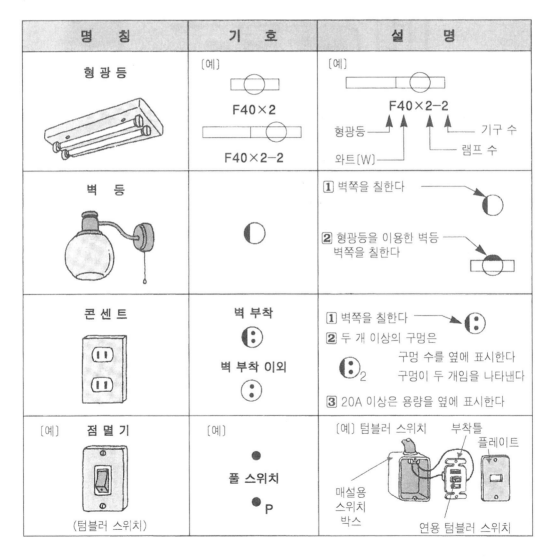

명 칭	기 호	설 명
형광등	〔예〕 F40×2 / F40×2-2	〔예〕 F40×2-2 형광등 → / 와트[W] → / 기구 수 / 램프 수
벽 등	◐	① 벽쪽을 칠한다 ◐ / ② 형광등을 이용한 벽등 벽쪽을 칠한다
콘센트	벽 부착 ⦂ / 벽 부착 이외 ⦂	① 벽쪽을 칠한다 ⦂ / ② 두 개 이상의 구멍은 구멍 수를 옆에 표시한다 ⦂₂ 구멍이 두 개임을 나타낸다 / ③ 20A 이상은 용량을 옆에 표시한다
〔예〕 점 멸 기 (텀블러 스위치)	〔예〕 ● 풀 스위치 ●P	〔예〕 텀블러 스위치 / 부착틀 / 플레이트 / 매설용 스위치 박스 / 연용 텀블러 스위치

명 칭	기 호	설 명
VVF용 조인트 박스	단자 부착의 경우 ⊘ ⊘t	주 : VVF 600V 비닐 절연 전선(평형)
배선용 차단기	B 주 : B…Breaker	• 필요에 따라 극수, 프레임 크기 및 정격 전류를 표시한다. B 3P 극수 225AF 프레임의 크기 150A 정격 전류
전기 계량기	(WH) 주 : WH… Watt-hour Meter	• 필요에 따라 전기 방식, 전압, 전류 등을 표시한다.
룸 에어컨	RC 주 : RC…Room airconditioner	① 옥외 유닛에는 O를, 옥내 유닛에는 I를 표시한다. ② 필요에 따라 전동기, 전열기의 전기 방식, 전압, 용량 등을 표시한다.

One Point

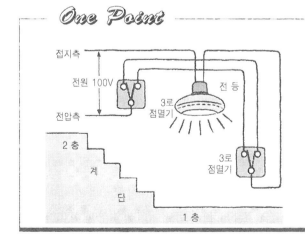

층의 상하에서 전등을 점멸할 수 있는 3로 점멸기

전등을 계단의 상하, 복도의 양끝, 방 입구와 침대 가까이 등, 2개소에서 자유롭게 점멸할 수 있다면 대단히 편리하다.

왼쪽 그림은 3로 점멸기에 의해 주택의 계단 1층과 2층 두 곳에서 전등을 자유롭게 켜고 끌 수 있는 예를 나타낸 것이다.

11 옥내 전기 배선의 구조

● 집안의 배선은 어떻게 되어 있나 ●

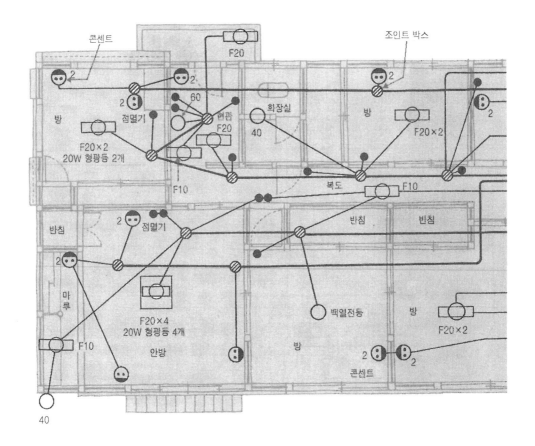

옥내 전기 배선의 평형 비닐 외장 케이블 공사〔예〕

현관〔예〕

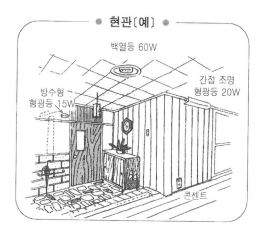

백열등 60W

간접 조명
형광등 20W

방수형
형광등 15W

콘센트

욕실·세면대〔예〕

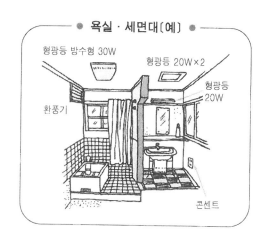

형광등 방수형 30W

형광등 20W×2

형광등
20W

환풍기

콘센트

주방〔예〕

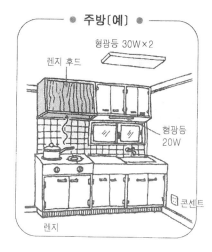

형광등 30W×2

렌지 후드

형광등
20W

콘센트

렌지

테라스〔예〕

블래킷 방수형 형광등 20W

블래킷 방수형
형광등 20W

방수형 콘센트

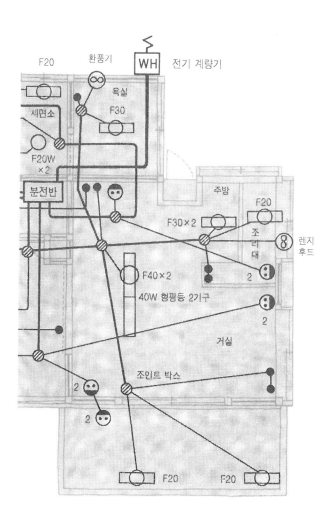

F20

환풍기

WH 전기 계량기

욕실

F30

세면소

F20W
×2

분전반

주방

F20

F30×2

조리대

렌지
후드

2

F40×2

40W 형광등 2기구

2

거실

조인트 박스

2

2

F20

F20

12 사용한 전기의 양을 재는 전기 계량기

전기 사용량

1. 당월 지표수 `0355.0`
2. 전월 지표수 `0205.0`

당월 사용량 150.0 kWh

이번 달에는 150kWh나 썼어.

전기를 너무 많이 썼네!

● 알아 두면 편리한 가정 전기학 ●

전력은 와트로 표시한다

전기가 하는 일의 비율, 즉 1초에 한 일의 양을 전력이라 하며, 와트 (기호 W : watt) 단위로 표시한다. 따라서 1와트는 전압이 1볼트이고, 전류가 1암페어 흐를 때의 전력을 말한다.

일반적으로 전압이 V[볼트]이고, 전류가 I[암페어] 흐를 때의 전력 P[와트]는 전압 V와 전류 I를 곱한 값 $V{\cdot}I$[와트]가 된다.

전력량은 킬로와트· 시로 표시한다

전력이 일정 시간 활동한 일의 양, 즉 사용한 전기의 양을 전력 량이라 한다. 1와트의 전력을 1시간 썼을 때의 전력량을 1와트·시 (기호 Wh : watt-hour)라 한다. 따라서 1킬로와트의 전력을 1시 간 사용하면 1킬로와트·시(기호 kWh : kilowatt-hour)가 되는 것이다. 그러므로 P[킬로와트]의 전력을 t[시간] 사용하면 전력 P와 시간 t를 곱한 값 $P{\cdot}t$[킬로와트·시]의 전력량이 된다.

사용한 전기의 양을 재는 전기계량기

전기 계량기는 가정에서 쓴 전기량을 재는 것으로, 전력 회사에 서 쉽게 검침할 수 있도록 보통 옥외에 설비되어 있다.

전기 계량기의 원리는 [그림 1]과 같이 소형 모디를 계기 속에 넣

전기 계량기에서 매월 사용 전력량을 읽는 방법

문자판   kWh
`0355.0`   당월 지표수······355.0kWh

kWh
`0205.0`   전월 지표수······205.0kWh

전기 계량기

당월 지표수에서 전월 지표수를 뺀다······당월 사용량······150.0kWh

어두고, 이 모터가 사용하고 있는 전력에 비례하는 속도로 회전하도록 해놓으면, 일정 시간 동안 사용한 전력량은 그 시간 동안 모터가 회전한 회전수로 알 수 있다. 이 모터에 상당하는 것이 알루미늄 원판이며, 원판의 회전은 톱니바퀴를 움직여 전력량을 문자판에 숫자로 나타낸다.

매월 사용 전력
량을 재려면?

가정에서 사용한 전력량은 전기 계량기의 문자판에 숫자로 가산된다. 따라서 매월의 사용 전력량은 전기 계량기의 문자판에 표시된 당월 지시수에서 전월 지시수를 빼면 알 수 있고, 단위는 킬로와트·시로 표시한다.

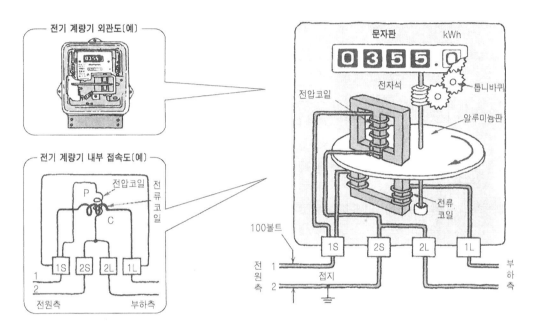

[그림 1] 전기 계량기의 구조와 내부 접속도[예]

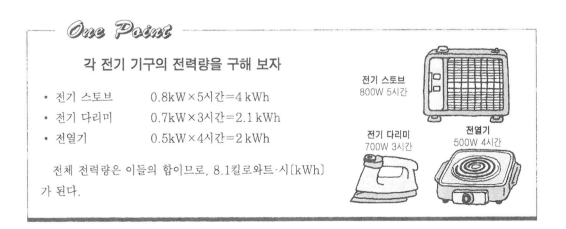

One Point

각 전기 기구의 전력량을 구해 보자

- 전기 스토브   0.8kW×5시간=4 kWh
- 전기 다리미   0.7kW×3시간=2.1 kWh
- 전열기   0.5kW×4시간=2 kWh

전체 전력량은 이들의 합이므로, 8.1킬로와트·시[kWh] 가 된다.

전기 스토브
800W 5시간

전기 다리미
700W 3시간

전열기
500W 4시간

13 가정용 전기 기구의 효율적인 사용 방법

가정용 전기 기구를 효율적으로 사용하는 포인트를 말한다. 다음으로 미루지 말고 오늘부터 실행해 보자.

● 알아두면 편리한 가정 전기학 ●

● 전기 냉장고 ●

<포인트>

☆ 냉장고 뒤에는 열교환기가 붙어 있다. 열이 잘 배출되도록 뒤쪽 벽에서 10cm 이상, 상부·측벽 면에서 30cm 떨어뜨려 설치하자.

☆ 냉장고 안에 식품을 너무 많이 채우면 냉기의 순환이 잘 되지 않아 냉장고 내의 온도가 일정치 않게 되며, 소비 전력도 증가하고, 냉각 효율이 떨어진다.

☆ 냉장고 문은 가급적 자주 여닫지 않는다. 열었을 경우에도 가능하면 빨리 닫는다. 실온이 30℃ 이상일 때 10초 동안 문을 열어두면 냉장고 내의 온도는 5~6℃나 상승한다.

● 전기 청소기 ●

<포인트>

☆ 필터 손질을 부지런히 하고, 집진 주머니에 먼지가 가득 쌓이지 않도록 한다.

☆ 부속 브러시는 장소에 맞게 사용하자. 부적당한 브러시는 전력과 시간 낭비이다.

☆ 작은 방이나 계단 청소에는 가볍고 소비 전력이 적은 휴대형, 업라이트형 등을 사용하면 편리하다.

● 전기 다리미 ●

<포인트>

☆ 손수건 등 낮은 온도의 다리미질은 남은 열을 활용하자.

☆ 다리미는 자동 온도 조절기가 부착되어야 과열 방지뿐만 아니라 전기를 유효하게 사용할 수 있다.

● 전기 세탁기 ●　　　〈포인트〉

☆ 얼룩의 종류와 옷감 종류에 따라 세탁 방법을 달리 한다. 지나친 세탁, 헹굼은 사절.

☆ 세탁 시간은 10분 이하가 좋고, 헹구기 전에 탈수하여 비눗물을 빼면 헹굼 시간이 짧아 경제적이다.

☆ 탈수기에 넣을 때 한쪽에 쏠리게 넣으면 기기의 수명을 단축시키고, 소비 전력도 많아진다.

● 텔레비전 ●　　　〈포인트〉

☆ 온도나 습도가 높은 곳에 두면 수명이 단축된다.

☆ 먼지는 고장의 원인이다. 수시로 내부 청소를 하자.

☆ 화면의 밝기, 음량은 소비 전력과 직결된다. 필요 이상으로 밝거나, 소리를 크게 하지 말자.

One Point

가정용 전기 기구에 쓰이는 마크들 (일본의 예)

JIS 마크(지스 마크)

성능, 품질 모두 공업표준화법이라는 법률에 의거하여 만들어졌으며, 일본 공업규격에 맞는다는 마크이다.

형식 승인 마크〔갑종〕

전기 기구의 안전을 보호하는 "전기용품 단속법"으로 제시된 안전 기준에 합격했음을 나타내는 마크이다.

G마크(굿 디자인 마크)

일본 통산성이 디자인과 품질이 우수한 상품을 선정하여 붙인 것이다.

제3자 인증 제도

전기제품 인증 협의회의 안전 추천 제품.

14 문어발식 배선은 사고의 원인

● 알아두면 편리한 가정 전기학 ●

문어발식 배선은 화재의 원인

전기 배선에서 어느 방에나 쓰이며 전기 기구를 사용하는데 필요한 것이 콘센트이다. 콘센트는 전기의 출입구로, 일의 능률과 쾌적한 전기 생활에 필수적인 수단이다. 콘센트가 부족하다고 해서 [그림 1]과 같이 테이블탭에서 많은 전기 기구를 동시에 쓰지 않도록 하자. 이것을 문어발식 배선이라 하며, 이와 같은 무리한 사용 방법은 화재의 원인이 된다.

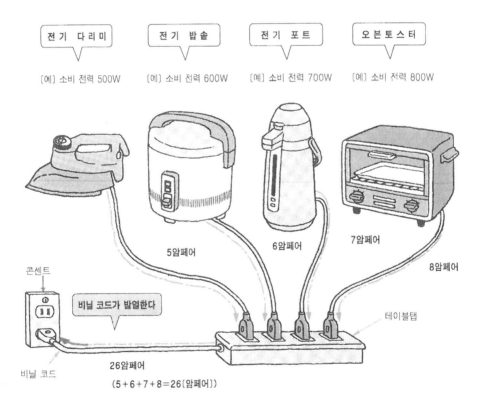

전기 다리미	전기 밥솥	전기 포트	오븐토스터
[예] 소비 전력 500W	[예] 소비 전력 600W	[예] 소비 전력 700W	[예] 소비 전력 800W

5암페어

6암페어

7암페어

8암페어

콘센트

비닐 코드가 발열한다

테이블탭

비닐 코드

26암페어

(5+6+7+8=26[암페어])

[그림 1] 테이블탭의 문어발식 배선[예]

코드에 흐르는 전류 계산 방법

테이블탭에 연결된 각각의 전기 기구에 흐르는 전류를 계산한 것이 〔표 1〕이다. 소비 전력이란 사용한 전압과 전류의 곱이므로, 사용 전압 100볼트로 소비 전력을 나누면 각각의 전기 기구에 흐르는 전류를 구할 수 있다. 따라서 코드에는 이들의 합계 전류인 26암페어가 흐른 것이 된다.

코드에는 통과시킬 수 있는 전류가 정해져 있는데, 이것을 허용 전류라 한다. 〔표 2〕를 보면 일반적으로 사용되는 비닐 코드의 공칭 단면적 0.75㎟에서 허용 전류는 7암페어, 1.25㎟에서 12암페어이다.

그러므로 2~3개의 콘센트를 가진 1개의 테이블탭에서 동시에 사용할 수 있는 전력은 1000와트, 즉 100으로 나누어 10암페어 정도라 생각하면 좋다.

지금 이 비닐 코드에 2배를 넘는 26암페어나 되는 전류를 흘리면 줄의 법칙에 의해 전류의 2제곱, 즉 4배나 되는 열이 발생하게 된다. 이와 같이 코드에 매우 큰 전류를 흐르게 하면 온도가 높아져서 절연물이 망가지고 화재의 원인이 된다.

〔표 1〕

전 기 기 구 명	소비 전력 〔예〕	사용 전압	전류의 흐름
전 기 다 리 미	500W	100V	5A (500/100＝5〔A〕)
전 기 밥 솥	600W	100V	6A (600/100＝6〔A〕)
전 기 포 트	700W	100V	7A (700/100＝7〔A〕)
오 븐 토 스 트	800W	100V	8A (800/100＝8〔A〕)
비 닐 코 드	전류가 흐른다＝ 5〔A〕＋6〔A〕＋7〔A〕＋8〔A〕＝26〔A〕		

〔표 2〕 비닐 코드의 허용 전류〔예〕

공칭 단면적	허용 전류
0.75㎟ (30선/0.18㎜)	7A
1.25㎟ (50선/0.18㎜)	12A

주 : 주변 온도 30℃ 이하

One Point

분전반

메거가 나쁘군!

"메거가 나쁘다" 란?

"메거"란 메가옴〔㏁〕을 뜻하는데, 절연 저항의 단위를 말하며, 10^6 옴을 나타낸다.

절연 저항의 값이 작은, 즉 누출 전류가 큰 것을 "메거가 나쁘다"라고 한다. 일반 주택 옥내 배선의 메거가 나쁘면 누전에 의한 화재의 원인이 될지도 모른다. 따라서 전문가의 정기적인 검사가 필요하다.

15 감전을 방지하는 방법

> 부서진 콘센트를 교환한다.

> 젖은 손으로 전기 기구를 만지지 않는다.

> 아이들 손이 콘센트에 닿지 않도록 한다.

● 알아두면 편리한 가정 전기학 ●

감전을 방지하기 위한 포인트

무서운 전기로부터 감전을 방지하는 중요한 포인트는 다음과 같다.

● 젖은 손으로 전기 기구나 스위치를 만지지 않도록 한다.

● 덮개가 파손된 콘센트나 스위치는 곧바로 바꾸도록 한다.

● 배선이나 코드의 피복이 벗겨지거나 심선이 보일 때는 바로 수리하자. 수리는 반드시 콘센트로부터 플러그를 빼낸 다음 한다.

● 코드끼리 연결할 때는 반드시 코드 커넥터를 사용한다.

● 어린 아이가 콘센트 등 전기 기구에 접촉하지 않도록 한다.

전기 세탁기는 접지를!

가정용 전기 기구 가운데 물을 사용하는 전기 세탁기 등은 내부의 모터에 물이 스며들면 전기 절연이 불량해져 누전될 수 있다. 이같은 상태의 전기 세탁기를 사용하면 갑자기 감전될 위험이 있다. 따라서 전기 세탁기에는 감전을 방지하기 위해 [그림 1]과 같이 접지(어스)할 필요가 있다. 이와 같이 하면 만일

● 접지하지 않으면 누전된다 ●

• 누전된 전기는 신체를 통하여 땅으로 흐르기 때문에 건드리면 감전된다.

● 접지하면 감전되지 않는다 ●

• 누전된 전기는 접지선을 통하여 땅으로 흐르기 때문에 건드려도 감전되지 않는다.

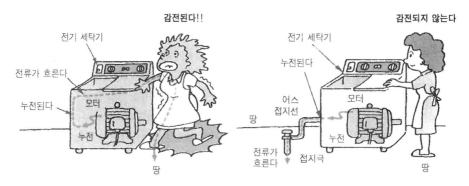

[그림 1] 전기 세탁기의 감전을 방지하려면 접지한다

누전되도 접지선을 통하여 누전 전류가 땅으로 흐르기 때문에 감전될 염려가 없다.

전기 세탁기를 접지하려면 〔그림 2〕와 같이 접지형 콘센트 및 접지형 플러그를 이용하든가, 또는 세탁기의 접지 단자에 접지선을 직접 접속하여 접지극에 연결한다.

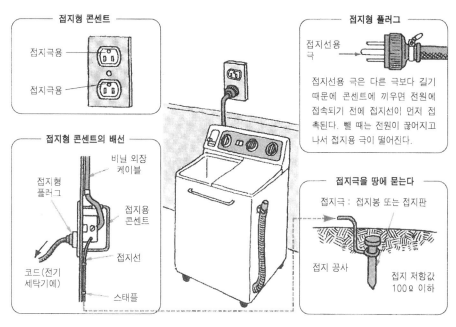

〔그림 2〕 전기 세탁기의 접지 구조〔예〕

어느 정도의 전류가 흐르면 감전될까?

감 전

변압기
AC200V

전류 실효값	작용 시간	인체의 생리 반응〔예〕
5~30 (주) 〔mA〕	10분 이내	• 경련에 의해 접촉 상태로부터 자발적으로 벗어나는 것이 불가능해진다.
30~50 〔mA〕	수초에서 수분까지	• 심장의 고동이 불규칙해지고, 혈압 상승, 강한 경련이 일어난다.
50~수100 〔mA〕	박동 주기 초과의 경우	• 강한 쇼크를 받지만, 심실 세동은 발생하지 않는다.
수100 초과 〔mA〕	박동 주기 초과의 경우	• 화상에 의해 사망할 가능성이 있다.

주 : 〔mA〕(밀리 암페어)는 1000분의 1암페어를 나타낸다.

쉼 터

전기 기구를 사용할 때 어느 곳에나 필요한 것이 콘센트와 스위치이다. 중요한 종류를 알아 보도록 한다.

콘센트의 종류		스위치의 종류	
● 2입용 콘센트 ●	☆ 전기 기구를 효율적으로 사용하기 위해 흔히 이용된다.	● 텀블러 스위치 ●	☆ 보통 벽면 등에 이용되는 것이 이 스위치이다.
● 바다 설치용 콘센트 ● 	☆ 벽이 적은 방의 좁은 공간에 설치한다.	● 램프 부착 스위치 ●	☆ 스위치를 넣으면 램프가 점등되므로, 바깥에서 전등을 점멸할 때 이용된다.
● 램프 부착 콘센트 ●	☆ 침실 등 어두운 곳에서도 램프를 보고 곧 알 수 있도록 되어 있다.	● 3로·4로 스위치 ●	☆ 출입구가 많은 방, 긴 복도, 계단의 상하 등 2개소, 3개소에서 점멸할 때 쓰인다.
● 어스 부착 콘센트 ●	☆ 전기 세탁기 등 습기나 물기가 있는 곳에서 쓰는 전기 기구에 이용된다.	● 조광 스위치 ●	☆ 밝기를 조절할 수 있으므로 거실, 침실, 아이들 방 등에 편리하다.

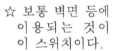

② 전기의 기초 지식

이번에는 전기란 어떤 것인가를 알아 보자. 전류나 전압과 같은 전기의 기초를 이해하려면 교류보다는 직류 쪽이 알기 쉬우므로 여기서는 직류 전기를 설명한다.

(1) 전류란 전자의 이동을 말하므로 전류를 도체 내 전자의 움직임을 구체적인 그림으로 나타내어 쉽게 설명하였다.

(2) 관계가 유사한 전기의 흐름과 물의 흐름을 그림으로 대비하여 이해하기 쉽게 하였다.

(3) 옴의 법칙은 전기를 배우려면 꼭 알아 두어야 하는 것이다.

(4) 직렬 접속 및 병렬 접속 법을, 저항을 예로 하여 알기 쉽게 그림으로 나타냈다. 전압이 걸리는 방식, 전류가 흐르는 방식을 잘 이해하여 두자.

1 플러스와 마이너스는 사이 좋은 전기 남매

괜찮아!

오빠 무서워!

⊕군

⊖양

● 전류란 무엇인가? ●

"「전기」가 무엇인지 알고 있습니까? 알 것 같기도 하고 모를 것 같기도 하다구요? 그럼 다음을 잘 알아 두세요."

전기 그 자체는 눈으로 볼 수 없다. 그러나 전기에는 플러스와 마이너스의 두 가지 종류가 있다.

잠시 실험을 해 보자.

건조한 유리막대를 〔그림 1〕과 같이 비단 헝겊으로 문지른다. 어떻게 될까? 유리 막대는 작은 종이 조각을 끌어당긴다. 이것은 유리 막대 자체의 성질이 변한 것이 아니다. 문질렀기 때문에 여기에 「전기」가 생긴 것이다. 이 전기를 「마찰 전기」라 한다.

이와 같이 마찰에 의해 생긴 전기가 유리 막대에 붙어 있는 상태를, 유리 막대가 「전기를 띠고 있다」 또는 「대전하고 있다」라고 한다. 그래서 유리 막대에 붙어 있는 것과 같은 전기를 「전하」라 한다.

유리 막대와 에보나이트 막대의 전기

〔그림 2〕와 같이 유리 막대의 전기 일부를

잘 마른 코르크로 만든 작은 공에 접촉시켜 옮

문지른다

유리 막대

비단 헝겊

〔그림 1〕 유리 막대를 문지르면 마찰 전기 (플러스 전기)가 생긴다

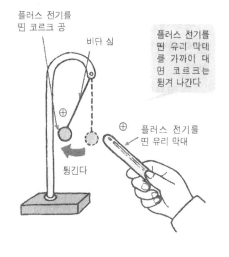

플러스 전기를 띤 코르크 공

비단 실

플러스 전기를 띤 유리 막대를 가까이 대면 코르크는 튕겨 나간다

⊕

튕긴다

⊕ 플러스 전기를 띤 유리 막대

〔그림 2〕 유리 막대의 전기끼리는 반발한다

긴다. 그리고 또 이 유리 막대를 가까이 대면 코르크 공은 자동적으로 튕겨나간다. 그러나 [그림 3]과 같이 모피로 문지른 에보나이트 막대를 [그림 4]와 같이 코르크에 근접시키면 코르크는 에보나이트 막대에 끌려간다. 이것은 유리 막대가 가지고 있는 전기와 에보나이트 막대가 가지고 있는 전기의 성질이 다르기 때문이다. 즉 유리 막대의 전기는 "플러스"이고 에보나이트 막대의 전기는 "마이너스"인 것이다.

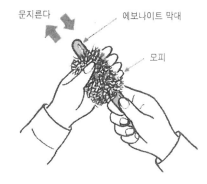

[그림 3] 에보나이트 막대를 문지르면 마찰 전기(마이너스 전기)가 생긴다

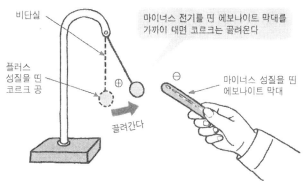

[그림 4] 에보나이트 막대의 전기에는 끌려온다

One Point

전하 사이에는 정전력이 작용한다!

= 동종의 전하 사이 =
(예 : + 전하와 + 전하)

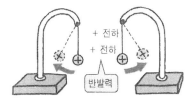

☆ 같은 종류의 전하(⊕와 ⊕, ⊖와 ⊖) 사이에는 서로 반발하는 힘(정전력)이 작용한다.

= 이종의 전하 사이 =
(예 : + 전하와 − 전하)

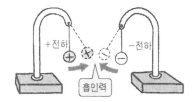

☆ 다른 종류의 전하(⊕와 ⊖) 사이에는 서로 끌어당기는 힘(정전력)이 작용한다.

2 전기의 근본은 아톰(원자)에서 생긴다

아톰

전기

아톰

전기의 탄생

● 전류란 무엇인가? ●

원자는 +, − 전기를 갖는다

물질을 마찰하면 전기가 생기는데, 대체 이 전기는 어디에서 생기는 것일까? 물질의 구조 그 자체에 비밀이 숨어 있다. 물질은 모두 원자라는 극히 적은 입자가 서로 모여서 이루어진다. 원자는 영어로 "아톰(Atom)"이라고 하는데, 이것은 그리스어로 "더 이상 분할되지 않는 것"이란 뜻의 말에서 생긴 것이다.

그러나 원자 구조의 연구가 진행됨에 따라 더 이상 분할되지 않는다던 원자가 더욱 더 작은 "전기의 알갱이"로 이루어졌다는 사실이 밝혀졌다.

원자의 구조는 〔그림 1〕과 같이 중심 부분에 원자핵이 있고, 원자핵은 양자라 불리는 플러스 전기를 띤 미립자와 전기를 갖지 않는 중성자로 이루어진다. 이 원자핵의 주위를 마이너스 전기를 띤 미립자인 전자가 일정하게 궤도를 그리며 회전한다.

보통 상태에서는 원자핵이 갖는 플러스(+) 전기량과 그것을 둘러싼 전자의 마이너스

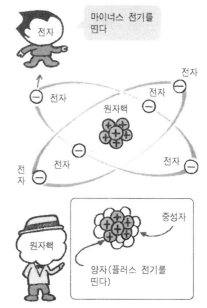

전자

마이너스 전기를 띤다

전자

전자

전자

원자핵

전자

전자

전자

원자핵

중성자

양자(플러스 전기를 띤다)

주 : 양자의 수는 전자의 수와 같다.

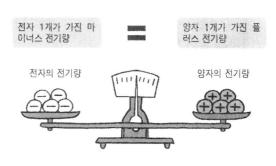

전자 1개가 가진 마이너스 전기량 **=** 양자 1개가 가진 플러스 전기량

전자의 전기량

양자의 전기량

〔그림 1〕 원자의 구조 〔예〕

(−) 전기량이 같으므로 원자로서는 +, −의 전기량이 상쇄되어 외부로는 나타나지 않게 된다.

자유 전자의 기능

그런데 〔그림 2〕와 같이 원자의 궤도 중 가장 바깥쪽을 돌고 있는 전자는 원자핵과의 결합이 약해, 궤도를 벗어나 물질의 내부를 자유로이 돌아다닐 수 있다. 이러한 전자를 "자유 전자"라 한다.

이 때 원자는 + 전하가 여분이 되어, 전체적으로는 + 전기의 성질을 갖게 된다.

또한 〔그림 3〕과 같이, 외부로부터 자유 전자가 들어오면, 그 전자가 가진 − 전기가 여분이 되므로, 전체로서는 − 전기의 성질을 띠게 된다. 즉 물질은 중성의 상태에서 전자가 부족하면 +로 대전하고, 전자가 과잉이면 −로 대전하는 것이다.

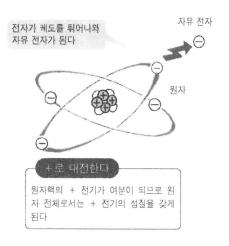

전자가 궤도를 튀어나와 자유 전자가 된다

자유 전자

원자

+로 대전한다

원자핵의 + 전기가 여분이 되므로 원자 전체로서는 + 전기의 성질을 갖게 된다

〔그림 2〕 자유 전자가 나오면 +로 대전한다

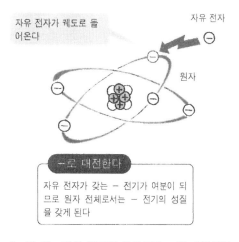

자유 전자가 궤도로 들어온다

자유 전자

원자

−로 대전한다

자유 전자가 갖는 − 전기가 여분이 되므로 원자 전체로서는 − 전기의 성질을 갖게 된다

〔그림 3〕 자유 전자가 들어오면 −로 대전한다

One Point

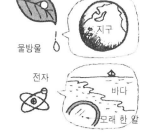

(크기 비교)

물방울

지구

전자

바다

모래 한 알

"한 방울의 물과 전자의 크기는 지구와 바닷가의 모래 한 알에 비교된다"

☆ 1개의 전자가 갖는 마이너스 전하량은 1.602×10^{-19}〔쿨롬〕이다. 매초 1쿨롬의 비율로 전기량이 통과할 때의 전류의 크기를 1암페어라 한다. 1암페어의 전류가 흐르기 위해서는

$$1 \div (1.602 \times 10^{-19}) = 6.24 \times 10^{18} \text{〔개〕}$$

의 전자가 이동하게 된다.

☆ 전자의 질량은 작아, 9.108×10^{-31}〔kg〕이다.

3 전자가 이동하여 전류가 된다

전기를 운반하는 것은 우리들 전자라구!

전열기

배선 코드

콘센트

● 전류란 무엇인가? ●

자유 전자의 흐름 (전류)이란?

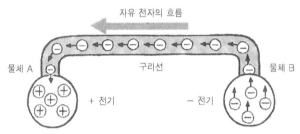

자유 전자의 흐름

물체 A   구리선   물체 B

+ 전기   - 전기

〔그림 1〕 자유 전자의 흐름(전류)

+ 전기를 가지고 있는 물체 A와 - 전기를 가진 물체 B가 〔그림 1〕과 같이 한 가닥의 구리선으로 이어졌다고 하자. 그러면 구리선을 통하여 물체 B에서 물체 A로 전자(- 전기)의 흐름이 생긴다.

그것은 물체 A는 전자가 부족한 상태이고 물체 B는 전자가 남아 있는 상태이므로, 물체 B의 자유 전자가 구리선을 통해 물체 A의 부족한 전자를 보충하려고 일제히 움직이기 때문이다. 이와 같은 전자의 이동을 전류라고 한다. 이 경우 엄밀히 말하면 자유 전자의 흐름이 전류가 되는 것이다.

전류의 방향은 전자의 흐름과 반대이다

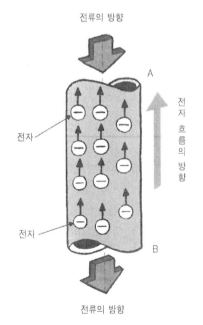

전류의 방향

A

전자 흐름의 방향

전자

전자

B

전류의 방향

〔그림 2〕 전류의 방향은 전자의 흐름과 반대이다

물의 흐름에도 방향이 있듯이 전기의 흐름, 즉 전류에도 방향이 있다. 그럼 전자가 흐르는 방향을 전류의 방향이라고 하지 않을까? 반대이다. 〔그림 2〕와 같이 전자의 흐름과는 반대의 방향을 전류의 방향이라 한다.

전기의 연구를 시작한 옛날, 즉 아직 전자가 발견되기 전에는 + 전기가 흐르는 방향을 전류의 방향으로 알았는데, 현대에 이르러 전류의 정체인 전자의 흐름과 비교해 보니 그 반대였다. 그래도 별로 불편함이 없으므로 지금도 옛날처럼 전자의 흐름과 역의 방향을 전류의 방향으로 삼고 있다.

〔그림 3〕 물의 흐름 계량법

전류의 단위는 "암페어"

전류란 전자의 흐름이므로 1초 동안 얼마만큼의 전자가 그 부분을 흐르는가에 따라 전류의 크기를 나타낸다. 이것은 물의 흐름을 측정하는 데 〔그림 3〕과 같이 1초에 몇 ㎥의 물이 흐르는가로 나타내는 것과 같다.

전기의 양을 측정하는 단위를 쿨롬이라 한다. 따라서 1초 동안 통과하는 전기의 양을 전류의 단위로 하고, 이것을 암페어(기호 A)라고 하는 것이다. 그래서 〔그림 4〕와 같이 어느 전선의 단면을 1초 동안 1쿨롬의 전기량이 통과하면 1암페어의 전류가 흐른다고 한다.

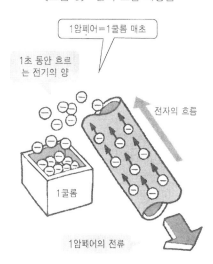

〔그림 4〕 전류의 단위 1암페어 표시법

One Point

전기가 통하는 것과 통하지 않는 것

절연물 : 비닐

도체 : 구리선

비닐 코드

도 체 : 금속과 같이 전기가 통하기 쉬운 물질을 말한다.

절연물 : 고무나 비닐과 같이 전기가 통하기 어려운 물질을 말한다.

예를 들어, 가정용 전기 기구에 흔히 쓰이는 비닐 코드는 도체인 구리선에 전류가 흘러 감전이나 단락 사고가 생기기 쉬우므로 바깥쪽을 절연물인 비닐로 싸서 덮은 것이다.

4 전위의 차를 전압이라 한다

● 전압이란 무엇인가? ●

전류는 전위가 높은 쪽에서 낮은 쪽으로 흐른다

전기의 흐름을 물의 흐름에 비유해 보자. [그림 1]과 같이 수조 A에 물을 채우면 높은 위치에 있는 물은 낮은 위치에 있는 물보다 위치 에너지가 크기 때문에, 수위가 높은 수조 A에서 수위가 낮은 수조 B를 향하여 물이 흐른다.

전기의 흐름인 전류도 이와 같다. 수위에 해당하는 것이 전위이고, [그림 2]와 같이 A·B 양 대전체 사이에 전위 차이가 있으면, 이것을 전선으로 연결하면 전류는 전위가 높은 +의 대전체 A에서 전위가 낮은 − 대전체 B 쪽으로 흐른다.

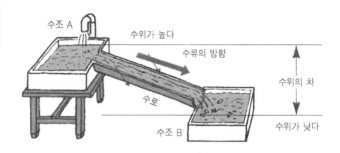

[그림 1] 물은 수위가 높은 곳에서 낮은 곳으로 흐른다

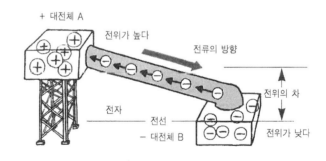

[그림 2] 전류는 전위가 높은 곳에서 낮은 쪽으로 흐른다

이 + 대전체 A와 − 대전체 B 사이에 있는 전위의 차, 즉 전위차를 전압이라고 한다. 즉 전기의 압력에 의해 물질을 형성하는 원자 내의 자유 전자가 이동하여 전류가 흐르는 것이다. 이 전류를 흐르게 하는 전기의 압력을 전압이라 할 수 있다.

전압의 단위는 "볼트"이다

전압이란 두 점 간의 전위차를 말하며, 1쿨롬의 + 전기가 갖는 위치에너지를 말한다. 전압을 측정하는 단위로는 "볼트"(기호 V)가 쓰인다.

그리고 1쿨롬의 전기량이 두 점간을 이동하여 1줄(joule=힘의 양의 단위)의 일을 할 때, 〔그림 3〕과 같이 두 점간의 전압을 1볼트라고 한다.

한라산의 높이는 해발 1,950m라고 한다. 이것은 해면에서 계측한 높이이다. 이와 같이 높이를 계측하려면 먼저 기준을 정하고 거기에서 길이의 단위를 사용하여 계측한다. 전위도 이와 같이 어떤 기준을 정해야 한다. 그 기준으로서 지구, 즉 대지를 이용하는 것이다. 이 대지를 0볼트로 하고 대지와의 전위의 차를 일반적으로 전압이라 한다(그림 4). 예컨대 전압이 100볼트라는 것은 대지, 즉 접지에 대하여 100볼트의 전위차가 있다는 것을 말한다.

〔그림 3〕 전압의 단위 볼트란?

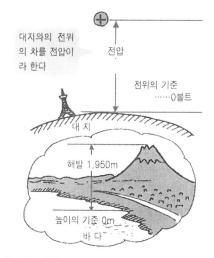

〔그림 4〕 전압은 대지를 기준으로 하여 측정한다

One Point

저압과 고압의 차이

배전선로의 전압에는 저압과 고압이 있다. 가정 내에는 모두 저압으로 배선되어 있다.

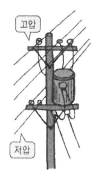

종 류	직 류	교 류	설 명
저압	750볼트 이하	600볼트 이하	• 직류는 직접 공중(公衆)과 접촉이 있는 시내 전철의 전압을 대상으로 한다. • 교류는 일반 수요가에 공급하고, 옥내에서 보통 사용할 수 있는 전압을 대상으로 한다.
고압	750볼트 초과 7,000볼트 이하	600볼트 초과 7,000볼트 이하	• 시가지의 가공(架空)전선로에 사용되는 전압으로, 주로 배전용 주 간선을 대상으로 결정한 것이다.

5 전지는 전류를 계속 흐르게 하는 힘을 갖고 있다

전기를 계속해서 보내야 돼.

쉬지 말고 일하자.

펌프

● 전압이란 무엇인가? ●

전류를 계속 흐르게 하는 힘을 기전력이라 한다

〔그림 1〕에서 펌프가 움직이지 않을 때 수조 A의 물이 전부 B로 옮아가면 물은 흐르지 않게 된다. 이 예와 같이 + 대전체 A와 − 대전체 B를 전선으로 연결했을 때 +, − 전하가 전부 중화되어 버리면 전류는 흐르지 않게 된다.

그럼 전류를 연속하여 흐르게 하려면 어떻게 하면 되는가?

〔그림 1〕과 같이 수조 A와 수조 B를 순환하도록 전동 펌프를 작동하면 어떻게

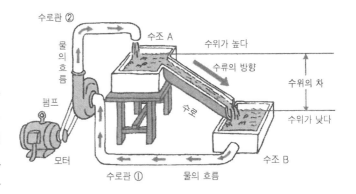

〔그림 1〕 물을 연속하여 흐르게 하는 펌프

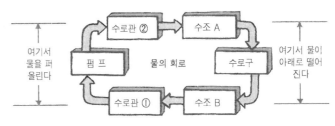

〔그림 2〕 물 흐름의 통로 = 물의 회로

될까? 수위가 높은 수조 A에서 수로를 통하여 수조 B로 흐른 물은 전동 펌프에 의해 수조 A로 퍼올려진다. 〔그림 2〕와 같이 끊김이 없는 물의 통로(회로라고 한다)가 생김으로써, 물이 계속하여 흐르게 되는 것이다.

여기서 〔그림 3〕을 보자. 건전지의 양극(+)와 음극(−)의 사이에 전구를 연결하면, 전류는 언제까지나 계속 흐른다. 그것은 건전지의 ⊕극과 ⊖극 사이의 전위차(전압)는 전류가 흘러도 없어지지 않기 때문이다.

그것은 전기가 전류에 의해 흘러서 중화되어도 건전지 내부의 화학 작용에 의해 새로이 보충

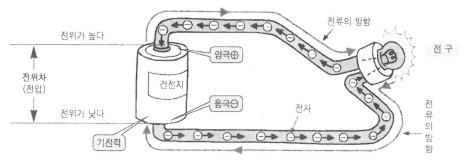

〔그림 3〕 전류를 연속하여 흐르게 하는 힘을 기전력이라고 한다

되어 전압을 소멸시키지 않고 유지하는 기능이 건전지에 있기 때문이다. 이와 같이 전류를 계속 흘러보내려 하는 작용을 기전력이라 하며, 〔그림 1〕의 물을 연속적으로 흘려 보내는 작용을 하는 전동 펌프에 해당한다.

건전지는 내부의 물질 중에 보유되어 있는 화학 에너지로서 전기를 저축해 놓고 필요할 때에 꺼내 쓸 수 있게 한 "전기의 통조림"이라고 할 수 있다.

〔그림 4〕는 건전지 내부 구조의 일례를 나타낸 것이다. 양극(+)에 탄소봉, 음극(−)

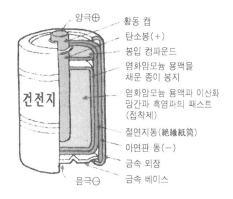

〔그림 4〕 건전지의 내부 구조도〔예〕

에 아연통, 전해액으로는 염화암모늄을 사용하고, 분극 작용을 방지하기 위해 이산화망간을 넣었다.

One Point

〈축전지〔예〕〉

"축전지"는 전기를 사용하면 보충된다

건전지는 전기를 소비함에 따라 전지 내의 물질이 화학 변화를 일으켜 점차 소모되고 결국 사용할 수 없게 된다. 이와 같은 건전지에 비하여 전기를 소비하여 전지의 능력이 사라지면 외부의 직류 전원에서 전류를 반대 방향에 흘려 전기 에너지를 주입함으로써 다시 원래의 전지로서의 능력이 회복되는 전지를 "축전지"라고 한다.

6 전기가 통하는 "전용 도로"를 전기 회로라 한다

● 전기 회로란 어떤 것인가? ●

건전지와 전구 및 스위치를 〔그림 1〕과 같이 연결하여 스위치를 넣으면 전구에 전류가 흘러 전구는 밝게 점화된다.

이 때 전기가 통하는 길을 살펴보자. 〔그림 2〕에서 전류는 건전지

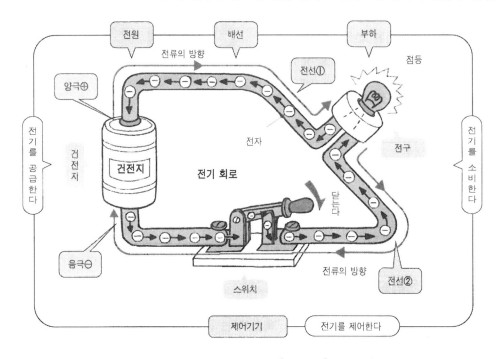

〔그림 1〕 전기가 통하는 길을 "전기회로"라고 한다

의 (+)극에서 나와 전구를 지나, 스위치를 통해 건전지의 (−)극으로 돌아온다. 그리고 건전지 내에서는 (−)에서 (+)극을 향하여 흐르므로, 전기가 통하는 길에는 어느 곳에도 끊김이 없음을 알 수 있다. 이와 같은 전기가 통하는 전용 도로를 "전기 회로" 혹은 단순히 "회로"라고 한다.

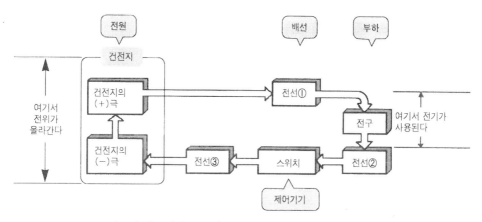

[그림 2] 전기 흐름의 통로는 닫힌 회로를 만든다

그러면 전기 회로가 어떻게 구성되어 있는가를 살펴보자.

전원과 부하

먼저 건전지와 같이 기전력을 가지고 있어 계속해서 전류를 흘리는 것, 즉 전기를 공급하는 원을 "전원"이라고 한다. 또 이 전원으로부터 전기를 공급받아 여러 가지 작업을 하는 장치를 "부하"라고 하며, 전구는 "전기"를 "빛"으로 바꿔주는 장치라고 할 수 있다.

다음으로 스위치와 같이 조작에 의해 회로에 전류를 흘리거나 흘리지 않거나 하여 전류를 컨트롤(제어)하는 기기를 "제어기기"라고 한다. 그리고 전원과 부하 및 제어기기를 연결하여 전기의 통로를 형성하는 것을 "배선"이라 하며 전선 등이 사용된다.

One Point

가정용 전기 기구와 전기 회로

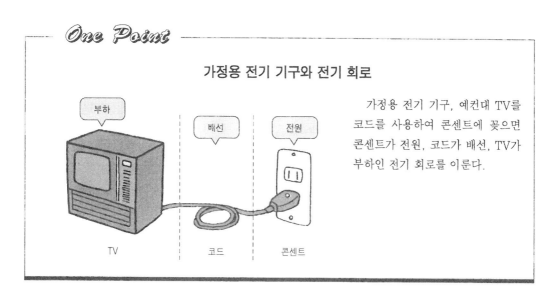

가정용 전기 기구, 예컨대 TV를 코드를 사용하여 콘센트에 꽂으면 콘센트가 전원, 코드가 배선, TV가 부하인 전기 회로를 이룬다.

7 전류는 전압에 비례한다

내것은 큰 양동이야.

● 옴의 법칙이란 무엇인가? ●

전류와 전압의 관계 실험

그러면 먼저 전류와 전압(기전력)의 관계를 알아 보기 위해 한 가지 실험을 해 보자.

〔그림 1〕과 같이 건전지 2개와 전구 2개를 사용하여 전압(기전력)이 2배 다른 전기 회로 A와 전기 회로 B를 만든다.

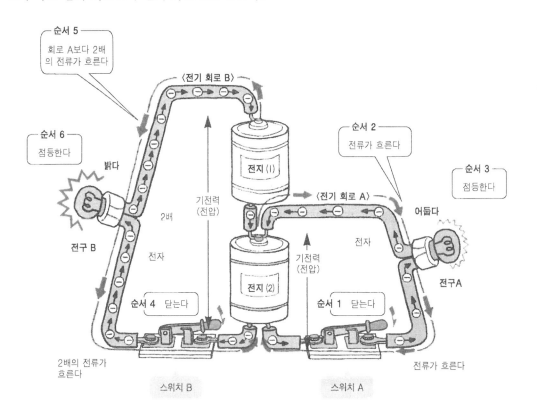

〔그림 2〕 전자 게시판의 개념도

- 건전지 (1)과 건전지 (2)는 같은 것으로 한다.
- 건전지 (2)의 위에 건전지 (1)을 겹친다.
- 전구 A와 전구 B는 같은 것으로 한다.
- 전구 A는 건전지 (2)의 양끝에 그림과 같이 전선으로 연결한다.
- 전구 B는 건전지 (1)과 건전지 (2)를 겹친 양끝에 그림과 같이 전선으로 연결한다.

[순서 1] 전기 회로 A에서 전구 A의 스위치 A를 닫는다.
[순서 2] 전기 회로 A에 전류가 흐른다.
[순서 3] 전기 회로 A에 전류가 흐르면 전구 A가 점등된다.
[순서 4] 전기 회로 B에서 전구 B의 스위치 B를 닫는다.
[순서 5] 전기 회로 B에 전류가 흐른다.
[순서 6] 전기 회로 B에 전류가 흐르면, 전구 B가 전구 A보다 훨씬 밝게 점등된다.

- 전구 B가 전구 A보다 훨씬 밝은 것은 전구 B쪽이 전구 A보다 전류가 한층 더 흐르고 있다는 것이 된다.
- 그것은 전기의 근원인 건전지가 1개보다 2개인 쪽이 큰 전류(실제는 2배)가 흐르기 때문인데, "전류는 전압(기전력)에 비례하여 흐른다."

One Point

"옴의 법칙"은 옴에 의해 발견되었다

게오르그 지몬 옴(Georg Simon Ohm)은 1789년 독일 중부 도시 에르랑 겐에서 태어난 독일의 과학자이다(1789~1854).

옴은 1826년 "전류는 기전력에 비례하고, 저항에 반비례한다" 라는 "옴의 법칙"을 발견했으며 일생 동안 전기에 관한 실험적, 이론적 연구를 하였다.

8 전류는 전기 저항에 반비례하여 흐른다

● 옴의 법칙이란 무엇인가? ●

전류와 전기 저항의
관계 실험

전류와 전기 저항 사이의 관계를 조사하는 실험을 해보자. 〔그림 1〕과 같이 건전지 1개와 전구 3개를 사용하여 전기 저항이 2배(전구의 수) 다른 전기 회로 A와 전기 회로 B를 만든다.

실험 회로를 만드는 법 ──────────── ● 회로 배선 ●

● 전구 A를 〔그림 1〕과 같이 건전지 양끝에 전선으로 연결한다.
● 전구 B와 C를 염주처럼 이어서 2개를 함께 건전지 양끝에 전선으로 연결한다(단, 전구 A, B, C는 같은 것으로 한다).

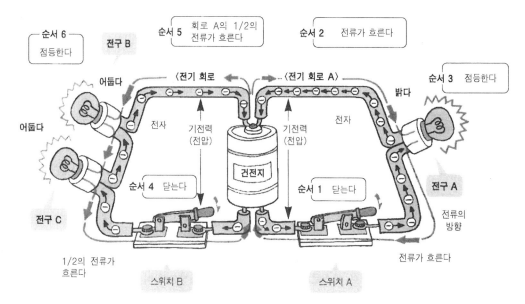

〔그림 1〕 전류는 전기 저항에 반비례한다(실험 회로)〔예〕

실험 방법

〔순서 1〕 전기 회로 A의 스위치 A를 닫으면 전류가 흘러 전구 A가 점등된다.
〔순서 2〕 전기 회로 B의 스위치 B를 닫으면 전류가 흘러 전구 B와 C가 점등되나, 전구 A보다 훨씬 어둡다.

실험 결과 ● 전류는 전기 저항에 반비례하여 흐른다 ●

● 전구 B와 전구 C가 전구 A보다 훨씬 어두운 것은 전구 B와 C 쪽이 전구 A보다도 전류의 흐름이 적기 때문이다.
● 전구 B와 C가 나란히 연결되면 전류의 흐름을 방해하는 전기 저항이 전구 A일 때의 2배가 되므로 그만큼 흐르는 전류가 적어져(실제는 1/2) 전구 A보다 어두워진다.
● 전류는 전기 저항이 크면 흐르기 어려워지므로 "전류는 전기 저항에 반비례하여 흐른다."

옴의 법칙   처음 실험에서는 전류는 전압에 비례하고, 다음 실험에서는 전류는 전기 저항에 반비례한다는 것을 알았다. 이것을 정리하면, 다음과 같다.

전기회로에 흐르는 전류는 회로에 가한 전압에 비례하고, 회로의 전기 저항에 반비례한다. 이 관계를 옴의 법칙이라고 한다.

One Point

전류 I〔암페어〕

저항기
R〔옴〕
전압
V〔볼트〕

전지

단위 : 저항 〔옴〕
전압 〔볼트〕
전류 〔암페어〕

"옴의 법칙" 식의 변형 방법

옴의 법칙은 R〔옴〕의 저항에, 전지 등에 의해 V〔볼트〕의 전압을 주었을 때 흐르는 전류를 I〔암페어〕로 하면 다음의 식으로 나타낼 수 있다.

$$전류\ I = \frac{전압\ V}{저항\ R}\ 〔암페어〕$$

이 식을 변형하면,

$$전압\ V = (전류\ I) \times (저항\ R)\ 〔볼트〕$$

$$저항\ R = \frac{전압\ V}{전류\ I}\ 〔옴〕$$

9 전기 저항을 일렬로 연결하는 직렬 접속

● 전기 저항 연결 방법 ●

전기 저항의 직렬 접속법

전기 저항을 일렬로 연결하는 방법을 직렬 접속이라고 한다.

[그림 1]과 같이 전구 2개를 직렬로 접속하려면 먼저 전구 A의 단자 1을 전원(전지)의 (+)극에, 단자 2를 전구 B의 단자 3에 연결하고, 단자 4는 전원(전지)의 (-)극에 순차적으로 이어가면 된

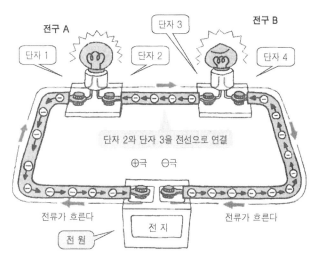

전구 A 단자 1 단자 2 단자 3 전구 B 단자 4

단자 2와 단자 3을 전선으로 연결

⊕극 ⊖극

전류가 흐른다 전류가 흐른다

전원 전 지

〔그림 1〕 전구(전기 저항)의 직렬 접속의 방법〔예〕

다. 이 때 전구 A와 전구 B에는 전구의 종류(전기 저항의 크기)가 달라도 같은 크기의 전류가 흐른다.

직렬접속의 합성 저항을 구하는 방법

[그림 2]처럼 4옴의 전기 저항을 가진 전구 A와 8옴의 전기 저항을 가진 전구 B를 직렬로 접속하여 24볼트의 전지에 연결한다.

전구 A와 전구 B를 직렬로 접속시키면 전류의 통로는 외길이므로 같은 크기의 전류가 흐른다. 그것은 전류의 크기를 재는 계기인 전류계 A_1과 A_2의 바늘이 양쪽 모두 2암페어를 나타내는 것을 보면 알 수 있다.

따라서 이 전기 회로 전체의 전기 저항은 전원인 전지의 전압이 24볼트이고 전류가 2암페어이므로 옴의 법칙을 사용하여 계산하면,

$$회로\ 전체의\ 전기\ 저항 = \frac{24〔볼트〕}{2〔암페어〕} = 12〔옴〕$$

이 된다. 이와 같이 약간의 전기 저항을 접속하였을 때의 회로 전체의 전기 저항을 그 회로의 합성 저항이라고 한다. 그리고

전기 저항을 직렬로 접속하였을 때의 합성 저항은 각 전기 저항의 합

으로 나타낸다. 그러므로

4옴과 8옴의 합성 저항은 그 합인 12옴이 된다.

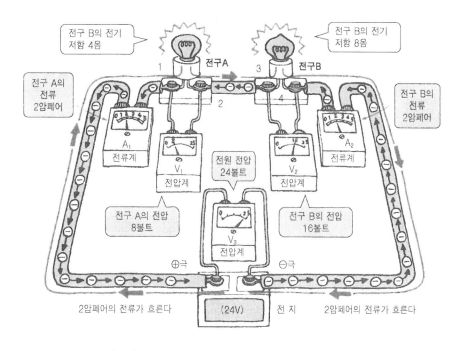

[그림 2] 직렬 접속 전구의 전압·전류 측정 회로[예]

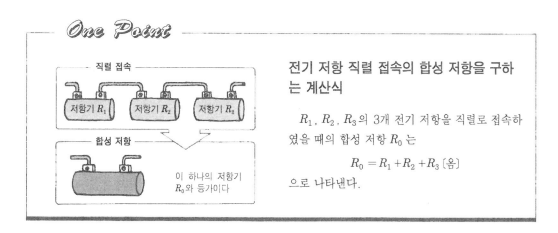

전기 저항 직렬 접속의 합성 저항을 구하는 계산식

R_1, R_2, R_3의 3개 전기 저항을 직렬로 접속하였을 때의 합성 저항 R_0 는

$$R_0 = R_1 + R_2 + R_3 \ [옴]$$

으로 나타낸다.

10 전기 저항을 나란히 잇는 병렬 접속

나란히 힘을 모아서 열심히 합시다.

나란히 달려 갑시다.

● 전기 저항의 병렬 접속 방법 ●

전기 저항의 병렬 접속법

전기 저항을 옆으로 나란히 잇는 방법을 병렬 접속이라고 한다.

〔그림 1〕과 같이 전구 2개를 병렬로 접속하려면 전구 A의 단자 1과 전구 B의 단자 3을 한데 모아 전원(전지)의 (+)극에 잇고, 전구 A의 단자 2와 전구 B의 단자 4를 한데 모아서 전원(전지)의 (−)극에 연결하면 된다.

이 경우 전구 A와 전구 B는 전구의 종류(전기 저항의 크기)가 달라도 각 전구의 단자에는 같은 크기의 전압(전지의 전압)이 더해지므로 각 전구에 흐르는 전류의 크기는 달라진다.

병렬 접속의 합성 저항을 구하는 법

〔그림 2〕를 보면 4옴의 전기 저

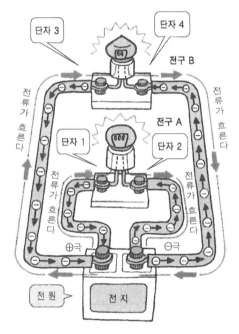

〔그림 1〕 전구(전기 저항)의 병렬 접속의 방법(예)

항을 가진 전구 A와 8옴의 전기 저항을 가진 전구 B를 병렬로 접속하여 24볼트의 전지에 연결한다. 전구에 흐르는 전류를 전류계로 측정해 보자. 전구 A의 전류계 A_1은 6암페어, 전구 B의 전류계 A_2는 3암페어, 그리고 전구 A와 전구 B에 흐르는 전류의 크기를 함께 측정하는 전류계 A_3는 9암페어를 가리키고 있다.

그래서 이 회로 전체의 합성 저항은 전원인 전지의 전압이 24볼트이고 전류가 9암페어이므로, 옴의 법칙에 의해

$$\frac{24〔볼트〕}{9〔암페어〕} = \frac{8}{3}〔옴〕$$

이다.

전기 저항을 병렬로 접속했을 때의 합성 저항은 각 전기 저항의 역수의 합의 역수이다. 즉 이 회로의 합성 저항은

$$\cfrac{1}{\cfrac{1}{4}+\cfrac{1}{8}}=\cfrac{8}{3}\,〔옴〕$$

이 되는 것이다.

전지의 양끝에 8/3옴의 저항 1개가 접속된 것과 같다.

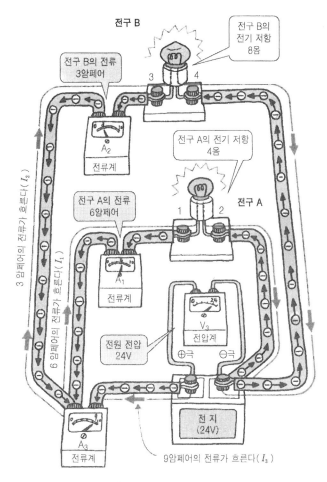

전구 B

전구 B의 전기 저항 8옴

전구 B의 전류 3암페어

3 4

A_2
전류계

전구 A의 전기 저항 4옴

3 암페어의 전류가 흐른다(I_2)

전구 A의 전류 6암페어

전구 A

1 2

6 암페어의 전류가 흐른다(I_1)

A_1
전류계

V_3
전압계

전원 전압 24V

⊕극   ⊖극

A_3
전류계

전 지 (24V)

9암페어의 전류가 흐른다(I_3)

[그림 2] 병렬 접속 전구의 전압·전류 측정 회로 [예]

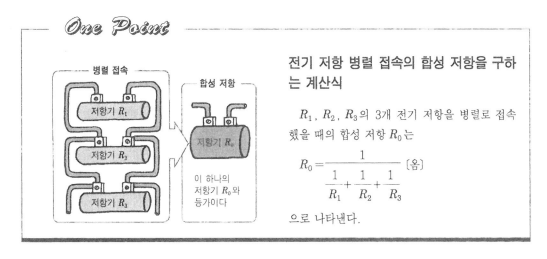

One Point

병렬 접속

저항기 R_1

저항기 R_2

저항기 R_3

합성 저항

저항기 R_0

이 하나의 저항기 R_0와 등가이다

전기 저항 병렬 접속의 합성 저항을 구하는 계산식

R_1, R_2, R_3의 3개 전기 저항을 병렬로 접속했을 때의 합성 저항 R_0는

$$R_0 = \cfrac{1}{\cfrac{1}{R_1}+\cfrac{1}{R_2}+\cfrac{1}{R_3}}\,〔옴〕$$

으로 나타낸다.

11 전기가 흐르기 어려움을 나타내는 전기 저항
― 전기 저항기의 구조 ―

전기 저항기의 작용

전류의 흐름을 방해하는 작용을 하는 전기 저항을 얻을 목적으로 만들어진 것을 전기 저항기, 단순히 저항이라고도 한다. 전기 회로에 흐르는 전기를 제한하거나 조정하는데 사용된다.

[그림 1] (a)와 같이 12볼트의 전지에 3옴의 저항기를 연결하면 전류계는 4암페어를 가리킨다. 또 (b)와 같이 6옴의 저항기에서는 2암페어로 감소한다. 이와 같이 여러 가지 저항치를 가진 저항기를 전기 회로에 연결시킴으로써 전지의 기전력이 동일해도 그 회로에 흐르는 전류의 크기를 가감하여 조정할 수 있다.

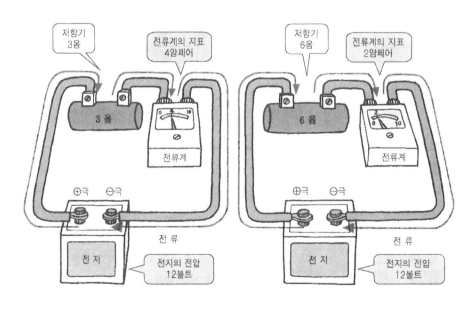

(a) 3옴의 저항기일 때   (b) 6옴의 저항기일 때

[그림 1]   저항기는 전류를 제한하고 조정할 수 있다

56

권선형(券線形) 저항기란 [그림 2]와 같이 자기(磁器) 보빈 (bobbin)에 니크롬선, 망간선 등의 금속 저항선을 감고, 전류를 끌기 위해 단자를 부착시켜 그 위에 법랑(금속·도자기 등의 표면에 발라서 구워 윤이 나게 하는 것)질이나 기타 내열 피복체로 절연 보호한 저항기를 말하며 비교적 큰 전류가 흐르는 회로에 사용된다.

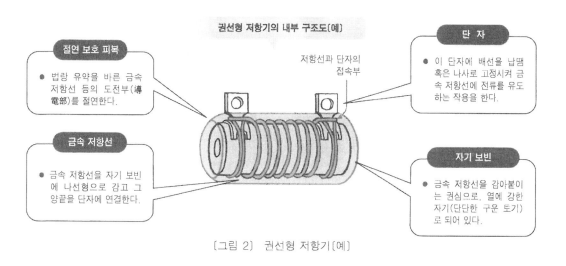

권선형 저항기의 내부 구조도[예]

절연 보호 피복
● 법랑 유약을 바른 금속 저항선 등의 도전부(導電部)를 절연한다.

금속 저항선
● 금속 저항선을 자기 보빈에 나선형으로 감고 그 양끝을 단자에 연결한다.

저항선과 단자의 접속부

단 자
● 이 단자에 배선을 납땜 혹은 나사로 고정시켜 금속 저항선에 전류를 유도하는 작용을 한다.

자기 보빈
● 금속 저항선을 감아붙이는 권심으로, 열에 강한 자기(단단한 구운 토기)로 되어 있다.

[그림 2] 권선형 저항기[예]

One Point

전자 회로에 사용되는 탄소 피막 저항기

탄소 피막 저항기란 자기 막대 표면에 고온·고진공 속에서 열분해하여 밀착 고정시킨 순수한 탄소 피막을 저항체로 하고, 자기 막대의 양끝에 캡과의 접촉을 좋게 하기 위해 은 피막을 구워 붙이고, 탄소 피막에는 나선형 홈을 내어 소요 저항치를 얻은 다음 양끝에 리드선이 붙은 캡을 고정시켜 표면에 보호 도장한 것을 말하며, 전자 회로 등 비교적 작은 전류가 흐르는 회로에 사용된다.

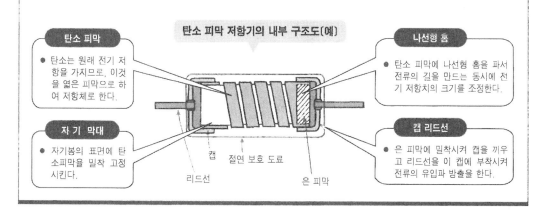

탄소 피막 저항기의 내부 구조도[예]

탄소 피막
● 탄소는 원래 전기 저항을 가지므로, 이것을 엷은 피막으로 하여 저항체로 한다.

자기 막대
● 자기봉의 표면에 탄소피막을 밀착 고정시킨다.

캡
리드선
절연 보호 도료
은 피막

나선형 홈
● 탄소 피막에 나선형 홈을 파서 전류의 길을 만드는 동시에 전기 저항치의 크기를 조정한다.

캡 리드선
● 은 피막에 밀착시켜 캡을 끼우고 리드선을 이 캡에 부착시켜 전류의 유입과 방출을 한다.

12 자석의 "N극"과 "S극"은 서로 끌어당기는 사이

● 자석이란 무엇인가? ●

자석에는 "N극"과 "S극"이 있다

자석은 주위에서 흔히 볼 수 있다. 자석이란 철을 흡인하는 성질을 가진 것을 말한다. 이런 철을 흡인하는 성질은 자석 전체에는 없다.

〔그림 1〕과 같은 막대 자석에는 그 양끝에 모여 있다. 막대 자석을 쇳가루 속에 넣으면 쇳가루가 그 양끝에 많이 달라붙는 것을 보면 알 수 있다. 이 양끝의 자성이 매우 강한 부분을 자극이라고 한다.

자석의 작용을 하는 자극은 철을 흡인한다

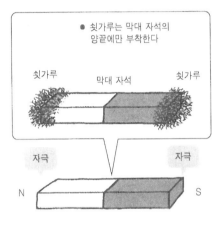

〔그림 1〕 막대 자석의 "N극"과 "S극"

는 성질은 동일하지만, "N극"과 "S극"이라는 다른 종류의 자극이 한 쌍을 이룬다.

자석에는 남북을 가리키는 성질이 있다

〔그림 2〕와 같이 막대 자석을 실로 매달면 막대 자석은 반드시 남북 방향을 가리킨다. 자극은 항상 일정한 방향을 나타낸다.

이 때 지구의 "북"을 가르키는 자극을 자석의 북극(North pole)이라 하고, 그 머리자를 따서 "N극"이라 한다. 또 지구의 "남"을 가르키는 자극을 자석의

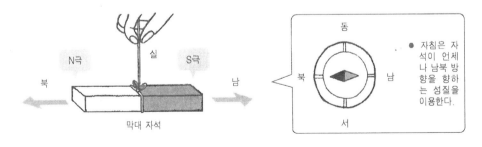

〔그림 2〕 자석에는 남북을 가리키는 성질이 있다

남극(South pole)이라 하고 그 머리자를 따서 "S극"이라 한다. 그러므로 막대 자석에는 "N극"과 "S극"이 1개씩 있게 된다.

자석의 자극간에 작용하는 힘

〔그림 3〕 (a)와 같이 하나의 자석의 N극에 다른 자석의 N극을 가까이 하면 서로 반발하는 힘이 작용한다. (b)와 같이 다른 자석의 S극을 가까이하면 서로 강하게 당기는 힘이 작용한다.

또 (c)와 같이 자석 S극에 다른 자석의 S극을 가까이 하면 서로 반발하고, (d)와 같이 다른 자석의 N극을 가까이 하면 강하게 당긴다. 여기서 "자석의 같은 종류의 자극 간에는 반발력이, 다른 종류의 자극 간에는 흡인력이 작용한다"는 것을 알 수 있다.

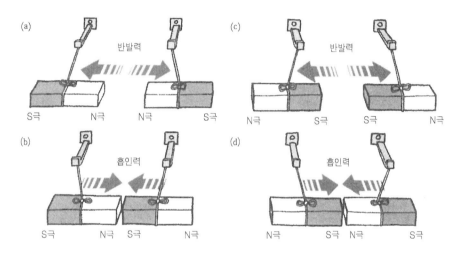

〔그림 3〕 자석의 자극 간에 작용하는 힘

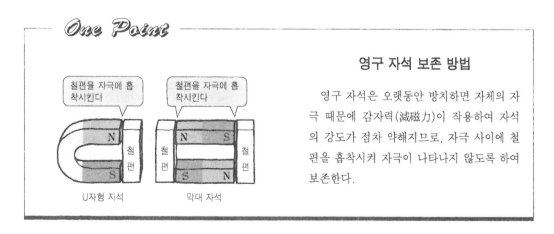

One Point

영구 자석 보존 방법

영구 자석은 오랫동안 방치하면 자체의 자극 때문에 감자력(減磁力)이 작용하여 자석의 강도가 점차 약해지므로, 자극 사이에 철편을 흡착시켜 자극이 나타나지 않도록 하여 보존한다.

13 코일에 전류를 흘리면 전자석이 된다

코 일

● 자석이란 무엇인가? ●

〔그림 1〕과 같이 막대기 모양의 철편에 전선을 둘둘 말아(이것을 코일이라고 한다) 스위치를 통해 전지에 연결한다. 스위치를 닫으면 코일에 전류가 흐르고, 쇠막대는 자석이 되어 철편을 흡인하게 된다.

다음에 〔그림 2〕와 같이 스위치를 열면 코일에 전류가 흐르지 않게 되므로, 쇠막대는 자석의 성질을 상실하여 철편을 흡인하지 않게 된다. 일반적으로 이것을 전기에 의한 자석이라는 의미에서 "전자석"이라고 부른다. 이 전자석의 성질은 앞서 설명한 막대 자석과 같은 영구 자석과 똑같다.

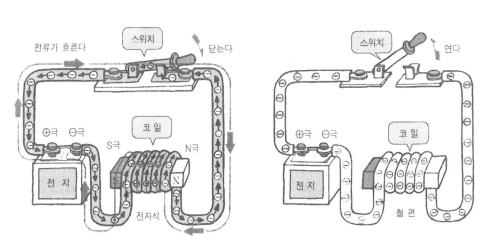

〔그림 1〕 코일에 전류가 흐르면 전자석이 된다   〔그림 2〕 코일에 전류가 흐르지 않으면 전자석이 안된다

막대 모양의 철편에 코일을 감은 전자석에서 자극, 즉 N극과 S극이 생기는 방식은 코일에 흐르는 전류의 방향에 의해 알 수 있다. 이 전류의 방향과 자극(N극)이 생기는 방향과의 관계는 "오른 나사의 법칙"을 통해 알 수 있다.

오른 나사의 법칙이란 [그림 3]과 같이 "코일 모양의 전류가 흐르는 방향에 오른 나사가 도는 방향을 맞추면 오른 나사가 진행하는 방향이 N극이 생기는 방향이 된다"는 것이다.

이 법칙은 코일 모양의 전류가 흐를 때 자극(N극)이 생기는 방향을 간단히 알 수 있으므로 무척 편리하다. 꼭 기억해 두기 바란다.

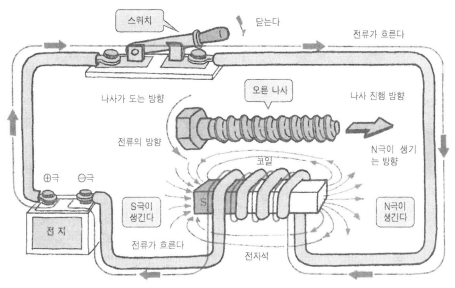

[그림 3] 전자석에서 "오른 나사의 법칙"이란 무엇인가?

One Point

"벨"은 왜 소리를 내는가?

버튼을 누르면 벨이 울린다. 아래 그림을 보면 벨 속에 있는 전자석에 전류의 흐름에 의해 타봉이 공(gong)을 때리면 벨이 울린다.

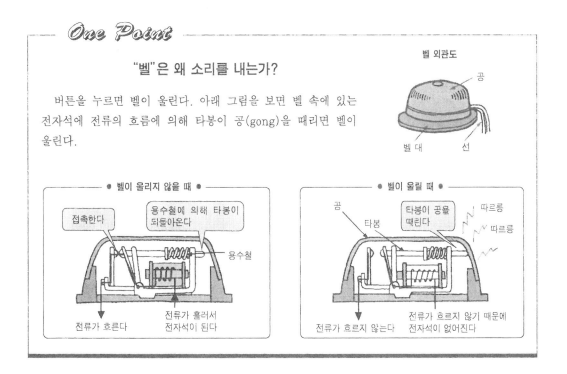

14 전기를 생산하는 발전기의 원리

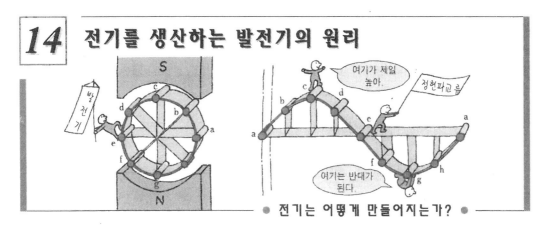

● 전기는 어떻게 만들어지는가? ●

전자석을 사용하여 전기를 생산하는 이론을 생각해 보자.

〔그림 1〕과 같이 영구 자석의 N극과 S극의 자계 중에 도체를 놓고, 오른손 집게손가락·엄지·중지를 서로 직각으로 구부려 집게손가락을 자계(N극에서 S극) 방향으로, 엄지를 도체의 운동 방향 쪽으로 향하면, 도체는 자속을 끊고 중지 방향으로 기전력이 생긴다. 이러한 현상을 플레밍의 오른손의 법칙이라고 한다(그림 2). 따라서 도체를 안쪽으로 자속과 직각으로 움직이면 도체의 a에서 b로 기전력이 생긴다.

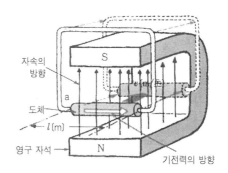

〔그림 1〕 직각으로 운동했을 경우

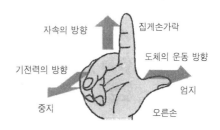

〔그림 2〕 플레밍의 오른손의 법칙

회전 운동에 의한 기전력의 크기

〔그림 3〕과 같이 1㎡당 B〔Wb〕(자속밀도)의 자계 속에서 l〔m〕의 도체가 자속과 θ 방향으로 v〔m/초〕의 속도로 운동하면, 직각 성분인 $v \sin \theta$ 만으로 자속을 자르게 된다.

도체에 생기는 기전력 E〔V〕의 크기는 1초 동안 직각으로 자르는 자속으로 나타내지므로,

$$E = Blv \sin\theta \,〔V〕$$

가 된다.

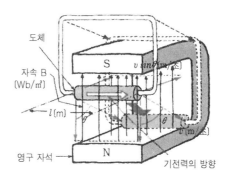

〔그림 3〕 각 θ 로 운동했을 경우

따라서 도체를 1회전했을 때의 기전력은 각 θ를 0~360° 변화시킨 것이 되므로 [그림 4]와 같이 $E_m = Blv$를 최대치로 한 정현파 교류(正弦波交流)가 된다. 정현파 교류에서 기전력이 똑같은 상

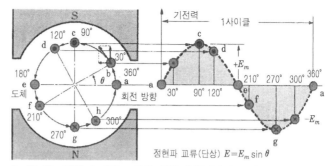

정현파 교류(단상) $E = E_m \sin \theta$

[그림 4] 자계 속에서 도체를 회전 운동시키면 정현파 교류가 발생한다

태로 될 때까지의 변화를 1사이클이라 하고, 매초 당 사이클 수를 주파수(단위 : Hz)라 한다.

교류 발전기의 원리

평등 자계 속을 일정 속도로 회전하는 도체에는 정현파 교류가 발생한다. 따라서 [그림 5]와 같이 코일 양끝에 슬립링이라 불리는 금속 고리를 장치하고 여기에 b_1, b_2의 브러시를 통해 외부로 빼내면 부하 L에 정현파 교류의 전기를 공급할 수 있다.

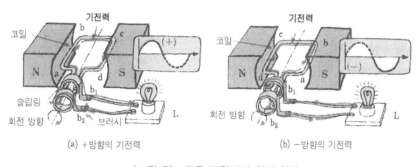

(a) +방향의 기전력　　　　　(b) −방향의 기전력

[그림 5] 교류 발전기의 원리 [예]

One Point

발전소에서는 3상 교류가 발전된다

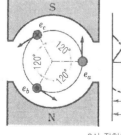

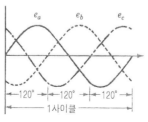

3상 정현파 교류

☆ 발전소에서 실제로 발전하여 송전선을 통해 변전소로 보내는 것은 3상의 정현파 교류로, 크기가 같은 3종류의 기전력에 120° 차이를 갖게 한 것으로, 경제적으로 전력을 수송할 수 있다는 특징이 있다.

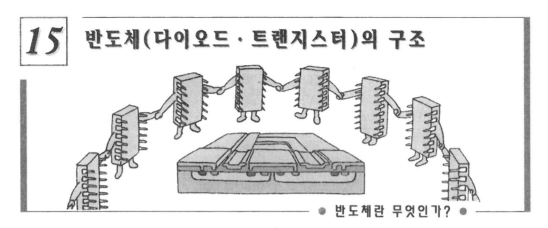

15 반도체(다이오드·트랜지스터)의 구조

● 반도체란 무엇인가? ●

가정용 전기 기구에 사용되는 반도체

잠시 집안을 살펴보자. 최근의 가정용 전기 기구는 텔레비전·비디오·카세트녹음기를 비롯한 전자 기술에 의한 것이 많고 다이오드·트랜지스터·IC(직접 회로) 등의 반도체가 많이 사용되고 있다.

다이오드의 구조와 그림 기호

다 이 오 드 는 [그림 1]과 같이 P형 반도체(플러스 정공이 전하 캐리어의 주력인 반도체)와 N형 반도체(마이너스 전자가 전하 캐리어의 주력인 반도체)를 접합한 것으로, 순방향 전압에 대하여는 저항치가 적으나 역방향 전압에 대하여는 큰 저항치를 나타내는 반도체를 말한다.

일반적으로 다이오드는 무접점 시퀀스 회로 소자로서 스위칭용으로, 전자 회로 소자로서 정류·검파·정전압용 등으로 쓰인다. 또 전류 용량이나 내전압(耐電壓) 등에 따라 여러 구조의 것이 있다.

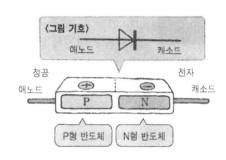

[그림 1] 다이오드의 구조와 그림 기호

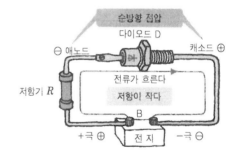

(a) 순방향 전압을 가하면 저항이 적다

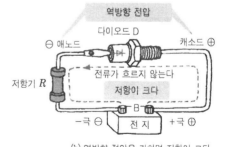

(b) 역방향 전압을 가하면 저항이 크다

[그림 2] 다이오드의 동작 방식

트랜지스터란 하나의 단결정(單結晶) 내에 두개의 PN 접합으로 갈라진 세 개의 영역(이미터·베이스·컬렉터)을 가지며, 각 영역에 전극을 부착한 것을 말한다.

트랜지스터에는 P형 반도체와 N형 반도체의 조합에 따라 〔그림 3〕과 같이 NPN형 트랜지스터와 PNP형 트랜지스터가 있다. 트랜지스터 회로에서 베이스 전류가 흐름으로써 컬렉터 전류가 흐르는 것을 트랜지스터가 "ON 동작"한다고 한다. 또 베이스 전류가 흐르지 않으면 컬렉터 전류도 흐르지 않게 된다. 이것을 트랜지스터의 "OFF 동작"이라고 한다. 이밖에 트랜지스터는 증폭 작용을 한다.

이미터   베이스
컬렉터

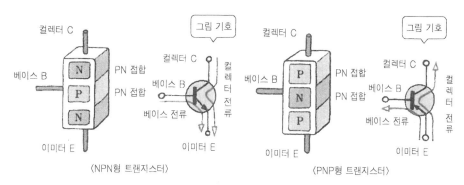

〈NPN형 트랜지스터〉   〈PNP형 트랜지스터〉

〔그림 3〕 트랜지스터(NPN형·PNP형)의 구조와 그림 기호〔예〕

One Point

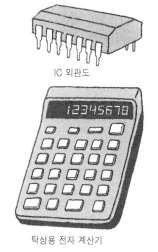

IC 외관도

탁상용 전자 계산기

IC란 무엇인가?

IC란 집적 회로(Integrated Circuit)를 말한다. 두 개 이상의 회로 소자 전부가 기판 위 또는 기판 내에 집적되어 있는 회로를 말한다. 그 집적도에 따라,

● SSI(Small Scale Integrated Circuit)
  소규모 집적 회로

● MSI(Medium Scale Integrated Circuit)
  중규모 집적 회로

● LSI(Large Scale Integrated Circuit)
  대규모 집적 회로

가정에서 쓰이는 전기는 교류이다

☆ 전기에는 그 크기와 흐르는 방향이 항상 일정한 직류와, 시간과 함께 크기와 방향이 변화하는 교류가 있다. 건전지·축전지 등에서 얻을 수 있는 전기는 직류이다.

☆ 가정으로 송전되는 전기는 단상 100볼트의 정현파 교류로 주파수에는 50Hz와 60Hz가 있다. 주파수가 50(60)Hz란, 1초에 50(60)회 같은 변화를 되풀이하는 것을 말한다.

☆ 단상 교류 전기는 2개의 전선을 사용하여 전류를 흐르게 할 수 있다. 가정에서 전기 기구를 사용할 때 심이 두 개인 코드를 콘센트에 꽂으면 되는 것은 이 때문이다.

☆ 가정으로 송전되는 전기가 얼핏 복잡해 보이는 정현파형 교류인 것은 앞서 설명한 발전소의 발전기에서 생기는 전기가 정현파 교류(단, 3상 교류)이기 때문이다.

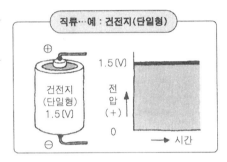

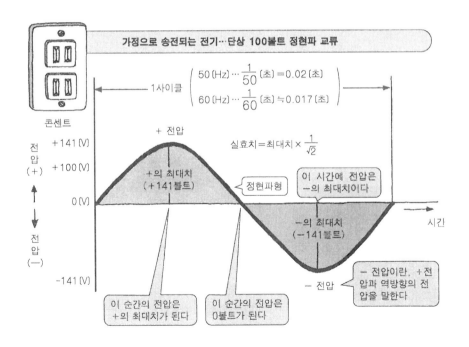

③ 반도체 소자와 조명의 전자학

　　반도체 소자는 그 구조가 소형인데다 제조 기술의 진보에 따라 염가에 소비 전력도 적고, 수명이 긴 등의 많은 이점을 갖고 있기 때문에 다양한 타입이 회로 소자로서 사용되고 있다. 사용법도 증폭, 정류, 제어, 검출, 연산 등 다양하다. 여기서는 전자 회로의 기본인 다이오드와 사이리스터(thyristor)에 대하여 그 동작 원리를 가전 제품의 회로와 결부시켜 배우도록 한다.

　　즉 P형 반도체, N형 반도체가 어떻게 짜여져 다이오드를 만들고 사이리스터를 만드는지, 또 어떤 동작을 하는지를 알기 쉽게 설명한다. 조명 부분은 가장 가까이에 있는 백열등과 형광등의 발광 원리 및 조명의 기초가 되는 문제들을 흥미 있게 펼쳐 본다.

가전 제품의 대들보 반도체

● 아전인수가 아니다 ●

히로는
어떻게
되어 있지?

**다이오드가
전력을 제어**

편리하게 사용되는 가전 제품은 우리들의 생활에 윤택함을 준다. 난로의
전열선이 적외선 램프가 되고, 전력 조절도 0~500와트까지 간단하게 바꿀
수 있다. 한편 취급법이나 동작을 이해하기 위해서는 회로도를 잘 이해해야
한다. 회로도의 기본은 사용되는 소자의 동작을 이해하는 것이다. 먼저 이것을 살펴보자. 〔그림
1~3〕을 보면서 생각해보자.

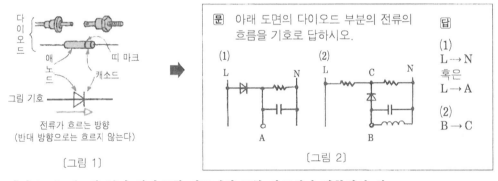

다이오드
애노드   띠 마크
캐소드
그림 기호
전류가 흐르는 방향
(반대 방향으로는 흐르지 않는다)

〔그림 1〕

문 아래 도면의 다이오드 부분의 전류의
흐름을 기호로 답하시오.

(1)   (2)
L ── N   L ── C ── N

A   B

답

(1)
L → N
혹은
L → A

(2)
B → C

〔그림 2〕

다이오드는 〔그림 3〕과 같이 P형 반도체와 N형 반도체가 접합되어 있
다. P측이 애노드 A, N측이 캐소드 K이고, 전류는 애노드에서 캐소드 방
향으로 많이 흐른다. 다이오드는 P측에 +, N측에 − 전압이 가해졌을 때
전류가 흐르므로 교류와 같이 +, −와 시간에 의해 전압의 극성이 변하는
전류에 접속하고 있으면, 〔그림 4〕와 같이 −의 반사이클은 차단되어 이
동안은 전류가 흐르지 않는다. 즉 전력이 없는 것으로 된다.

다이오드는 〔그림 4〕와 같이 플러스의 반(半)사이클만이 흐
르므로 정류 작용(교류를 직류로 고침)이 있지만, 가전 제품의
회로에서는 이 절반의 시간에만 전류가 흐르는 성질을 이용하
여 전력 소비를 줄이는 회로로 사용된다(전력이 1/2이 된다).

P N

A   K

〔그림 3〕

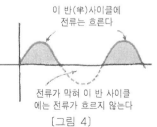

이 반(半)사이클에
전류는 흐른다

전류가 막혀 이 반 사이클
에는 전류가 흐르지 않는다

〔그림 4〕

가전 제품의 스위치에 있는 OFF-L-H 기호에서 H는 High(고), L은 Low(저)의 의미이고 각각 전력의 차단·고·저를 나타낸다. 〔그림 5〕에 그 예를 든다. 회로도 내에 다이오드가 있기 때문에 3단의 전환이 가능하다.

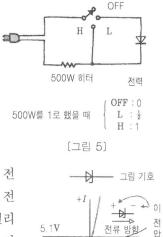

〔그림 5〕

체너 다이오드를 알자

다이오드는 〔그림 1〕과 같이 애노드에 +, 캐소드에 −의 전압을 가하였을 때를 순방향이라 하고, 이 반대의 전압, 즉 그림과 같이 가했을 때를 역방향 전압이라 한다. 역방향 전압에서 다이오드는 캐소드에서 애노드로 전류가 흐르지 않는다. 체너 다이오드라 불리는 것은 이 역방향 전압이 일정 전압에 이르면 갑자기 전류가 흘러, 다이오드에 걸리는 전압이 증가해도 전류만이 변하고 전압은 거의 일정하게 유지된다. 〔그림 6〕에 체너 다이오드에 가하는 전압, 전류의 특성 곡선을 나타내었다. 이 성질을 이용함으로써 회로 내에서 소정의 정전압을 얻을 수 있게 된다.

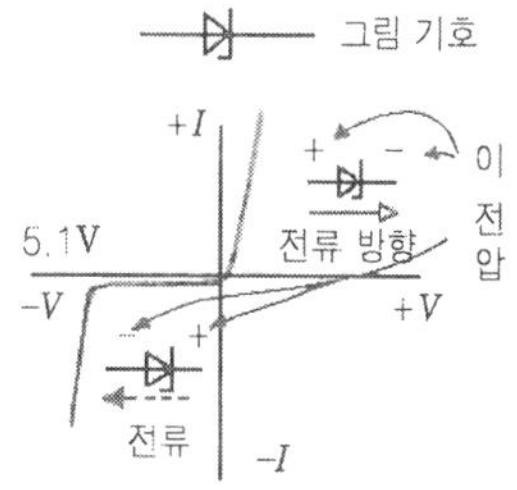

〔그림 6〕

〔그림 7〕은 전자 카펫의 전원 회로 부분이다. 회로의 구성도, 각부의 파형을 나타냈는데, D_7이 체너 다이오드이다.

IC용 전원으로 5.1V가 필요하므로 12V로 들어온 것을 5.1V의 일정 전압이 나오도록 한 것이다. 전자 카펫은 사이리스터(실리콘 제어 정류자. 트랜지스터로는 안되는 고전압, 고전

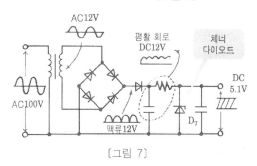

〔그림 7〕

류 제어에 사용된다)를 ON, OFF하여 전열선을 따뜻하게 하고 온열을 얻는데, 그와 동시에 IC를 사용하여 온도 제어, 안전 검지 회로를 갖추고 있다. IC 회로에 가하는 전압은 맥류(脈流) 12V의 전압을 낮추어 더욱 평활한 직류를 얻기 위해 평활 회로와 체너 다이오드로 5.1V를 만든다.

Let's review!

1. 다이오드의 그림 기호와 전극명을 쓰시오.
2. 다이오드의 애노드, 캐소드는 P형, N형 반도체 중 어느 것으로 구성되어 있나?
3. 다이오드를 사용하여 500W의 히터에 전류를 흐르게 하면 발열량은 몇 W인가?
4. 〔그림 7〕에서 다이오드의 4개 접속 부분은 전파 정류 회로이다. 거기에 걸리는 교류 전압은 몇 V인가?

2 회로 소자는 여러 가지

● 희소가치는 사라질 것인가? ●

사이리스터/다이악/트라이악

사이리스터는 SCR(Silicon Controled Rectifier: 실리콘 제어 정류 소자)라고도 하는 정류 제어 소자이다. 구조와 그림 기호를 〔그림 1〕에 나타내었다. 〔그림 2〕는 다이오드와 SCR의 차이를 설명한 것으로, SCR도 역방향으로는 전류가 흐르지 않는다. SCR의 게이트에 가하는 전압은 펄스가 좋다. 그것은 SCR을 ON으로 하면 게이트 전류가 필요없기 때문이다.

수치적으로 게이트 전력은 수 V, 수 mA~수십 mA 정도임에 비해 주전류는 수 A에서 수백 A까지 있다.

다이악은 2개의 체너 다이오드가 마주보고 있다. 이 의미에서 정상 상태에서는 전류는 어느 방향으로도 흐르지 않는다. 역방향의 전압으로 더구나 일정한 전압(브레이크 오버 전압이라고도 함) 이상으로 높아지면 역방향 전류가 흐른다. 그리고 전압은 높아지지 않는다. 예를 들어 〔그림 3〕과 같이 ①에서 ④의 전압이 가해지고 이 다이악의 브레이크 오버 전압이 30V라고 한다면 V_{CD}의 전압 최고치는 얼마일까?(답은 〔그림 3〕 참조)

트라이악은 트라이가 3을 의미하듯이 3개의 전극을 가진 교류 스위치용 사이리스터이다. 〔그림 4〕에서 T_1, T_2는 ⊕, ⊖의 어느 쪽이든지 게이트의 전압 관계로 ON이 되므로 다이악과 마찬가지로 양방향형(어느 쪽으로든 흐른다)이다. 게이트에 작은 전력(펄

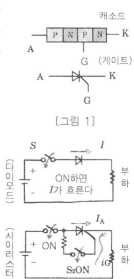

〔그림 1〕

S₁ON해도 I_A는 흐르지 않으나, S₁ON으로 S₂ON하여 i_G를 흐르게 하면 I_A가 흐르기 시작한다

〔그림 2〕

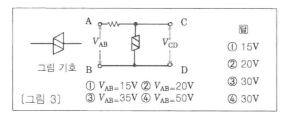

답
① 15V
② 20V
③ 30V
④ 30V

그림 기호

① V_{AB}=15V ② V_{AB}=20V
③ V_{AB}=35V ④ V_{AB}=50V

〔그림 3〕

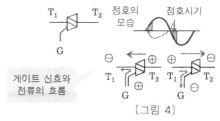

게이트 신호와 전류의 흐름

〔그림 4〕

스)를 가하면 그 순간부터 위상이 반전하기까지 T1에서 T2(또는 T2에서 T1)로 전류가 흐른다. 이와 같이 트라이악은 입교류의 +·-의 어느 사이클에서나 전류가 흐른다.

**온도 제어-
SCR**

온도 제어는 어떻게 할까? 전자 카펫을 예로 들어 회로도를 참작하면서 동작 원리를 살펴보자. 그 전에 SCR는 스위칭 소자로서 사용되는데, 이것이 OFF되려면 주전류가 흐르는 A~K간의 전압을 제로로 하든가, 반전($\ominus \leftrightarrow \oplus$)시킬 수밖에 없다는 것을 알아둔다.

전자 카펫의 회로는 〔그림 6〕에 나타냈다. 온도 제어란 카펫이 너무 뜨거워지면 히터를 끄고 또 차가워지면 히터를 넣는 것이다. 이것은 SCR를 ON, OFF 하는 것 이외에는 방법이 없다. 즉 SCR가 전원 회로의 스위칭 역할을 하는 것이다.

여기서 SCR를 교류 전원 회로에서 사용하여 회로를 ON, OFF시키는 구조를 설명하겠다. SCR는 〔그림 5〕에도 언급한 바와 같이 게이트에 플러스 전압이 가해지면 애노드·캐소드간이 통과 상태가 된다. 이 때 애노드에 $\oplus$ 전압이 있으면 주전류가 흘러, 애노드가 0V되든가, $\ominus$ 전압이 될 때까지 계속 흐른다. SCR는 교류 전원으로 사용하고 있으므로, 플러스의 반사이클에 통과 기간이 있고, 마이너스의 반사이클에서는 불통이다. 그 관계가 〔그림 6〕에 전압파형으로 나타나 있다. 히터의 온도를 올리려면 SCR의 게이트 펄스 발생 시간을 바꿈으로써 제어된다. 이것을 SCR의 위상 제어라고 하는데, 이 신호를 만드는 것이 온도 검출이다. 히터의 온도를 검출하는 방법에 대해서는 73페이지에서 설명한다.

A가 $\oplus$이고 K가 $\ominus$G에 펄스 입력하면 ON이 된다

OFF하려면

(불가능) (가능)

× o

G를 차단해도 $\ominus$를 넣어도 OFF되지 않는다 | A를 0으로 하거나 반전시키면 OFF 된다

〔그림 5〕

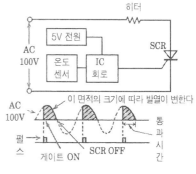

히터

5V 전원

AC
100V

온도
센서

IC
회로

SCR

이 면적의 크기에 따라 발열이 변한다

AC
100V

펄스

게이트 ON

SCR OFF

통과시간

〔그림 6〕

Let's review!

1 SCR의 그림 기호를 그리고 전극명을 기입하시오.

2 SCR의 주전류는 어떤 때 흐르는가?

3 SCR가 OFF되는 것은 어떤 때인가?

4 전자 카펫에서 히터에 흐르는 전류를 증가시키고자 할 때, 〔그림 6〕의 펄스 신호를 어떻게 바꾸면 되는지 알맞은 것을 고르시오. (ⓐ 펄스 폭을 넓힌다. ⓑ 펄스 진폭을 크게 한다. ⓒ 펄스 위치를 오른쪽으로 옮긴다. ⓓ 펄스의 위치를 왼쪽으로 옮긴다.)

3 쾌적한 조건은 온도 컨트롤

● 따뜻함도 이심전심 ●

여기다!

인가습 하기에도 아주 좋아.

온도 센서는 어떤것?

가전 제품은 점차 편리하고 쓰기 쉽게 되어간다. 그것은 대부분이 자동적으로 인간이 필요하다고 생각하는 상태로 동작해 주기 때문이다. 구체적으로는 자동으로 모터를 돌리거나, 릴레이를 작동시키는 것으로 이러한 기능을 하는 전기 회로를 제어 회로라 한다. 그러나 이 제어 회로에 어떤 동작을 하라는 신호를 보내는 것이 없으면 제어 회로는 동작하지 않는다. 그러한 것을 센서 또는 디텍터(검출기)라 한다. 센서의 가장 대표적인 것에는 온도 변화에 응하는 것, 빛의 변화에 응하는 것, 습기 변화에 응하는 것 등이 있다. 여기서는 온도 센서를 살펴본다. 〔그림 1〕에 나타낸 것은 물질의 저항이 온도와 함께 변화하는 형태의 그래프이다. (a)는 금속의 저항 등으로 온도 상승과 같이 증가하고 (b)는 탄소, 전해액(電解液), 반도체 등으로 감소한다.

어느 쪽을 보아도 물질의 저항은 온도에 의해 변화하고, 그 변화의 방법에는 두 가지가 있다는 것을 알 수 있다. 센서로 사용하려면 이 저항의 변화를 전압 또는 전류의 변화로서 이용하면 된다. 또 민감한 센서를 만들려면 온도에 의한 저항 변화가 큰 것을 사용하면 된다.

온도 변화에 반응하는 것으로서 온도계나 서모스타트(온도조절기)는 알고 있을 것이다. 센서로는 서미스터라는 저항체가 있다. 서미스터에는 두 가지 종류가 있다.

① 온도가 오르면 저항이 증가하는 (PTC) 플러스 특성

② 온도가 오르면 저항이 감소하는 (NTC) 마이너스 특성

P(+)는 Positive, N(−)은 Negative, T(온도)는 Temperature, C(계수)는 Coefficient로 각 영어의 두문자가 쓰인다. 서미스터의 여러 용례 중 하나를 소개한다. 자동차에는 냉각수의 온도를 나타내는 미터가 계기판에 붙어 있다. 이것은 서미스터를

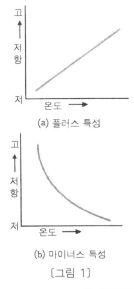

(a) 플러스 특성

(b) 마이너스 특성

〔그림 1〕

서미스터
THERM ISTOR
의 의미는
thermal   resistor
(온도의   (저항체)
 열의)

냉각수 속에 넣어 두고 온도가 오르면 서미스터의 저항이 줄어 (NTC 타입) 온도계가 HOT을 나타내도록 되어 있다. 이 회로의 모양을 〔그림 2〕에 나타내었다.

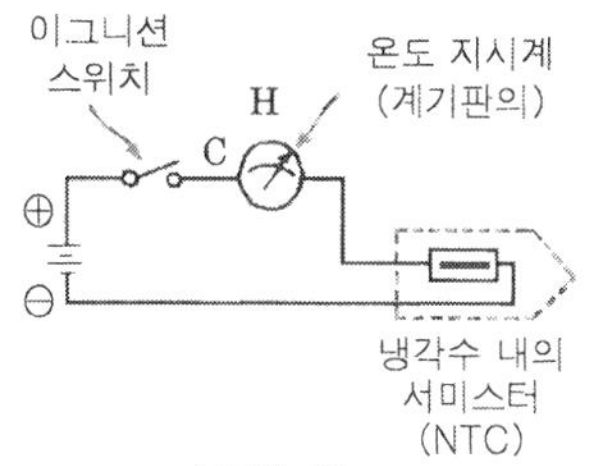

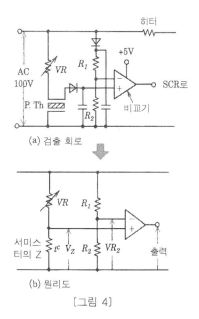

〔그림 2〕

〔그림 3〕

검출 회로의 동작 형태

71페이지에서 전자 카펫의 온도 제어 회로와 히터 회로에 이어지는 SCR의 동작 등을 설명했다.

온도 제어가 이루어지기 위해서는 센서가 정확히 동작해야 한다. 이것을 검출 회로라고 한다.

본 회로에서는 센서에 플라스틱 서미스터(P.Th)를 사용했다. 이 서미스터는 위의 설명에 의한 분류로는 NTC(마이너스 특성) 타입이다. 실제의 변화 모양은 〔그림 3〕에 나타냈다.

마이너스 특성 때문에 P.Th의 임피던스(Z)는 온도에 반비례하여 변화한다.

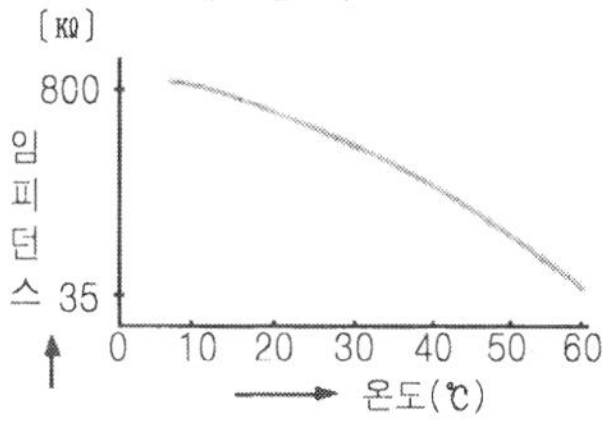

온도	상승	저하
Z값	소	대
Z의 전압 VZ	소	대
비교기 출력	0	VH
SCR	OFF	ON

온도가 내려 가면 순서에 변화가 생겨, SCR를 시동 시키는 게이트 신호 발생

(a) 검출 회로

(b) 원리도

〔그림 4〕

이같은 변화의 모습을 실제 회로도로 살펴보자. 〔그림 4〕의 (b)에서 플라스틱 서미스터(P.Th)의 임피던스 Z는 온도에 의해 크게 변화한다. 카펫 온도가 낮아지면 Vz는 기준 전압 VR2에 비해 커지므로 비교기(컨퍼레이터)의 출력은 고전압이 된다. 파형정형(波形整形)화한 펄스파는 SCR의 게이트에 들어가 히터가 작동한다. 플라스틱 서미스터는 142페이지에도 설명되어 있다.

Let's review!

1. 제어 회로에 동작 신호를 보내는 소자를 무엇이라 하나?
2. 저항체의 온도에 의한 변화에는 어떤 종류가 있는가?
3. 서미스터에서 온도가 상승하면 저항이 감소하는 것을 무엇이라 하나?
4. 〔그림 2〕에서 온도계는 전류계를 계량한 것이라고 할 때, 냉각수 온도가 상승하여 바늘이 오른쪽에 왔다는 것은 서미스터의 저항이 어떻게 된 것을 의미하는가?

4 싸고, 쓰기 쉽고, 제어하기 쉬운 광원

● 동서고금 어디서나 이용 가능 ●

백열전구

따뜻한 분위기네

자연등만 쓰고 있지.

백열 전구의 원리와 구조

광원의 종류는 수없이 많다. 더구나 그에 대한 지식은 양적인 것과 질적인 내용을 동시에 요구한다. 고객에 대한 서비스 향상을 하려 할 때 상품 지식을 많이 알고 있으면 도움이 된다.

〔그림 1〕은 백열 전구의 일반적인 구조인데, 명칭을 보고 무엇인지 알 수 있는 것은 설명하지 않겠지만, 필요한 것에는 해설을 해 두었다. 백열 전구의 특성으로서 알고 있어야 할 몇 가지는 다음과 같다.

(1) 에너지 특성……입력된 에너지의 어느 정도가 가시 광선이 되는가를 생각한 것으로, 〔그림 2〕를 보면 적외선 방사가 의외로 많음을 알 수 있다.

(2) 전압 특성……정격 전압에서 변화시켰을 때의 전류·전력·광속·효율·수명의 변화를 말한다.

(3) 동정 특성(動程特性)……점등 시간의 경과와 함께 광속은 감퇴된다. 이밖에 전류·전력·효율이 변화하는 모습을 동정이라고 한다.

일반 조명 전구는 유리 밸브 내면에 확산성이 좋은 백색 도장을 한 것이 주류를 이룬다. 이 백색 확산 코팅의 형태를 〔그림 3〕에 나타냈다.

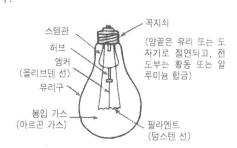

스템관
허브
앵커 (몰리브덴 선)
유리구
봉입 가스 (아르곤 가스)
꼭지쇠
(양끝은 유리 또는 도자기로 절연되고, 전도부는 황동 또는 알루미늄 합금)
필라멘트 (텅스텐 선)

(필라멘트의 온도를 높이면 텅스텐은 증발하고 흑화한다. 그래서 아르곤 가스 같은 불활성 가스를 넣어 증발을 막고 수명을 연장시킨다.)

〔그림 1〕

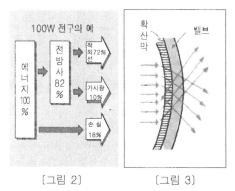

100W 전구의 예

에너지 100% → 전방사 82% → 적외선 72%, 가시광 10%
→ 손실 18%

확산막   밸브

〔그림 2〕   〔그림 3〕

유리 밸브 형상 표시법 (최대 지름 mm)	〔예〕 A (60)	T	T	B	F	G	PS	PAR	R

74

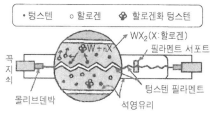

〔그림 4〕

할로겐 전구와 기타의 전구

일반용 백열 전구 외에도 많은 전구가 목적에 따라 쓰이고 있다. 한편 전구 자체의 발광 효율을 올리기 위해 노력한 결과 할로겐 전구가 탄생하였다. 효율을 올리려면 필라멘트의 온도를 높여야 하나, 그렇게 하면 텅스텐의 증발이 많아지고 흑화하여 광속을 감퇴시킨다. 이를 억제하기 위해 미량의 할로겐 가스를 넣는데, 이로 인해 일어나는 작용을 할로겐 재생 사이클이라 한다. 〔그림 4〕에 나타낸 것처럼 증발한 텅스텐 대부분은 할로겐 원자와 관벽 부근에서 반응하여 할로겐화텅스텐이 된다. 관 내벽 온도를 높였기 때문에 관벽에 부착하지 못하고 필라멘트 방향으로 이동하는데 여기서 고온 때문에 할로겐과 텅스텐으로 분해되어 텅스텐은 필라멘트로 되돌아오고, 할로겐은 다시 다른 텅스텐과 반응하는 것을 되풀이한다. 이렇게 하여 효율이 높은 전구가 된다. 이밖에 다음과 같은 전구가 있다.

(1) 반사형 투광 전구 — 유리 밸브 안에 알루미늄을 증착시킨 회전 반사면이 있는 전구. 반사면과 렌즈를 녹여 붙인 것을 PAR형 전구 또는 실드 빔이라 한다.

(2) 투광기용 전구 — 반사면이 투광기 쪽에 있어 필라멘트를 작게 한 전구

(3) 자동차용 전구 — 전조등은 실드 빔 전구, 그 외는 소형 전구를 이용한다. 전조등·실내등·파일럿램프·미등·측면등 등이 있다. 안개등은 할로겐 전구이다.

(4) 스튜디오용 전구 — 사진 효과를 높이기 위해 수명을 희생하고 효율과 색 온도를 높인 1 ㎾, 2㎾의 소형, 고출력 할로겐 전구가 주류를 이룬다.

(5) 장식용 전구 — G형 볼 모양 전구나 샹들리에 전구, 컬러 전구 등이 있다.

(6) 사진용 전구 — 색 온도 3,200K~3,400K의 반사형 전구와, 4,500K~6,000K의 유리 전구가 있다.

(7) 적외선 전구 — 일반적으로 반사형 전구 타입으로 필라멘트 온도가 낮다.

(8) 에너지 절약형 백열 전구 — 광속을 약간 줄여, 소비 전력이 약 10% 적고, 수명은 일반의 2배로 한 것, 불활성 가스로 크립턴을 사용하여 필라멘트의 증발을 억제한다.

Let's review!

1 백열 전구의 유리관 내에 넣는 봉입 가스의 목적은 무엇인가?

2 입력된 전에너지의 몇 % 정도가 가시광선이 되는가? (10%, 20%, 50%)

3 백열 전구의 동정이란 무엇인가?

4 할로겐 재생 사이클에 대하여 설명하라.

5 일반적인 백열 전구 이외의 전구의 종류를 말하라.

5 연색성과 살균 효과

● 체면을 세워준다구? ●

발광의 원리를 잡아라

형광등은 여러 곳에 광원으로 사용되고 있어서 여러 모로 연구, 개량되고 있다. 형광 램프가 처음 쓰이기 시작할 무렵에는 라디오에 잡음이 생기는 등의 문제가 있었지만 곧 개선되어 글로 스타터와 병렬로 접속된 잡음 방지 콘덴서를 연결함으로써 해결되었다.

이 형광 램프의 발광 원리는, 발광의 분류를 크게 둘로 나누면 아래와 같은데, 그 중에서 루미네선스라는 것에 속한다. 자세히 말하면 방사 루미네선스라 불리는 것으로 자외선, X선 등의 조사에 의해 생기는 발광이다. 즉 〔그림 1〕과 같이 전극간에 방전을 일으키는데, 이 방전에서는 맨처음 전극에서 튀어나온 전자가 관내의 수은 원자에 부딪혀 이것을 여기(勵起)하고, 이것이 정상으로 복귀할 때 축적된 에너지를 자외선으로서 방출한다. 이것을 유리관 안쪽에 바른 형광체에 쏘아

발광 효율의 차이

광원	효율 〔lm/W〕
나트륨 램프	90~110
형광 램프	40~60
백열 전구	10~20

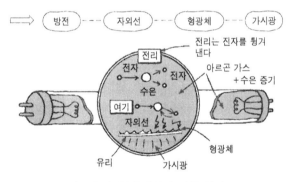

$\Longrightarrow$ 방전 --- 자외선 --- 형광체 --- 가시광

〔그림 1〕 형광 램프의 발광 원리

거기서 발광하도록 한 것이다. 일반 형광 램프의 유리는 자외선을 통과시키지 않지만 형광체를 바르지 않은 특별한 유리를 사용하여 이 자외선(살균에 유효한 253.7㎚의 파장)을 내도록 한 것이 살균 램프이다. 빛이 직접 눈에 닿지 않도록 간접 조명 형태로 부착한다.

살균 램프는 병원의 병실이나 식료품 공장 등에 설치된다.

광원의 색에 대한 성질을 전문적으로는 연색성(演色性; 램프의 빛이 물체에 부딪혔을 때 물

〈발광의 분류〉

● 온도 방사…물체가 고온일 때 발광하는 방사
● 루미네선스…형광등과 같이 온도에 의하지 않는 발광 현상(온도 방사 이외의 모든 발광)

체의 색이 나타나는 상태)이라 한다. 흔히 형광 램프는 빨강 계열의 색 표현이 어렵고 꽃이나 옷, 생선 등은 자연광에서 볼 때와 색이 다른 경우가 많은데, 이를 개선한 연색성이 좋은 형광 램프도 있으므로 구입시 장소에 따라 연색성이 좋은 형광 램프를 사용하면 좋다.

기구의 내부를 확인하자

형광등 기구는 형광 램프를 점등하기 위해 [그림 2]에 나타낸 것처럼 글로 스타터, 안정기, 스위치 등이 붙어 있다. 이중 글로 스타터는 예열 스타트형 형광 램프에 붙이는 것으로 대부분의 가정용 기구나 스탠드는 이 타입이다(다른 형식은 래피드 스타트형으로 순간적으로 점등된다).

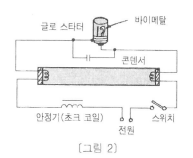

[그림 2]

점등의 원리…전극을 가열하여 전자를 방출하기 쉬운 상태로 하고 고전압을 가한다.

점등의 역할을 하는 것…스위치로 어느 관을 점등시킬 것인지를 선택한다. 글로 스타터 내에 바이메탈 전극이 있고, 글로 방전의 열로 전극을 접촉시켜 형광관의 전극에 전류를 흐르게 하는 역할을 한다. 전극이 예열된다.

안정기…글로의 전극이 차가워져 떨어지면 전류의 흐름이 정지되고, 안정기 코일의 인덕턴스에 의해 고전압이 발생한다. 이 때문에 전극간에 방전이 일어난다. 그 후 전류를 일정하게 유지한다.

배선 예…두 개의 등을 단 경우의 배선 예를 [그림 3]에 나타냈다.

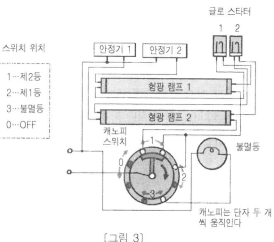

[그림 3]

Let's review!

다음 ( ) 안에 알맞은 말을 넣으시오.

1. 형광 램프의 유리관 속에는 저압의 ( )나 아르곤 가스가 들어 있고 관의 내벽에는 ( )가 칠해져 있다.
2. 좌우의 ( )에 전압이 걸리면 전극간에 방전이 일어나 전자가 수은 원자와 충돌하고 파장이 짧은 ( )이 생기며 이것이 형광체와 충돌하여 가시광선을 방사한다.
3. 예열 스타트형 형광 램프로 자동 스위치 작용을 하는 것은 무엇인가?
4. 글로 스위치를 사용하지 않고 순식간에 점등할 수 있게 한 것은 무엇인가?
5. [그림 3]에서 캐노피 스위치를 2의 위치에 두었을 때 어느 램프가 점등되는지 배선을 찾아보라.

6 특성을 잘 살려 사용하면 OK

● 안정기는 일기당천의 용사 ●

형광 램프의 점등 원리

점등의 구조를 살펴보자

76~77페이지에서 형광 램프의 발광 원리에 대하여 설명했다. 여기서는 점등의 원리에 대하여 알아 본다. 형광 램프의 방전은 아크 방전이다. 그래서 전극에 전압을 가했을 때 방전되도록 장치되어 있다. 〔그림 1〕에서 꼭지쇠의 종류가 두 가지인 것도 점등을 시키기 위한 구조의 상이함과 관련된다. 방전등을 점등시키기 위해 알아두어야 할 기본을 생각해 보자.

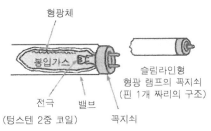

〔그림 1〕 형광 램프의 기본 구조

(1) 안정기가 필요하다

방전등은 방전이 시작되면 램프 자신의 저항이 감소되므로(마이너스 저항 특성이라 한다) 전압이 스타트 때와 같으면 전류는 매우 많이 흐른다.

즉 램프 자체는 전류를 제한할 수 없게 된다. 이 때문에 전류를 안정시키는 작용을 하는 안정기가 점등 회로에서는 램프와 직렬로 접속된다.

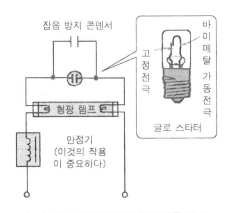

〔그림 2〕 스타터형 형광등의 점등 회로

(2) 시동 전압 발생에 필요한 것

형광 램프는 전극의 양끝에 일반 전압(교류 100V 등)을 가하는 것만으로는 방전을 시작(점등)하지 않는다. 무엇인가 시동 장치가 필요하다. 〔그림 2〕에 나타낸 스타터형 점등 회로는 글로 스타터와 안정기가 램프를 시동시키는 작용을 한다.

형광 램프는 이 시동 장치의 방식에 따라 (1) 스타터형 점등 방식 (2) 래피드 스타트형 점등 방식 (3) 고주파(인버터) 점등 방식으로 분류된다.

코일에 쇄교(鎖交)하는 자속이 변화하면 그 변화를 방해하는 경향의 자속이 생기는 방향으로 전류가 유도된다. 이 유도되는 전압(전류)은 코일의 권수(감은 수)나 형태, 자로(磁路)의 형태에 따라 달라진다. 이 성질을 코일의 인덕턴스라고 하는데, 양(量)의 기호는 L, 단위 기호는 〔H〕(헨리)를 쓴다.

코일
철심
철심입
그림 기호
〔그림 3〕

1헨리(Henry)는 1초에 1〔A〕의 비율로 전류가 변화할 때, 1〔V〕의 전압이 코일에 유도하는 코일의 자체 인덕턴스로서, 오른쪽의 유도 전압 계산식으로 나타낼 수 있다. 따라서 코일에 높은 전압을 유도하고자 할 때는 L을 크게 하든가, 짧은 시간에 전류를 변화시키든가 하면 된다.

$$V = L\frac{\Delta I}{\Delta t}$$

그래서 형광 램프의 점등에 필요한 전압에는 안정기라는 코일을 사용하며, 글로 스타터가 회로에 흐르는 전류를 짧은 시간 내에 차단함으로써 단시간 내에 전류에 변화를 일으키는 역할을 하고, 방전에 필요한 높은 전압이 전극에 걸리게 하는 것이다.

〔그림 2〕를 참고하면서 스타터형 점광등 회로에 대하여 설명한다.

① 전원을 넣는다……램프의 양 전극에 전원 전압은 걸리지만 이 전압으로는 점등되지 않는다.

② 글로 램프 점등……전원 전압이 글로 램프에도 가해지므로 글로는 방전을 시작한다. 글로 방전의 열로 바이메탈 전극이 늘어나 접점이 닫힌다.

③ 형광 램프 전극, 안정기에 전류가 흐른다……글로 램프의 전극이 닫히면 폐회로가 생기므로 형광 램프 전극에 전류가 흘러 전극이 가열되고 열전자가 방사된다.

④ 바이메탈이 차가워지고 접점이 열린다……글로 램프의 방전이 중지되었기 때문에 접점이 차가워지고 바이메탈은 원래의 상태가 된다(접점 열린다).

⑤ 킥(kick) 전압이 발생하여 점등한다(순간적인 고전압)……글로의 접점이 열린다는 것은 지금까지 안정기에 흐르고 있던 전류가 변화하여 영이 되고자 하기 때문이며, 코일의 인덕턴스에 높은 전압이 발생하고 이 전압이 형광 램프의 전극에 가해져 방전이 개시된다.

Let's review!

1 형광 램프와 같은 방전등의 전압―전류 특성은 어떠한가?

2 방전을 안정적으로 하기 위해 사용하는 것은 무엇인가?

3 0.1〔H〕의 코일에 5〔A〕를 흐르게 했을 때, 0.01초로 이 전류를 차단했다. 몇 〔V〕의 전압이 발생하는가?

4 인덕턴스의 양 기호와 단위 기호를 써라.

광속과 효율은 어떤 관계인가?

광원으로 여겨지는 것의 점등 방법이 여러 가지 연구되고 있다. 여기서는 점등의 원리를 생각하기 전에 조명의 기본이 되는 것을 복습하여 보자. [그림 1]에 나타낸 바과 같이 광원에서 나오는 빛의 양에는 광속이라는 표현을 사용하고 단위는 [lm](루멘)을 쓴다. 이 광속은 광원이 발하는 여러 가지 파장의 방사 에너지 중 눈이 느끼는 가시광선의 정도(시감도라고 한다)를 고려하여 하나의 양으로 쓰는 것이다. 광속은 조명을 생각할 때 기본 중의 기본 양이라고 할 수 있다.

광원은 광속을 얻기 위해 전력을 공급한다. 더 자세히 말하면 각종 램프는 모두 전기 에너지를 방사 에너지로 바꾼 것으로, 소비한 전기 에너지 [W](와트)에 대해 방출되는 광속의 양 [lm](루멘)의 비율로 그 램프의 능률을 나타내며, 램프의 효율로서 [lm/W](루멘 per 와트)의 단위를 쓴다(76페이지 참조).

광원이 되는 것은 효율이 좋고 점등도 간단하며 빛의 색과 연색성이 좋아 값도 싼 것이 바람직할 것이다.

78페이지에서 형광 램프의 점등 회로를 설명했는데, 그것은 글로 스타터에 의한 것이었다. 시동의 초기 역할을 하는 글로와 수동 스위치 부분을 반도체 소자로 대치한 전자 스타트형 점등 회로가 있다. 그 기본 회로를 [그림 2]에 나타냈다.

이것은 예열 시동을 위한 스위치나 글로 스타터를 양방향성 사이리스터로 바꿔 놓은 것이다. 이 사이리스터는 일정 전압이 되면 ON 상태가 되고, 일정 수치 이하가 되면 OFF 상태가 되는 스위칭 소자로서 대역을 수행한다. 약 1초에 점등된다.

[그림 1]

[그림 2] 전자 스타트형 점등 회로

그림의 슈퍼 천장에 달린 형광 램프는 스위치를 넣는 즉시 점등된다. 래피드 스타트형이라고 하는 것인데 점등 회로의 연구를 거듭한 결과 가능해졌다.

〈래피드 스타트형의 점등 원리〉(그림 3)

① 전원을 넣으면 전극간에 안정기의 2차 전압이 가해진다. 또 전극 예열 권선의 전압은 전극에 가해진다.

② 약 1초 정도의 전극 가열로 열전자가 방사되어 전극간에 가해진 전압에 의해 점등된다(1~2초 내에).

이상이 회로도로도 알 수 있듯이 즉시에 점등되는 이유이다. 이 회로는 점등 중 전극이 계속 가열되므로 전자 방사 물질이 다량 충전되는 3중 코일을 채용한다.

P_1, P_2는 전극 예열 권선

[그림 3] 래피드 스타트형

(고주파 점등 방식) (그림 4)

형광 램프에 20~50KHz의 고주파 전압을 가하면 순식간에 점등되고 회로 손실이나 빛의 깜빡임이 적어진다. [그림 4]는 트랜지스터 인버터 점등 회로로, 안정기가 소형이고 밝기도 증가했다.

[그림 5]에서는 각종 꼭지쇠 모양별 형광 램프의 구조를 나타낸 것이다.

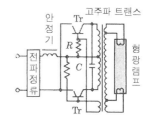

[그림 4] 인버터 점등 회로

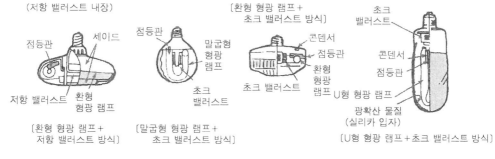

[그림 5] 각종 꼭지쇠형

Let's review!

1 광원으로부터는 방사 에너지로서 빛이 나온다. 빛의 양을 무엇이라 하며, 단위는 무엇인가?

2 효율은 단위가 [lm/W]인데, 이것은 무엇을 나타내는 것인가?

3 글로 램프와 수동 스위치 부분을 반도체로 바꾼 형광등의 점등 회로 명칭은?

4 래피드 스타트형 안정기의 권선에서 볼 수 있는 특징은?

☞ 〈69페이지 정답〉 ‖‖‖‖‖‖‖

1. 〔그림 1〕 참조
2. 애노드는 P형, 캐소드는 N형
3. 교류 반파분 $500 \times \frac{1}{2} = 250$〔W〕
4. 12V

☞ 〈71페이지 정답〉 ‖‖‖‖‖‖‖

1. 〔그림 1〕 참조
2. A에 ⊕, K에 ⊖가 있을 때, G에 ⊕
3. A—K 사이가 0, ⊕·⊖가 반전했을 때
4. ⓓ

☞ 〈73페이지 정답〉 ‖‖‖‖‖‖‖

1. 센서 또는 디텍터
2. 플러스 특성(온도 상승으로 저항 증가)과 역의 마이너스 특성
3. NTC(마이너스 특성) 서미스터
4. 마이너스 특성의 것으로, 저항은 감소

☞ 〈75페이지 정답〉 ‖‖‖‖‖‖‖

1. 〔그림 1〕 내의 해설 참조   2. 10%
3. 점등 시간 경과와 동시에 광속 등의 변화
4. 본문 참조   5. 본문 참조

☞ 〈77페이지 정답〉 ‖‖‖‖‖‖‖

1. 수은 가스, 형광체 2. 전극, 자외선
3. 글로 스타터(글로 스위치)
4. 래피드 스타트형
5. 〔그림 3〕에서 스위치를 2의 곳에 그리고 확인한다.

☞ 〈79페이지 정답〉 ‖‖‖‖‖‖‖

1. 마이너스 특성   2. 안정기
3. $V = L \cdot \Delta I / \Delta t = 0.1 \times 5 / 0.01 = 50$〔V〕
4. L와 〔H〕(헨리)

☞ 〈81페이지 정답〉 ‖‖‖‖‖‖‖

1. 광속, 〔lm〕(루멘) 2. 본문 참조
3. 전자 스타트형 점등 회로
4. 전극 예열 권선이 있다.

Let's review!

전기 스탠드 사용 방법〔예〕

● 오른쪽에 두면 손 그림자가 생긴다
※ 손 근처가 어두워진다.

● 왼쪽에 두면 손 근처가 밝다
※ 전기 스탠드는 형광 램프의 경우 15 와트 정도가 적당하다.

● 책상 위만 밝아도 눈이 피로하다
※ 책상 위와 주위의 밝기 비율은 3:1 이내가 좋다고 한다.

● 방의 전등을 켜면 눈이 피로하지 않다
※ 전기 스탠드의 높이는 35cm 정도가 적당하다.

4 전지·전원과 인터폰의 전기학

문명 개화에 의해 서민 생활에 많은 영향을 끼친 것으로는 전기가 있다. 어느 가정에나 들어오는 전기는 문명의 불을 켰다. 그리고 전기 사업은 전등뿐 아니라 산업의 동력용 전원, 가정을 전화시키는 전원으로서 가장 중요한 에너지가 되었다.

이 장에서는 먼저 전지를 취급한다. 1차 전지로는 가장 값싸고 대량으로 만들어지는 망간 건전지를, 충전 가능한 2차 전지로는 밀폐식으로 사용하기 쉬운 알칼리 축전지를 다룬다.

상용 전원의 경우 이것은 50Hz 또는 60Hz의 교류이므로 주파수가 교류 기기에 미치는 영향에 대하여 알아 본다. 또 가전 제품의 대부분이 직류 전원을 요구하므로 교 직 변환 회로에 대해서도 언급한다.

마지막으로 전원 관계와는 좀 이질적인 것이나 전자 회로의 기본적인 예로서 인터폰(도어폰)에 대하여 그 사용법을 포함하여 회로의 동작 원리를 설명한다.

● 단숨에 급유 가능 ●

망간 건전지의 구조

석유를 빨아 들이는 구조

일반 가정에서는 난방용으로 석유 스토브를 많이 사용하고 있다. 석유 스토브는 온풍식·FF식 등 새로운 타입이 나오고 있지만 기름통으로 급유하는 것은 여전히 귀찮은 일 중 하나이다. 최근에는 〔그림 1〕과 같은 전지식 펌프가 나와 급유가 그리 힘들지 않게 되었다.

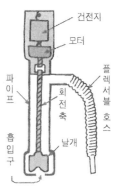

〔그림 1〕 전지식 급유 펌프

〔그림 1〕의 급유 펌프의 흡입 원리는 다음과 같다. 모터가 고속으로 날개를 회전시키면 날개의 외부에 석유가 튀고, 그 석유는 파이프의 위를 향하여 밀려 올라간다. 날개의 중심에서는 석유가 빨리 사라지므로 기압이 내려가고 파이프의 흡입구로 석유가 흡입된다. 이 간단한 펌프에서 가장 중요한 것은 흡입구의 크기가 날개의 지름보다 작아야 한다는 것이다.

이 항에서는 모터의 전원인 망간 건전지에 대하여 알아 보자.

전지에서의 전기 발생 메커니즘

구리〔Cu〕와 아연〔Zn〕판을 희황산 전해액(이온이 존재하는 용액) 속에 넣고 전선을 연결하면 전류가 흘러 램프가 점등된다. 이와 같이 전기가 발생하는 것을 전지라 하며 〔그림 2〕와 같은 금속의 조합을 **볼타 전지**라고 한다. 그러면 이 전기 발생의 원리를 조사해 보자.

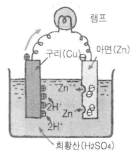

〔그림 2〕 볼타 전지

〔그림 2〕의 경우 금속의 **이온화 경향**의 크기를 조사하면 아연·수소·구리의 순이며, 수소에 대하여 아연은 이온화하기 쉬우나 구리는 되기 어렵다. 그래서 〔그림 2〕와 같이 아연은 황산에 녹아 황화아연($ZnSo_4$)을 만든다. 이 때 아연판에는 전자가 남으므로 － 전극이 되고, 구리판과 아연판 사이에는 전위차가 생긴다. 이런 종류의 전지는 약 1.5V의 전기를 발생시킨다.

전극에 전선을 잇고 전류를 흘리면 전지 내부에서는 어떤 변화가 일어날까?

아연판은 점차 이온화하여 − 전하를 발생시키며, 구리판은 수소 이온을 끌어와 + 전하를 보급하여 전자의 이동, 즉 전류가 흐르게 된다. 그러나 실제의 구리판 표면에 수소 이온이나 수소 가스가 거품처럼 부착하여 이온의 이동을 방해하는 **분극 작용** 현상이 생긴다. 이것을 방지하기 위해 감극제가 쓰이는데, 볼타 전지에서는 과산화수소를 사용한다.

액의 누출을 보상하는 기술

전지 중에서 가장 일반적인 것이 건전지이다. 최근에는 건전지도 다양한 종류가 나오고 있지만 예로부터 건전지의 대명사는 망간 건전지이다. 가장 싸고 게다가 품질도 매년 향상되고 있기 때문이다.

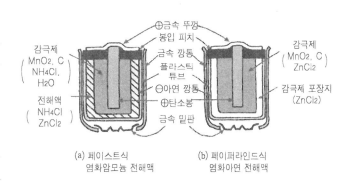

[그림 3] 망간 건전지

망간 건전지도 전지의 원리는 볼타 전지와 같고 + 전극에 탄소봉이, − 전극에는 볼타 전지와 같은 아연이, 전해액으로는 염화암모늄이 쓰인다. 볼타 전지에서는 전류를 흘리면 발생하는 수소 가스를 밖으로 내보낼 수 있으나, 밀봉식 건전지에서는 밖으로 내보낼 수 없다. 건전지에서는 발생하는 수소 가스를 감극제인 이산화망간의 산소와 반응시켜 물로 만들기 때문이다.

[그림 3]은 망간 건전지의 구조로, (a)는 전해액에 염화암모늄을 페이스트 상태로 하여 감극제를 포함한 것으로 오래된 타입의 건전지이다. (b)는 전해액에 염화아연을 써서 이것을 감극제 포장지에 담근 페이퍼라인드 방식의 전지다. 현재는 이 방식에 의해 내루액성(耐漏液性)과 보존 수명 등이 향상된 망간 건전지가 나왔다. 그러나 부하가 크고 연속 방전 성능이 나쁘며 용량 [Ah]가 적은 등의 약점이 있다.

Let's review!

( ) 안에 알맞은 말을 쓰시오.

1 건전지와 같이 ( )전해 버리면, 다시 사용하지 못하는 전지를 ( ) 전지라 하고, ( ) 전지와 같이 충전을 되풀이하여 사용하는 전지를 ( ) 전지라고 한다.

2 건전지에서 이온이 되어 녹는 전극을 ( ) 전극이라 하고, 이 전극을 녹이는 액을 ( ) 라 한다.

3 건전지에 부하를 연결하면 ( )가 흘러, ( ) 전극에는 ( ) 가스가 발생하고 ( ) 작용에 의해 전류가 흐르기 어려워진다. 이것을 제거하기 위해 ( )제가 쓰이며 화학 반응에 의해 수소 가스는 물이 된다.

2 낭비여 안녕!

● 이구동성, 경제적이다! ●

먼저 속을 들여다보자

〔그림 1〕은 코드리스(교류 전원용 코드가 없다) 면도기의 단면도이다. 모터의 회전 운동이 상하 진동으로 변환되고 다음 링크에서 좌우 진동으로 바꾸는 바이브레이터식 면도기이다. 이 모터의 전원은 충전 가능한 알칼리 축전지로, 충전용 다이오드와 트랜스도 보인다. 여기서는 알칼리 축전지에 초점을 맞추어 보자.

알칼리 축전지의 대표 "Ni-Cd축전지"

충전 가능한 전지를 2차 전지라 하며, 자동차 등에 사용되는 납축전지와 〔그림 1〕에 내장되어 있는 니켈카드뮴(Ni-Cd) 축전지 등이 있다.

알칼리 축전지라 불리는 니켈카드뮴 축전지는 발명왕 에디슨이 고안한 니켈철 축전지와 같은 무렵 융그너에 의해 발명된 것이다.

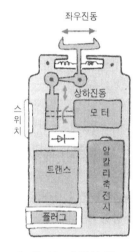

〔그림 1〕 충전식 면도기

양쪽 다 수산화칼륨을 전해액으로 사용하고 있어서 알칼리 축전지라 부른다. Ni-Cd 축전지는 소결식 극판(燒結式極板)의 발명에 의해 급속히 진보하여, 알칼리 축전지의 특징인 보수가 필요 없고 수명이 길며 방전 효율이 높다는 점 때문에 용도도 다양해지고 있고, 특히 건전지처럼 밀폐화가 가능하여 많이 보급되었다.

화학 에너지를 저장한다

전지는 콘덴서와 같이 전기를 있는 그대로의 상태로 저장(대전)하는 것이 아니라, 충전에 의해 전극을 화학 반응시켜 화학 에너지로 저장하는 것이다. 방전은 그 역의 화학 반응에 의해 전극에서 전류를 내보내는 것이다(그림 2). 그럼 Ni-Cd 축전지의 반응식을 보자.

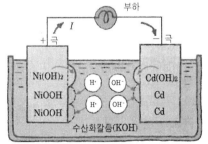

〔그림 2〕 Ni-Cd 축전지의 방전

수산화니켈	+	수산화카드뮴	(충전)	염기성산화니켈	+	카드뮴	+	물

$$2Ni(OH)_2 \quad + \quad Cd(OH)_2 \quad \xrightarrow[\text{(방전)}]{\text{(충전)}} \quad 2NiOOH \quad + \quad Cd \quad + \quad 2H_2O$$

〔그림 2〕는 방전 중인 이온의 흐름을 표시한 것으로, H^+ 이온이 +극으로 이동하여 수산화니켈이 되고 OH^- 이온은 −극으로 가 수산화카드뮴이 된다. 이 때의 이온의 이동에 의해 부하에 전류가 흐르게 된다.

외관은 건전지와 같다

밀폐형 축전지 덕분에 친숙해진 Ni-Cd 축전지의 구조는 〔그림 3〕과 같다. ⊕⊖의 전극판은 롤 모양으로 감긴 것이고 가장 바깥쪽에 Ni의 ⊕극, 다음이 수산화칼륨이 잠겨 있는 세퍼레이터(메시 상의 분리판), 그 다음이 Cd의 ⊖극, 마지막이 다시 세퍼레이터이다. 이들 4장의 띠를 동심원 모양으로 감아 ⊖극을 겸용하는 케이스에 넣은 것이다.

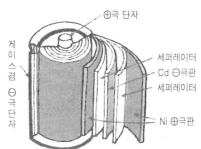

〔그림 3〕 밀폐형 축전지의 구조

전지의 크기는 용량으로 승부

Ni-Cd 축전지는 〔그림 4〕에서 알 수 있듯이, 충전했을 때는 1.3V이지만 사용 전압은 1.2V이다. 그런데 전지의 용량은 전류량을 몇시간 방전할 수 있는가에 의해 결정되며, 단위는 암페어/시〔Ah〕이다. Ni-Cd 축전지는 망간 건전지와 용량을 비교하면 〔표 1〕로 보아 같은 단1형에서 약 3배의 저장 능력이 있다고 할 수 있다. 축전지 수명은 충·방전을 몇 회 되풀이(사이클 수)할 수 있는가에 따라 결정된다. 사용 방식의 조건에 따라 차가 있지만 300사이클에서 800사이클 정도이다.

〔표 1〕 Ni-Cd 밀폐형 축전지

	단3형	단2형	단1형	단1망간 건전지
공칭 전압 (V)	1.2	1.2	1.2	1.5
용 량 (Ah)	0.45	1.65	3.5	1.3
중 량 (g)	25	80	170	87

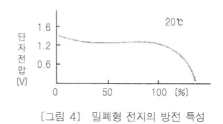

〔그림 4〕 밀폐형 전지의 방전 특성

Let's review!

1 대표적인 직류 전원의 종류를 3가지 써라.
2 KOH는 일반적으로 무엇이라 불리우는가?
3 전류가 흐른다는 것은 이온의 이동, 또는 ○○의 이동에 의해 생긴다.
4 2차 전지에는 어떤 종류가 있는가?
5 0.2A의 일정 전류를 15시간 흘릴 수 있는 전지가 있다. 용량은 얼마인가?

3 일본에서 이사할 때 곤란한 것

● 전국 방방곡곡의 주파수가 똑같지는 않다 ●

50Hz와 60Hz의 전력 주파수

50Hz, 60Hz 탄생의 배경

전기 에너지를 생산하는 교류 발전기의 주파수는 현재 50Hz와 60Hz가 많이 사용된다. 유럽에서는 50Hz, 우리나라와 미국에서는 60Hz가 쓰인다.

일본에서는 〔그림 1〕에 나타낸 것과 같이 일본 열도 중앙부 후지산 부근에서 나뉘어 동일본은 50Hz, 서일본은 60Hz로 되어 있다. 이는 메이지 시대 전기 사업 개시 당초 간토〔關東〕에서는 독일제 발전기를, 간사이〔關西〕에서는 미국제 발전기를 수입하여 썼고 이 지역을 중심으로 주파수 대역이 확대되어 현재에 이르고 있기 때문이다.

〔그림 1〕 일본의 전력 주파수 지도

전기사업 면에서 50, 60Hz를 비교하면 60Hz쪽에 유리한 점이 많으므로 60Hz로 통일하는 것이 바람직하지만 막대한 비용이 들기 때문에 현실적으로는 곤란하다.

도쿄에서 오사카로 이사한 「세탁기」

지역에 따라 주파수가 다른 일본에서는 어떤 장애가 있을까?

도쿄에서 오사카로 이사했을 때 몇몇 가전 제품은 그대로 사용하지 못하는 경우가 있다. 예를 들면 세탁기는 〔그림 2〕와 같이 주파수에 의해 부품의 기능이 현저하게 떨어진다. 50Hz용을 60Hz에서 사용하면, 먼저 회전 날개가 정격보다 빨리 돌아간다. 이것은 세탁 모터의 회전

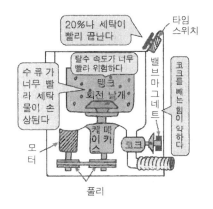

〔그림 2〕 50Hz용을 60Hz에서 사용하면

수가 전원 주파수의 영향을 받기 때문이다. 또 타임 스위치가 빨라지는 것도 전원 주파수에 동기하는 동기 전동기가 쓰이기 때문이다. 이밖에 코일이 감겨 있는 부품에도 영향을 미친다.

여기서 전기 기구 중 주파수의 영향을 받는 것과 받지 않은 것을 분류하면,

ⓐ 영향을 받는 것…코일·콘덴서·모터·트랜스 등의 주파수에 영향을 준다. 전기 기구류(형광등, 세탁기 등)

ⓑ 영향을 받지 않는 것…전열 관련 전기 기구류(스토브, 백열 전구 등)

주파수 변경 대책

세탁용 유도 전동기의 회전 속도는 전원주파수에 의해 결정되는 **동기 속도**보다 **미끄럼** 분만큼 늦게 회전한다.

이것을 식으로 나타내면,

동기 속도 $n_s = \dfrac{120f}{p}$ ← 주파수 〔rpm〕
$\phantom{동기 속도 n_s = \dfrac{120f}{p} }$ ← 극 수

회전 속도 $n = n_s(1-s)$〔rpm〕
 ↑ 미끄럼

예를 들어 극수가 4극이고, 4%의 미끄럼을 가진 모터를 50Hz 전원으로 회전시키면,

$$n = \frac{120f(1-s)}{p} = \frac{120 \times 50(1-0.04)}{4} = 1440 \text{〔rpm〕}$$

이 모터를 60Hz 전원으로 회전시키면,

$$n' = \frac{120 \times 60(1-0.04)}{4} = 1728 \text{〔rpm〕}$$

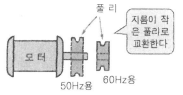

지름이 작은 풀리로 교환한다

모터

50Hz용   60Hz용

〔그림 3〕 풀리의 변환

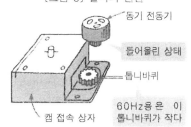

동기 전동기

들어올린 상태

톱니바퀴

60Hz용은 이 톱니바퀴가 작다

캠 접속 상자

〔그림 4〕 타임스위치의 톱니바퀴 교환

이 모터는 1440〔rpm〕에서 1728〔rpm〕으로 속도가 20% 상승했다. 이 상태로 회전 날개나 탈수 탱크를 회전시키면 옷감이 손상되고 탱크의 진동이 심해진다. 그래서 60Hz용으로 바꾸려면 모터 풀리를 지름이 작은 것으로 교환하면 된다. 즉 모터의 회전수가 높아져도 모터 풀리의 지름이 작으면 메카케이스 풀리와의 원주비가 변하여 회전 날개의 회전수는 전과 같아진다.

타임 스위치의 동기 전동기는 위의 동기 속도로 회전한다. 60Hz는 회전이 빠르므로 〔그림 4〕처럼 톱니바퀴 이가 20% 작은 것으로 바꾼다. 최근에는 50·60Hz 공용도 있고, 톱마크라 해서 라벨을 50Hz용 또는 60Hz용으로 바꿔 쓰기도 한다.

Let's review!

[1] 다음 가전 제품 중에서 전원 주파수에 영향을 받지 않는 것(그대로 쓸 수 있는 것)을 고르시오.
    ⓐ 충전식 면도기   ⓑ 전기 청소기   ⓒ 냉장고   ⓓ 에어컨
    ⓔ 믹서   ⓕ 전기 담요   ⓖ 안마기 (의자식)   ⓗ 텔레비전
[2] 4극의 동기 전동기에 전원 주파수가 60Hz이면 동기 속도는 얼마인가?
[3] 4극의 유도 전동기가 전원 주파수 50Hz에서 1410〔rpm〕 회전하고 있다. 미끄럼은 얼마인가?

4 거친 파도를 다스리는 콘덴서

어댑터의 평활 회로

● 광란의 파도도 이것으로 다스린다 ●

2개 전원 방식을 지원하는 것

카세트라디오처럼 마이크로 모터가 내장되어 있거나 스피커가 크고 게다가 스테레오이면 전원용 건전지의 소모가 심하다. 그래서 방에서 음악을 즐길 때는 어댑터를 써 직류 전원을 이용하는 것이 일반적이다. 이와 같이 전지 소모가 심한 전자 기기에는 어댑터가 이용

〔그림 1〕 어댑터를 통한 전원 공급

된다(**2개 전원 방식**이란 하나는 전지를 이용하고 다른 하나는 교류 전원을 이용하는 것).

맞지않는 부분을 "결합"시킨다

어댑터(Adaptor)는 「원래 서로 맞지 않는 부분을 결합시키는 부품」이란 의미로, 교류 상용 전원인 100V를 어댑터를 통하여 전자 기기가 필요로 하는 직류 전원으로 변환하는 장치이다. 작은 플라스틱 케이스에 들어 있는 어댑터를 열면 〔그림 2〕와 같은 부품이 나타난다.

회로는 퍽 간단하며, 트랜스로 출력 전압을 내리고 다이오드 블록으로 교류 전압을 전파 정류(全波整流)한다.

전파 정류 파형은 〔그림 3〕(a-b)에 나타낸 바와 같이 맥을 치는 듯한 직류(맥류 또는 리플)이다. 이와 같은 직류 전원을 카세트라디오 등의 전원으로 쓰면 어떻게 될까? 증폭기는 전원 전압이 시간과 함께 변동할 경우, 증폭도가 변화하여 신호를 충실히 증폭할 수 없을 뿐 아니라 전원의 맥류가 증폭되어 스피커에서 부응하는 험(Hum:라디오의 잡음) 음이 나기도 한다. 그래서 리플(맥류)을 작게 하기 위해 전기를 저장할 수 있는 **콘덴서**를 병렬로 넣으면 불가사의하게도 리플이 사라진다(실제

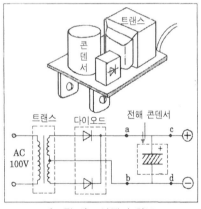

〔그림 2〕 어댑터 회로

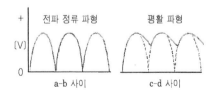

〔그림 3〕 콘덴서에 의한 평활

는 〔그림 3〕 c-d 사이와 같이 소량 남아 있다).

여기에 사용하는 콘덴서는 전해 콘덴서라고 하며 극성이 있으므로 직류 회로에 쓰이고 대용량의 것이 선택된다. 리플을 작게 하는 것을 평활(平滑)이라고 도 하는데, 우선 정류된 전압이 콘덴서에 가해지면 전압 $V \times$ 정전 용량 C의 크기의 **전하 Q**가 콘덴서에 저

가하는 전압의 방향을 나타내는 극성이 반대이면 전류가 흐른다

가해지는 최대 전압이 6.3V

6.3WV 3,000μF

정전 용량의 크기가 3000〔μF〕 (마이크로패럿)

〔그림 4〕 전해 콘덴서

장되고, 전하 Q도 전압이 최대일 때 최대가 된다. 전압이 0V로 향하는 기간은 최대 전하를 점차 적게 방출할 따름이므로 콘덴서의 출력 전압은 떨어지지 않는다. 그 동안 정류 전압도 최대 전압으로 상승하여 거기서 방출한 전하량만큼 충전되고 그 최대 전하에서 다시 방전이 시작되는 과정이다. 〔그림 3〕 c-d 사이가 그 평활 파형으로, 이 작은 리플을 더 작게 하려면 방전 전하량이 일정하고 정류 전압이 일정하다면 정전 용량 C를 크게 하면 할수록 좋은 결과가 된다 (큰 물동이는 물을 조금 흘려도 수위는 변하지 않는 것과 같은 원리).

리플 제로를 향하여

〔그림 5〕의 파형의 리플률을 구하려면 다음의 식을 쓴다.

$$리플률 = \frac{파형의\ 최대값 - 파형의\ 최소값}{직류\ 전압} \times 100〔\%〕$$

대용량이라 해도 콘덴서만으로는 리플이 완전히 제로가 되지는 않는다. 그래서 트랜지스터나 IC의 3소자 레귤레이터를 써서 전압 변동의 안정화를 도모하는 동시에 리플을 감소시키는 회로를 안정화 전원이라고 하는데 〔그림 6〕은 그 간단한 전원 회로이다.

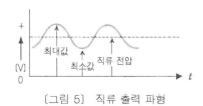

〔그림 5〕 직류 출력 파형

〔그림 6〕 안정화 전원

Let's review!

1. 2000μF의 정전 용량은 몇 패럿인가?
2. 2000μF의 콘덴서에 6V의 전압을 가했다. 몇 쿨롬의 전하가 저장되었는가?
3. 전류 I는 전하 Q를 시간 t(초)로 나눈 것이다. 12×10^{-3}〔C〕의 전하가 0.04초 동안 콘덴서에 저장되었다면 평균 전류는 몇 암페어인가?
4. 〔그림 5〕의 최대값이 12〔V〕, 최소값 10〔V〕, 직류 전압이 11〔V〕였다. 리플률은 몇 %인가?

5 사용 방법에 따라 마이크도 되는 스피커

● 하나도 이상하지 않은 둘의 관계 ●

인터폰의 원리

두 개의 스피커로 전화가 된다

어릴 때 「실전화」란 놀이를 한 적이 있을 것이다. 그것은 실이 매개체가 되어 음성 신호를 상대에 전하는 것이다.

두 개의 스피커를 〔그림 1〕(a)처럼 접속하면 스피커가 송화기도 되고 수화기의 역할도 하는 전화가 된다. 한쪽 스피커에서 소리를 넣으면 다른 쪽 스피커에서 희미하게 소리가 재생된다(실제로는 〔그림 1〕(b)와 같이 증폭기가 장치되어 쓰인다).

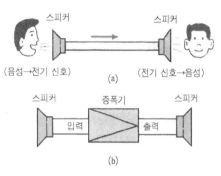

〔그림 1〕 스피커가 마이크도 된다

스피커는 전기 신호를 음성 신호로 변환하는 것인데, 사용 방법에 따라서는 음성을 전기 신호로 바꾸는 마이크로폰과 같은 역할도 한다. 그럼 스피커가 이와 같은 전기적인 기능을 갖는 이유를 살펴보자.

스피커를 벌거벗기면

〔그림 2〕는 다이내믹 콘 스피커의 구조를 나타낸 것이다. 강력한 마그넷에 의한 자계(磁界)가 폴피스와의 틈에 생긴다. 이 자계 중에 보이스 코일이 원통형으로 감기고 그것이 콘 종이에 고정되어 있다. 보이스 코일에 전류가 그림 (b)와 같이 흐르면(왼손 중지 방향) 보이스 코일 자체에 **전자력에 의한 힘**이 생긴다. 힘의 방향은 플레밍의 왼손의 법칙에 의해 오른쪽 방향임을 알 수 있다. +·-로 변화하는 음성 신호 전류에 의해 보이스 코일은 좌우로 움직이고 콘을 진동시켜 음성을 재생한다.

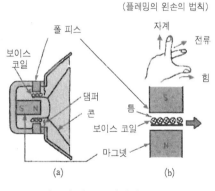

〔그림 2〕 스피커의 구조

스피커를 향해 "아～" 하고 소리를 내면 눈에는 보이지 않지만 스피커의 콘이 좌우로 진동하고 그 움직임이 보이스 코일에 전해진다. 자계 중에 있는 코일이 진동하면(자속을 끊는다) **전자 유도**에 관한 패러데이의 법칙에 따른 **기전력**이 코일에 발생한다. 이 기전력의 방향을 아는 방법으로 플레밍의 오른손의 법칙(오른손 엄지가 코일이 움직이는 방향, 검지가 자계, 중지가 기전력의 방향을 가리킨다)이 있다. 이와 같이 스피커는 음성을 전기 신호로 바꿀 수 있으므로 작은 발전기라고 할 수 있다.

원리는 간단, 인터폰의 회로

〔그림 3〕은 인터폰의 원리적인 회로로 스피커 2대와 증폭기, 통화 전환 스위치로 구성된다. 〔그림 3〕의 전환 스위치 위치는 부속기기로부터의 통화 회로를 이루며, 부속기기 스피커에서 생긴 신호는 증폭기의 입력(IN)으로 들어가고 출력(OUT)에서 나온 신호는 모기(母機)의 스피커로 들어가 음성을 재생시킨다.

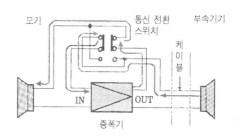

〔그림 3〕 인터폰

모기에서 통화할 때는 전환 스위치를 누른다(신호의 흐름을 따라가 보자).

2석 인터폰 앰프

〔그림 4〕는 2석 트랜지스터를 사용한 인터폰 회로이다. 여기서는 〔그림 4〕의 증폭기에 대해 설명한다. 입력 트랜스 T_1은 스피커의 $8\,\Omega$ 임피던스와 트랜지스터 TR_1의 입력 임피던스를 매치시키기 위한 것이다. 트랜지스터 TR_1의 증폭 회로는 C_2와 $2k\Omega$의 CR 결합으로 전압을 증폭한다. $500k\Omega$과 $100k\Omega$은 $TR_1 \cdot TR_2$ 트랜지스터의 바이어스 전류를 제어하는 저항이다. TR_2의 트랜지스터 부하는 출력 트랜스 T_2로 스피커 SP_2를 울리기 위한 전력

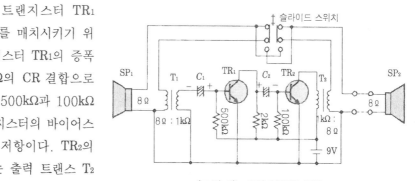

〔그림 4〕 2석 인터폰 회로

증폭 회로이다. 출력 트랜스 T_2는 트랜지스터 TR_2와 스피커 SP_2와의 매칭 트랜스이다.

Let's review!

① 서로 관련있는 것끼리 연결하시오.
  A. 스피커(음을 재생)   C. 모터   E. 전자 유도   G. 플레밍의 왼손의 법칙
  B. 스피커(마이크)   D. 발전기   F. 전자력   H. 플레밍의 오른손의 법칙

② 〔그림 4〕의 트랜지스터 TR_1, TR_2의 베이스 바이어스 전류 I_{B1}, I_{B2}를 구하라. 단 베이스 이미터 간의 전위는 $0[V]$로 한다.(힌트 : I_B는 전원 전압을 베이스 바이어스 저항으로 나눈다.)

6 방범 예방에 편리하다

● 철벽 블로킹 ●

먼저 모기를 불러내자

　　〔그림 1〕의 도어폰은 모기·부속기기 모두 스피커와 마이크가 독립하여 내장되어 있다. 간단한 도어폰은 스피커가 통화용 마이크 기능도 겸한다. 그래서 통화 방식은 **교호(交互) 통화 방식**이 될 수밖에 없다. 그 점에서 〔그림 1〕 방식은 부속기기와 수화기 모두 스위치 조작 없이 전화기처럼 동시 통화가 가능하다.

　　〔그림 1〕의 도어폰 회로를 살펴보자. 먼저 부속기기에서 모기를 불러내는 회로가 〔그림 2〕에 나타나 있다. 호출 스위치를 누르면 생기는 직류 전류의 흐름 및 신호의 흐름을 쫓아가 보자.

　　① 부속기기의 호출 스위치를 누른다　모기 ⊕전원 → R_4 → T_2 의 2차 코일 → 부속기기 단자 ① → T_3 → 호출 스위치 → R_5 → 부속기기 단자 ② → ⊖ 전원과 직류 전류가 흐른다(〔그림 3〕 참조).

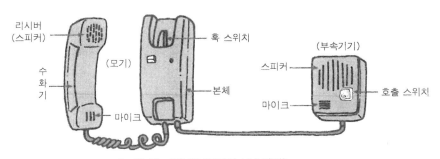

〔그림 1〕　도어폰(모기와 부속기기)

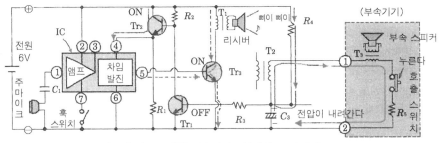

〔그림 2〕　도어폰 부속기기로부터의 모기 호출

② **호출 스위치를 누르지 않았을 때**   콘덴서 C_3의 양끝 전압에는 전원 전압 6V가 가해져 있으므로 R_3로 제한되는 전류가 Tr_1의 베이스로 흘러 Tr_1은 ON된다. 따라서 Tr_2의 베이스 전류가 흐르지 않으므로 Tr_2는 Off된다. 즉 차임 발진 IC에는 전압이 가해지지 않는다.

③ **호출 스위치가 눌러졌을 때** C_3의 양끝 전압은 0(V)에 가까워 ($R_4 \gg R_5$), Tr_1은 Off된다. 그래서 Tr_1의 C–E 간이 절연되고 R_2를 통해 Tr_2 베이스 전류가 흘러 Tr_2는 ON된다([그림 4] 참조). 차임 발진 IC 단자 ④에 전원 전압이 가해져 발진이 개시되고 그 출력 단자 ⑤에서 Tr_3의 베이스로 펄스 신호가 들어가 Tr_3에서 증폭, 리시버에서 호출음이 발생한다.

기계 스위치 대용은 트랜지스터   [그림 3]은 호출 스위치를 눌렀을 때의 직류 회로의 구성이다. 트랜스 $T_2 \cdot T_3$는 권선 저항을 무시하면 직류 저항은 0[Ω]으로 생각해도 좋다. 흐르는 전류는 $V/(R_4+R_5)$로 구한다. [그림 4]의 Tr_1을 제어하는 전압 V_1은 계산에 의해 0[V]에 가까운 것을 알 수 있다.

[그림 4]에 대하여 Tr_1의 베이스 전류 I_B가 흐르지 않으면 Tr_1의 컬렉터 이미터 간의 저항은 무한대, 즉 Tr_1은 Off된다. 그러면 R_2와 Tr_2의 B–E 간에서 R_1을 통해 흐르는 회로가 생긴다. 이 회로 전류가 Tr_2의 베이스 전류이다. 이 전류가 어느 정도 크면 Tr_2의 C–E간은 쇼트 상태가 되고, Tr_2가 On된다. 이에 의해 R_1의 양끝에 전원 전압이 가해져 차임 발진 IC를 동작시키는 구조이다. 이와 같이 트랜지스터나 IC, LSI로 회로를 스위칭하는 것에는 기기의 소형화와 무접점화 또는 회로의 신뢰성을 높이기 위해 무접점 시퀀스 회로가 사용된다.

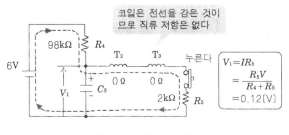

[그림 3]   RLC 회로의 직류 계산

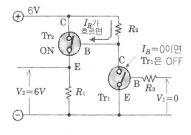

[그림 4]   무접점 시퀀스

Let's review!

1️⃣ 도어폰의 교호 방식이란 어떤 것인가?

2️⃣ 도어폰의 동시 통화 방식이란 어떤 것인가?

3️⃣ [그림 2]에서 호출 스위치를 끊으면 트랜지스터 Tr_1, Tr_2, Tr_3 의 ON, OFF는 어떻게 되나?

4️⃣ 오른쪽 회로의 트랜지스터는 ON 또는 OFF의 상태에 있다. (a), (b)는 각각 어느 쪽인가?

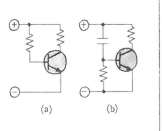

"딩동" 「아빠가 돌아오셨나?」 엄마는 도어폰으로 인사한다. 모기의 수화기를 들고 〔그림 1〕과 같이 훅스위치를 넣으면 IC의 앰프가 작동한다. 모기의 송화로 음성은 앰프에서 증폭되어 트랜스에 들어간다.

트랜스의 출력에서 나온 신호 전류는 부속기기 단자 ① → 부속기기 스피커 → C_4 → 단자 ② → C_3 로 폐회로를 흐른다. 폐회로 중의 전해 콘덴서 C_3·C_4 는 직류에 대하여 그림과 같은 방향으로 전하를 축적하면 전류가 흐르지 않지만 음성 신호와 같은 교류 전압에 대하여 전하의 충방전이 이루어져 교류의 경우 차지 전류가 흐르게 된다. 즉 교류 회로에서 콘덴서는 전류가 흐르기 쉬워 용량이 크면 교류 저항분은 제로가 된다.

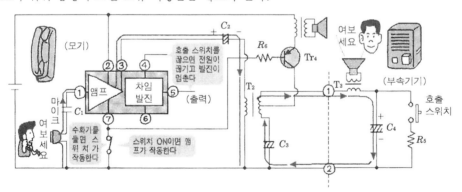

〔그림 1〕 모기에서 부속기기로의 송화

다음은 부속기기에서 모기로의 송화 구조를 생각해 보자. 〔그림 2〕는 직류 전류의 흐름과 신호 전류의 흐름을 나타낸다.

수화기를 들면 Tr_4 가 ON되어 직류 전압의 스위치가 작동하여 직류 전류는 $T_1 → Tr_4 → T_2 →$ 단자 ① $→ T_3 → D_1 →$ 앰프 $→ D_3 →$ 단자 ②로 흐른다. 부속기기의 마이크로 음성을 보내면 직류 전류가 변화하여 신호 전류(점선)로 된다. 즉 음성의 강약이 앰프의 증폭도를 변화시켜 신호 전류가 생긴다. 이 신호 전류에 의해 모기의 리시버에 음성이 발생한다.

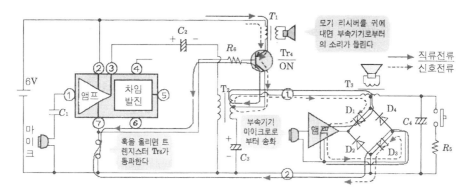

〔그림 2〕 부속기기에서 모기로의 송화

회로를 기능별로 알아 보자

〔그림 3〕은 도어폰 전체의 회로도이다(실제 회로에는 Tr나 IC의 바이어스 저항, 바이패스 콘덴서 등이 생략되어 있다).

〔그림 3〕의 회로는 앞서 설명한 바와 같이 ① 부속기기에서 모기의 호출, ② 모기에서 부속기기로의 송화, ③ 부속기기에서 모기로의 송화 등 3가지 기능을 포함한 것이다. 〔그림 3〕을 보면서 ①, ②, ③의 각 경우에 대하여 (a) 직류 전류의 흐름, (b) 신호 전류의 흐름을 따라가 보자.

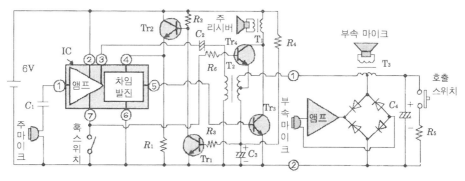

〔그림 3〕 도어폰 회로도

Let's review!

1 〔그림 1〕의 전해 콘덴서 C_2는 무엇 때문에 들어 있는가?

2 〔그림 2〕의 훅을 올리면 트랜지스터 Tr_4가 통과한다. 이유는?

3 이 때의 베이스 전류는 어디로 향하는가?

4 〔그림 3〕에서 저항 R_2의 작용은 무엇인가?

5 〔그림 3〕에서 저항 R_1의 작용은 무엇인가?

6 〔그림 3〕에서 IC 앰프의 증폭도가 4000배, 마이크의 출력 전압이 2mV라고 한다면 IC 단자 ③으로 나오는 전압은 얼마인가?

☞ 〈85페이지 정답〉 ‖‖‖‖‖‖

1. 방, 1차, 축, 2차
2. -, 전해액
3. 전류, +, 수소, 분극, 감극

☞ 〈87페이지 정답〉 ‖‖‖‖‖‖

1. DC 어댑터, 건전지, 축전지
2. 수산화칼륨 3. 전자
4. 알칼리 축전지, 납축전지 5. 5.3〔Ah〕

☞ 〈89페이지 정답〉 ‖‖‖‖‖‖

1. a, b, e, f, h
2. $N_s = 1800$〔rpm〕
3. $s = 6$〔%〕

☞ 〈91페이지 정답〉 ‖‖‖‖‖‖

1. $0.002 = 2 \times 10^{-3}$〔F〕
2. $Q = 12 \times 10^{-3}$〔C〕
3. 0.3〔A〕   4. 18〔%〕

☞ 〈93페이지 정답〉 ‖‖‖‖‖‖

1. A-C-F-G, B-D-E-H
2. 18〔μA〕, 90〔μA〕

☞ 〈95페이지 정답〉 ‖‖‖‖‖‖

1. 버튼을 누른다 → 송화, 놓는다 → 수화
2. 스위치 전환 없이 송수화가 가능하나.
3. Tr_1 ON, Tr_2 OFF, Tr_3 OFF
4. (a) ON, (b) OFF

☞ 〈97페이지 정답〉 ‖‖‖‖‖‖

1. 직류분을 커트한다.
2. R_6를 통해 베이스 전류가 흐르고 C-E간이 쇼트된다.
3. 접지로 향한다.
4. Tr_1의 부하 저항과 동시에 Tr_2의 베이스 전류를 제한한다.
5. Tr_2의 부하 저항
6. 8〔V〕

Let's review!

직류를 만들어 보자

도로가 일방 통행이면 출구에는 반드시 진입 금지 표시가 있다. 전기에서 이 일방 통행, 진입 금지 표시에 해당하는 것이 다이오드이다.

다이오드는 이름의 유래와 같이 전극이 두 개 있는 것으로, 정류(검파) 작용을 한다. 교류에서 직류를 만들려면 그림 (a)와 같이 다이오드 1개를 쓰면 반파 정류(직류)가 된다. 그러나 이렇게 하면 전압 변동이 크므로 그림 (b)와 같이 다이오드 4개를 브리지에 조립하여 전파 정류하는 방식이 많이 쓰인다.

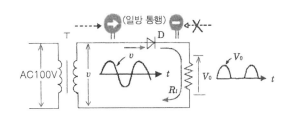

(a) 반파 정류 회로

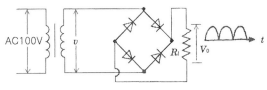

(b) 브리지 정류 회로

교류를 직류로 변환하는 회로

5 세탁기·청소기의 전기학

　　필요는 발명의 어머니이다. 고된 주부들의 가사 노동을 돕기 위해 밥솥 세탁기 청소기 등의 가전 제품이 잇달아 생겨났다. 그리고 편리하고 새로운 기능을 더한 개량이 진행되어 왔다.

　　이 장에서는 세탁기와 청소기에 대하여 알아 본다. 세탁기에서는 회전 날개를 돌리는 콘덴서 모터의 원리에서 시작하여 세탁조와 탈수조가 각각 있는 2조식 타입의 구조에 대하여 살펴본다. 편리함의 극치에 이른 전자동 세탁기에 대해서는 그 두뇌인 시퀸스 회로와 물을 제어하는 각종 밸브 등에 대하여 설명한다. 자동화의 일환으로 세탁의 최종 단계인「건조」를 하는 건조기가 보급되었다. 이에 대해서도 언급한다.

　　청소기에는 고속 회전이 가능한 정류자 모터가 쓰인다. 바람을 효율적으로 빨아들이는 팬과 교류·직류에서 모두 돌릴 수 있는 정류자 모터의 구조 및 원리에 대해 배운다. 정류자 모터처럼 브러시가 달린 모터는 전기 잡음의 발생원이다. 잡음 방지용 콘덴서에 대해서도 살펴본다.

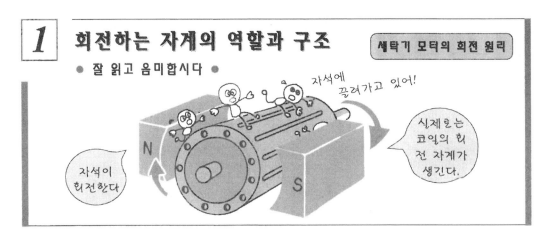

1 회전하는 자계의 역할과 구조

● 잘 읽고 음미합시다 ●

교류 모터를 돌리는 회전 자계

세탁기의 세탁조 밑에 부착된 회전 날개가 회전하면, 맴돌이 수류가 생긴다. 이 수류와 옷감과의 상호 운동에 의해 세탁이 되는 것이다.

〔그림 1〕과 같이 2조식 세탁기의 경우는 회전 날개를 돌리는 세탁용 모터와 탈수기를 돌리는 모터가 따로 쓰인다. 여기서는 이들에 쓰이는 단상 교류 모터의 원리에 대하여 알아 본다.

교류 모터의 회전 원리는 아라고의 원판으로 설명할 수 있다. 아라고의 원판이란 〔그림 2〕와 같이 자유로이 도는 원판의 바깥쪽을 따라 자석을 돌리면 원판이 그 방향으로 도는 것으로 프랑스인 발명가 아라고가 실험하였다.

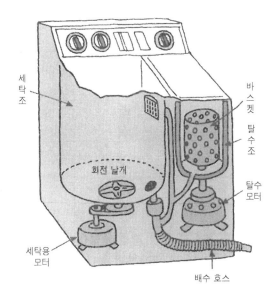

〔그림 1〕 2조식 세탁기

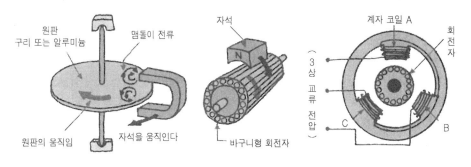

〔그림 2〕 아라고의 원판   〔그림 3〕 회전자   〔그림 4〕 3상 모터

〔그림 2〕와 같이 자석을 원판 가까이에서 움직이면 원판 내에 기전력이 발생하여 **플레밍의 오른손의 법칙**에 의한 방향으로 맴돌이 전류가 흐른다. 이 맴돌이 전류와 자석 사이에 **플레밍의 왼손의 법칙**에 의한 힘이 생긴다. 이 힘은 자석이 움직이는 방향과 같은 방향이다.

원판을 〔그림 3〕과 같은 원통형 회전자로 하여 자석을 돌리면 원판과 마찬가지로 돈다. 실제의 모터는 자석을 움직이는 대신 3상 교류 전압을 계자(界磁) 코일 A·B·C에 가한다. 이 경우 계자 코일에는 자석이 도는 것과 마찬가지로 회전 자계가 생기기 때문이다(그림 4).

> **콘덴서를 이용한 회전 자계**

가정으로 송전되는 전기는 3상 교류 전압 중 단상 배전된다. 그러면 이 단상 교류 전압으로 교류 모터를 돌리려면 어떻게 하면 될까?

단상 교류 전압으로 회전 자계를 만들려면 코일만으로는 안되므로 세탁기 모터일 경우에는 콘덴서가 보조로 사용된다. 〔그림 5〕의 (a)와 같이 계자 코일의 한쪽 코일에 콘덴서를 접속한다. 콘덴서는 교류 전압을 가하면 전압보다 90° 위상이 나아가는 전류가 흐른다. 여기서 정현파 교류 ①일 때, 콘덴서가 접속된 코일에는 강한 자계가 생기는데, 이것이 〔그림 5〕의 (a)이다. 정현파 교류 ②일 때는 (b)와 같이 콘덴서가 접속되지 않은 코일에 강한 자계가 생긴다. ③일 때는 (c)와 같이 ①일 경우의 N·S가 뒤바뀐 자계가 생긴다. 즉 교류 전압이 시간과 함께 변화하면 회전 자계가 생기고 회전자가 돈다. 이와 같은 단상 모터를 콘덴서 모터라 하고, 콘덴서를 접속한 코일을 「시동 권선」 또는 「보조 권선」이라 하며, 다른 한편 코일을 「주권선」이라 한다.

이 콘덴서 모터는 회전중에 콘덴서를 떼어내도 회전을 계속한다. 그래서 시동할 때만 콘덴서를 쓰고 일정 회전수 이상이 되면 원심력 스위치로 보조 권선을 떼어낸다. **콘덴서 시동 모터**도 용도에 따라 사용된다.

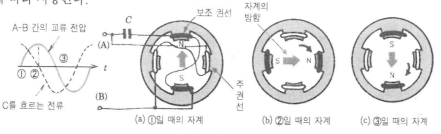

(a) ①일 때의 자계　　(b) ②일 때의 자계　　(c) ③일 때의 자계

〔그림 5〕 단상 교류의 회전 자계

Let's review!

다음 물음에 답하라. ＿＿ 부분에는 알맞은 말을 넣어라.

1 플레밍의 왼손의 법칙은 자계는 ＿＿, 전류는 ＿＿, 전자력은 ＿＿(으)로 나타낸다.

2 플레밍의 오른손의 법칙은 자계는 ＿＿, 힘은 ＿＿, 기전력은 ＿＿(으)로 나타낸다.

3 단상 교류에서 회전 자계를 만들려면 어떤 방법이 있는가?

4 회전 날개는 어떤 역할을 하는 것인가?

5 콘덴서에 직류를 가하면 어떻게 되나?

2 고속 회전으로 물을 털어내는 탈수기

● 원심력으로 만사 해결 ●

2조식 세탁기의 구조

이 힘에 의해 물이 떨어져 나간다

모터

자유자재로 방향을 바꾸는 수류

2조식 세탁기는 세탁조와 탈수조가 별도로 된 것인데, 먼저 세탁기의 구조부터 설명한다. 〔그림 1〕의 스위치 패널에 부착된 **세탁용 타임스위치**는 태엽식으로, 「세탁」과 「헹굼」 시간을 설정한다. **수류 전환 스위치**는 「반전」이나 맴돌이 등의 수류 선택 스위치를 말한다. 콕 전환은 〔그림 1〕에 나타낸 바와 같이 콕로드에 의해 연결된 배수 콕이 열리고 닫히는 것을 말한다. 콕 전환이 「세탁」과 「헹굼」일 때 배수 콕은 닫혀 있고 「배수」일 때는 열려 있다.

세탁조에 생기는 수류 중 가장 일반적인 **반전 수류**에 대하여 알아보자. 먼저 수류 전환 스위치의 「반전」을 누르고, 세탁용 타임 스위치에 시간 설정을 하면

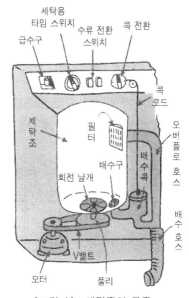

〔그림 1〕 세탁조의 구조

〔그림 2〕와 같은 타임 스위치의 접점이 접속되는 회로가 생긴다. 〔그림 2〕의 콘덴서 모터는 접점 d로부터 전류가 흐르면 보조 권선에 콘덴서가 접속되므로 우회전한다. 접점 C로부터 전류

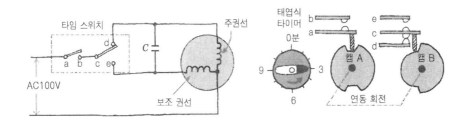

〔그림 2〕 반전 수류를 만드는 회로   〔그림 3〕 타임 스위치의 동작 원리

가 흐르면 주권선에 콘덴서가 직렬로 접속되므로 모터는 좌회전한다. 〔그림 2〕의 타임 스위치의 접점 동작은 〔그림 3〕의 캠의 회전에 의해 이루어지며, 그림의 타이머에 시간을 맞추면 태엽이 감겨 캠 A·B는 1분에 1회전의 비율로 돌기 시작한다. 지금 캠 A가 〔그림 3〕과 같이 접점 a-b를 끊고 있는 동안 캠 B의 접점은 c-d에서 c-e로 바뀌어 5초간 정지해 있던 모터가 우회전에서 좌회전으로 30초간 돌아간다. 즉 모터는 오른쪽으로 30초간 돌고, 5초 정지, 왼쪽으로 30초 회전하는 운동을 반복함으로써 반전 수류가 되는 것이다.

안전 설계된 탈수기

물을 튀겨 날리는 배스킷은 탈수 모터에 직결되어 있으므로 모터와 같은 속도로 돈다. 탈수 모터는 세탁 모터와 같은 콘덴서 모터(인덕션 모터라고도 함)가 사용된다. 인덕션 모터는 전원 주파수 f와 자극수 p에 의해 결정되는 회전 자계의 속도, 즉 동기 속도 n_s를 갖는다.

$$n_s = \frac{120 f}{p} \ [\text{rpm}] \ (\text{분당 회전수})$$

50Hz에 4극일 때는 1,500〔rpm〕, 모터의 속도는 동기 속도보다 조금 늦게 회전하므로 1430〔rpm〕 정도이다. 이와 같은 고속도로 모터가 돌면 배스킷에 큰 진동이 생긴다. 〔그림 4〕와 같이 모터는 스프링이 든 서스팬션에 장치되어 있다.

세탁하다가 잘못하여 회전중인 배스킷에 접촉하면 매우 위험하다. 그래서 탈수 뚜껑을 닫지 않으면 모터가 돌아가지 않도록 안전 스위치가 〔그림 5〕와 같이 마련되어 있다.

또 모터를 꺼도 배스킷은 타성으로 돌아가므로 뚜껑을 20°이상 열면 브레이크가 걸리도록 안전 장치가 마련되어 있다.

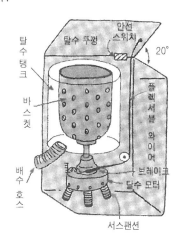

〔그림 4〕 탈수기의 구조

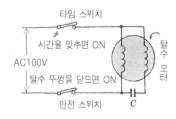

〔그림 5〕 탈수기 회로

Let's review!

1 콕 전환을 「헹굼」으로 했을 때 배수 콕은 열려 있는가, 닫혀 있는가?

2 10초 우회전, 8초 정지, 10초 우회전, 8초 정지를 되풀이하는 회전 날개의 움직임은 어떤 수류를 만드는가?

3 주파수 60Hz, 극수 4인 모터의 동기 속도는 얼마인가?

4 동기 속도는 1500〔rpm〕인데, 모터는 그것보다 5% 늦게 돌아간다. 모터는 매분 몇 회전하는가?

● 적재적소에서 활약중 ●

전자동 세탁기의 물 제어

물 잠겨요!

모든 것을 기계에게 맡긴다

지금까지의 2조식 세탁기에서는 세탁은 세탁조, 탈수는 탈수조로 기능적으로 나뉘어져 있으므로 모두 기계에게만 맡길 수 없다. 그래서 등장한 것이 사람의 손이 가지 않는 전자동 세탁기이다. 이것은 〔그림 1〕과 같은 구조로, 세탁과 탈수가 하나의 탱크에서 이루어진다. 또 전자동으로 하기 위해 물을 제어하는 기계 등이 새롭게 첨가되었다.

전자동화를 가능하게 한 물을 제어하는 기기에 대하여 설명해 보자.

먼저 수도관에서 압력 호스로 보내진 물은 **급수 밸브**가 열리면 부어진다. 물이 탱크에 차기 시작하면 에어트랩에 들어 있는 공기가 압축되고 에어 호

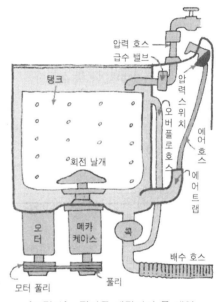

〔그림 1〕 전자동 세탁기의 물 제어

스를 통해 압력 스위치로 전달된다. 탱크의 물이 증가하면 압력 스위치의 다이어프램은 공기압에 눌려 내장되어 있는 스위치가 작동되고 그 신호로 급수 밸브가 닫힌다. 여기서 타임 스위치의 지시로 회전 날개가 돌기 시작해 세탁을 시작한다. 프로그램된 횟수만큼의 세탁이 끝나면 **배수 콕**이 열려 비눗물을 내보내고 탈수를 포함하여 주수·헹굼·배수를 몇 차례 되풀이하여 헹굼 과정이 끝나면 끝으로 탈수하여 세탁을 완료한다. 그러면 급수 밸브, 압력 스위치, 배수 콕에 대하여 알아 보자.

물을 다스리는 급수 밸브

급수 밸브의 구조는 〔그림 2〕 (b)와 같은 단면을 이루는데, 이것으로 동작을 설명해 보자. 압력 호스로 보내진 물은 고무제의 다이어프램이 입구를 막고 있기 때문에 보통의 상태에서는 흐르지 않는다. 코일(솔레노이드라고도 함)에 전류가 흐르면 자계가 생겨 철제의 플런저는 자기 유도로 자석(전자석)이 되고

스프링의 힘을 이겨내고 코일 내로 들어간다. 다이어프램을 누르고 있던 힘이 없어지면 수압에 의해 변형되고 배출구가 열려 물이 들어온다.

전자석은 직류든 교류든 원리는 같으며, 여기서는 교류의 전자석이 쓰인다.

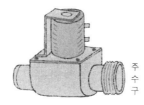
(a) 외관도

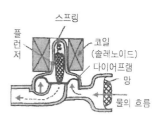
(b) 단면도

[그림 2] 급수 밸브

수위의 파수꾼 압력 스위치

우선 세탁물의 양에 따라 고수위 또는 저수위에 압력 스위치를 맞추면 [그림 3]과 같이 캠이 작용하여 스프링과 레버를 통해 접점 레버를 밀어올린다. 탱크의 수위가 올라가면 에어트랩의 공기압이 공기 파이프를 통하여 다이어프램에 가해진다. **파스칼의 원리**에 의해 다이어프램에는 큰 힘이 작용하고 접점 레버를 밀어올려, 접점이 닫히고 미리 설정된 수위가 되었음을 알린다.

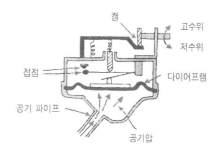

[그림 3] 압력 스위치

배수는 우리들에게 맡겨

탱크에 물을 담거나 배수하는 기구는 **밸브 마그넷**과 **콕**으로 구성된다. 밸브 마그넷의 코일에 전류가 흐르면 급수 밸브에서 말한 바와 같이 플런저가 전자력으로 흡인된다. 그 힘으로 콕 속의 콕 패킹이 당겨져서 탱크의 물은 배수 호스를 통해 흘러나간다. 또 위험 수위 이상의 물은 오버플로 호스를 통해 배수된다(그림 4).

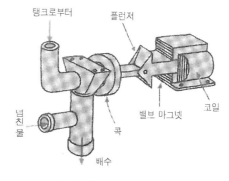

[그림 4] 콕과 밸브 마그넷

Let's review!

1. 배수 밸브나 압력 스위치의 다이어프램은 무엇으로 이루어지는가?
2. 급수 밸브나 밸브 마그넷의 플런저는 무엇으로 되어 있는가?
3. 교류 솔레노이드에 쓰이는 철심은 직류일 때와 다르다. 무슨 철심인가?
4. 압력 스위치의 다이어프램이 누르는 힘 F는 파스칼의 원리에 의해 구해지는데, 공기압을 P, 다이어프램의 면적을 S라고 하면 어떻게 나타낼 수 있는가?

4 탈수중의 소음 공해를 없애자

● 진동에는 어쩔 수 없어 ●

자동 세탁기의 탈수 구조

덕~덕~

굉장히 떠네!

좀 조용할 수 없을까!?

허공에 매달린 세탁기

전자동 세탁기는 세탁조가 탈수용 탱크가 되기도 한다. 2조식에 비해 기구도 복잡하다. [그림 1]에서도 알 수 있듯이 모터가 하나이고, 세탁할 때는 회전 날개만을 돌리고 탱크는 메카케이스의 클러치와 브레이크 밴드에 의해 돌아가지 않는다. 이 때 세탁물이 한쪽으로 몰려 중심이 어긋난 채 회전하면 큰 진동이 생긴다. 그래서 액체 평형기가 중심을 보정하여 진동을 적게 한다. 그래도 회전 진동이 남으므로, [그림 1]과 같이 4개의 서스펜션(스프링이 달린 봉)으로 탱크·모터·메카케이스 등을 매달아 세탁기의 바깥 상자에 진동이 전달되지 않도록 되어 있다.

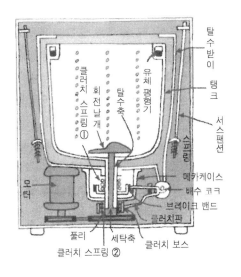

탈수받이
탱크
서스펜션
스프링
메카케이스
배수 코크
브레이크 밴드
클러치판
클러치 보스
세탁축
풀리
클러치 스프링 ②
모터
클러치 스프링 ①
회전 날개 ①
탈수축
유체 평형기
스프링

[그림 1] 자동 세탁기의 클러치 기구

클러치의 메커니즘

모터의 회전은 회전 날개와 탱크에 어떻게 전해지는가? 메카케이스의 안을 들여다 보자.

[그림 1]의 풀리는 세탁축에 직결되어 있고 모터의 회전은 회전 날개에 전해진다. 이 때 탈수축이 회전하지 않도록 클러치가 작용한다. 이 클러치는 클러치 스프링 ①, ②, 클러치 보스, 클러치판 등으로 구성된다.

먼저 세탁축이 좌회전할 때 클러치 스프링 ②는 느슨한 방향이 되고 클러치 스프링 ①은 조여진 방향이 되므로 탱크는 돌지 않는다. 세탁축이 우회전할 때는 클러치 스프링 ①, ②가 모두 느슨한 방향이 되지만 브레이크 밴드로 탈수축이 조여져 있어 이 때도 돌지 않는다.

탈수일 때는 배수 코크를 여는 마그넷이 작용하여 그 힘으로 브레이크가 풀린다. 또 클러치판이 클러치 보스에서 풀리므로 클러치 스프링 ②가 조여져 풀리의 회전이 탈수축에 전해지고 탱크는 탈수를 시작한다.

탈수 동작시 세탁물의 불균형에 의해 생기는 진동이나 소음을 액체 평형기로 줄이고 자동적으로 안정된 탈수 회전이 이루어지는 것을 〔그림 1〕에서 설명했다. 여기에서는 그것을 좀더 자세히 알아 본다.

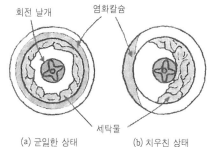

〔그림 2〕 (b)와 같이 세탁물이 한쪽으로 치우친 상태에서 탱크가 회전하면 무거운 쪽의 반대편에 **원심력**이 작용하고 그 힘으로 유체가 이동하여 전체의 밸런스가 잡혀서 진동이 없는 정상 회전이 된다.

(a) 균일한 상태   (b) 치우친 상태
〔그림 2〕 탈수시 유체 평형기의 작용

평형기에는 과자 등의 건조제로 흔히 쓰이는 염화칼슘 수용액이 쓰이는데, 값이 싸고 비중(2.5)도 무거워 새도 인체에 영향이 적다.

한계를 넘었을 때의
안전 밸브

탈수 중에 탱크가 이상 진동을 일으키면 〔그림 3〕과 같이 탱크가 터치 레버를 눌러 타이머의 안전 스위치가 끊기고 〔그림 4〕와 같이 모터의 운전은 중지된다. 또 탈수 중에 뚜껑을 열면 SF 스위치가 끊겨 이 때에도 모터가 중지되도록 설계되어 있다.

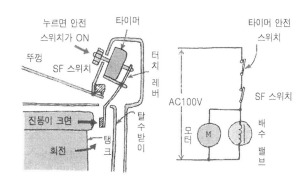

〔그림 3〕 안전 스위치 기구   〔그림 4〕 안전 회로

Let's review!

1 다음 영어에 알맞은 우리말을 선택하여 ( ) 안에 기호로 넣어라.
  (1) 밸런서 (   )   (2) 터치 레버 (   )   (3) 클러치 (   )
  (4) 브레이크 (   )   (5) 스프링 (   )
      ⓐ 단속 장치   ⓑ 제어기   ⓒ 용수철   ⓓ 평형기   ⓔ 접촉 지레
2 〔그림 4〕의 회로가 작동하는 때는 세탁의 어느 과정인가?
3 유체 평형기에 사용되는 것은 다음 중 어느 것인가? ($NaCl$, $CaCl_2$, $CaCo_3$)

5 세탁의 수순을 맡고 있는 열쇠는?

● 캠의 일거수 일투족에 주목할 것 ●

자동 세탁기의 타임 스위치

일정한 속도로 돌리는 것이 중요해!

스톱워치로 시간을 잰다

전자동 세탁기의 동작을 제어하는 타임 스위치에 대하여 알아 보자. 그러려면 우선 스톱워치를 준비하여 실제로 세탁의 각 행정에 대하여 시간을 측정해보는 것이 좋다.

자동 세탁기의 행정은 기종에 따라 얼마간의 차이가 있으며, 시간 설정도 다르다. 〔그림 1〕의 타임 스위치 눈금판에 나타나 있는 순서가 세탁의 표준적인 행정이다.

이 하나하나의 행정은 시간에 의해 제어된다. 이 시계의 역할을 하는 것이 〔그림 2〕의 동기 전동기로서, 이것은 교류 전류의 주파수에 **동기**(싱크로)되어 회전하므로 정밀도가 높다.

세탁 행정을 기억하는 "캠"

타임 스위치의 구조는 〔그림 3〕과 같이 모터에 의해 회전되는 캠군(群)과 그에 부속되는 접점 기구로 이루어진다. 먼저 〔그림 3〕의 캠 C_6는 동기 모터기에 의해 1분간 1회전하며, C_6 접점은 세탁 모터의 순·역회전을 제어하는 것으로 C_6 캠의 형상으로 알 수 있는 시간 간격을 두고 회전 날개를 돌린다.

캠에 사용되는 접점이나 릴레이에 붙어 있는 접점이나 동작은 같은 것이라고 생각해도 좋으나, 일부 다른 것은 c(공통) 접점이 a(메이크)

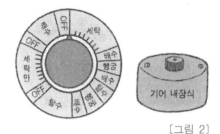

〔그림 1〕 타임 스위치 눈금판 〔그림 2〕 동기 전동기

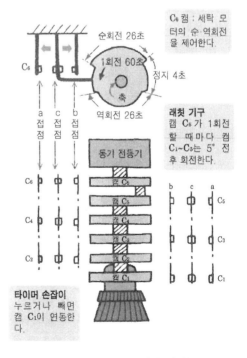

C_6 캠 : 세탁 모터의 순·역회전을 제어한다.

순회전 26초
1회전 60초
정지 4초
역회전 26초

래칫 기구
캠 C_6가 1회전 할 때마다 캠 C_1~C_5는 5° 전후 회전한다.

타이머 손잡이
누르거나 빼면 캠 C_1이 연동한다.

〔그림 3〕 타임 스위치의 캠 접속

접점에 붙어 있는가, b(브레이크) 접점에 붙어 있는가로, 캠의 경우에는 이밖에 c 접점이 어느 접점에도 붙어 있지 않은 중립 상태가 허용된다.

캠 C_6에는 좀 독특한 래칫 기구가 붙어 있고, 1회전할 때마다 캠 C_1~C_5가 몇° 진행하도록 되어 있다. 〔그림 1〕의 타임스위치일 경우에는 캠 C_1~C_5가 8° 전후 진행한다.

〔그림 3〕의 타이머 손잡이는 캠 C_1과 일체를 이루며, 밀고 당기고 하면 C_1 접점이 ON, OFF 되는 기구이다. 캠 C_1의 형상은 〔그림 1〕의 눈금판에서 알 수 있듯이 "OFF"가 3개 있으므로 눈금판과 같은 장소의 3개에 눈금이 있는 캠이 된다.

캠의 모양은 일목요연

〔그림 4〕는 타임 스위치의 타임 차트(시간 행정도)로, 각 캠이 하는 역할, 상대 캠과의 관계, 각 캠의 설정 시간을 알 수 있다.

〔그림 4〕의 차트 세로에는 각 캠의 접점이 기입되어 있고, 가로에는 세탁의 행정이 순번으로 쓰여 있다. 각 행정에는 그것을 요하는 시간이 적혀 있지만, 급수란은 미기입이다. 이것은 수도의 수압이나 주수량의 관계에 따라 시간이 변동하기 때문이다.

캠 C_1은 전원 회로를 ON, OFF하는 역할을 한다. 캠 C_4의 접점 a는 급수 밸브를 여는 접점이고, 캠 C_3의 접점 a는 배수 밸브를 여는 접점이다. 캠 C_2의 접점 b는 마지막 탈수가 끝나기 직전부터 ON되는 것이므로 부저용 접점임을 알 수 있다.

그래서 캠 C_1~C_5는 〔그림 4〕의 차트를 원통형으로 하여 a·b 접점을 따라 요철을 내면 캠의 모습을 띤다.

행정 \ 접점 / 타임	급수	세탁	배수	급수	헹굼	배수	탈수	급수	헹굼	배수	탈수	OFF
		10분	2분		3분	2분	2분		2분	2분	4분	
C_1												
C_2 a / b												
C_3 a / b												
C_4 a / b												
C_5 a / b												
C_6 a / b	자동 반전 26초(a)-4초(off)-26초(b)-4초(off)											

〔그림 4〕 타임 차트의 예

Let's review!

1. 오른쪽 그림의 릴레이에 전류를 흘리면 각기의 접점은 어떤 작용을 하는가?
2. 〔그림 4〕의 타임 차트에서 급수가 3분이라고 하면 세탁을 모두 끝날 때까지는 어느 정도의 시간이 걸리는가?
3. 1초에 10회전하는 모터를 1분에 1회전으로 감속하려면 어떤 기어를 넣으면 좋은가?
4. 〔그림 4〕의 타임 차트에서 캠 C_6가 몇 회전하면 세탁이 끝나는가?

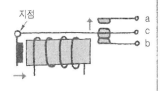

지점

a
c
b

스위치 "ON"은 급수의 시작

자동 세탁기의 "신경" 시퀀스 회로에 대하여 알아 보자.

우선 타임 스위치를 누르면 캠 C_1이 ON되고 〔그림 1〕과 같은 급수 회로가 접속된다. 파일럿 램프는 캠 C_1이 ON인 동안 점등을 계속한다. 압력 스위치는 세탁

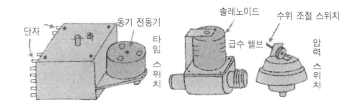

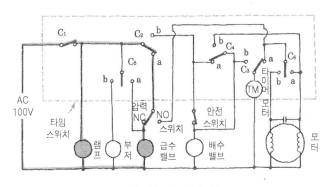

〔그림 1〕 급수 회로

조의 물이 일정 수위에 달할 때까지는 NC 접점에 접속되어 있다. 캠 C_2는 a 접점에 접속되어 있고, 압력 스위치는 NC 접점이므로 급수 밸브에는 100V가 더해지고 솔레노이드에 전류가 흘러 밸브가 열리고 급수가 시작된다.

압력 스위치 "ON"으로 세탁

세탁조의 수위가 올라가면 수위 검출 압력 스위치의 접점이 ON에 접속된다. 이 때의 캠 C_3는 a 접점에 접속되어 있으므로 타이머 모터(동기식)에는 100V가 가해지고, 기어에 의해 1분에 1회전의 비율로 돌기

시작한다. 캠 C_6는 타이머 모터에 직결되어 돌기 때문에, 캠의 모양(108페이지 〔그림 3〕 참조)에서 알 수 있듯이, 26초간 a 접점에 접속되어 순회전의 세탁을 하고 이어서 4초간 a·b의 어느 접점에도 접속되지 않은 중립 상태(모터는 정지)가 된다. 캠 C_6는 계속하여 b 접점에 접

속되어, 모터는 역회전의
세탁을 26초간 하고 4초간
의 정지후 순회전으로 접점
이 변화해 간다. 즉 타이머
모터가 회전하는 동안 캠
C₆의 접점은 항상 움직이는
구조이다.

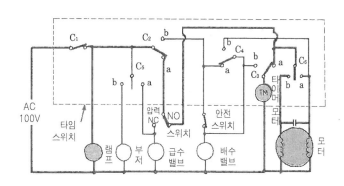

〔그림 2〕 세탁 회로

캠 C₁~C₅는 하나의 축에
고정되어 있고, 이 축은 캠
C₆에 의해 간헐적인 래칫 기구로 접합되며, 캠 C₆가 1회전할 때마다 캠 C₁~C₅는 몇 번 움직
이게 되어 있다(그림 2).

「배수」동작을
확인하는 것은

캠 C₆가 10회전(10분간)하면 캠 C₂가 b 접점에 접속되고, 캠 C₄의 a
접점에 의해 배수 밸브에 100V가 가해져 배수가 시작된다. 이 때 〔그림
3〕에서 알 수 있듯이, 캠 C₄의 a 접점과 안전 스위치(세탁조의 뚜껑을 닫
으면 ON한다)는 병렬로, 어느 통로를 통해도 배수 밸브는 동작하도록 되어 있다. 그러나 캠
C₄의 a 접점의 작용은 배수
중에는 안전 스위치가 기능
하지 못하도록 하기 위한
회로라는 것을 알 수 있다.
캠 C₃는 배수 중에는 b 접
점이 되고, 타이머 모터는
회전을 지속한다. 배수 상
태에 관계없이 캠의 프로그
램에 따라 2분간의 배수 행
정이 끝나고 다음 행정으로
진행한다.

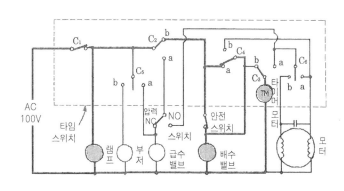

〔그림 3〕 배수 회로

Let's review!

1 동기 전동기는 무엇에 동기하여 회전하는 모터인가?
2 급수 중에 압력 스위치의 에어 호스가 빠지면 어떤 일이 일어나는가?
3 세탁 중에 세탁조의 물이 새어서 수위가 내려갔다. 시퀀스 회로는 어떻게 되는가?
4 배수 중에 안전 스위치가 끊어졌다. 배수는 어떻게 되나?
5 배수 호스가 막혀 배수가 잘 안된다. 〔그림 3〕의 배수 회로는 동작하는가?

뚜껑이 열
리면 안전
스위치가
작동하여
모터를
멈춘다!

어머?
뚜껑을
열었더니
멈춰
버리네!

배수 후의 급수 회로

세탁이 끝나면 배수(기종에 따라서는 탈수를 하는 것도 있다)이어서 "헹굼"을 위한 급수가 시작된다.

〔그림 1〕은 그 급수 회로를 나타낸 것이다. 이 회로는 세탁을 시작할 때의 급수 회로(110페이지 〔그림 1〕 참조)와 약간 다르지만 캠 C_5 의 a 접점이 들어가, 압력 스위치와 관계 없이 급수 밸브가 작동한다.

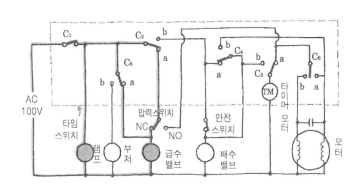

〔그림 1〕 급수 회로

이어서 헹굼 회로에 들어간다

세탁조의 물이 일정 수위(고수위 또는 저수위)에 달하면 압력 스위치는 "NO"되어 세탁 모터가 돌기 시작한다. 이 때 캠 C_5 의 a 접점은 급수를 계속하며, 세탁조에서 넘친 물은 오버플로 호스로 배수되면서 헹굼이 되는 것이다(그림 2).

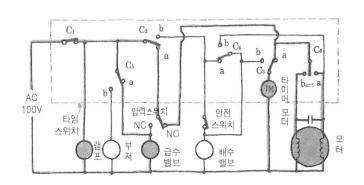

〔그림 2〕 헹굼 회로

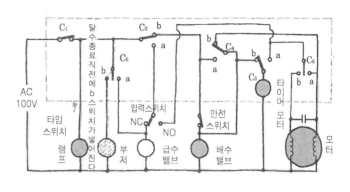

배수 다음은 탈수 그리고 부저

2~3회의 헹굼 행정이 끝나면 마지막으로 탈수에 들어간다. 캠 C_2는 b 접점에 들어가고 안전 스위치가 넣어져 있으면 배수 밸브가 열려 타이머 모터와 세탁 모터가 회전한다.

C1
탈수종료직전에 b스위치가 넣어진다
C2
b
a
C5
C4
C3
C6
AC 100V
타임 스위치
램프
부저
압력스위치
NC
NO
급수 밸브
안전 스위치
배수 밸브
타이머 모터
모터

〔그림 3〕 헹굼 회로

모터의 회전은 배수 밸브를 여는 밸브 마그넷의 작용으로 회전 날개와 동시에 세탁조에도 전해져 탈수를 시작한다. 안전 스위치는 뚜껑을 닫으면 ON이 되며, 탈수 중 뚜껑을 열면 모터는 끊기고 타성으로 돌고 있는 세탁조에 브레이크가 걸린다. 다시 뚜껑을 닫으면 탈수가 계속된다. 탈수 종료 직전에 캠 C_5의 b 접점이 들어가 부저가 울려 세탁 종료를 알린다(그림 3).

차트를 보면 회로를 안다

〔그림 4〕는 자동 세탁기의 타임 차트로, 세탁의 각 행정 시간과 캠 접점의 동작을 표로나타낸 것이다. 이 차트의 프로그램은 타임 스위치(108페이지 〔그림 1〕 참조)의 캠의 요철형으로 기억되어 있다. 실제의 타임 스위치에는 더 많은 세탁 행정 프로그램이 짜여져 있다.

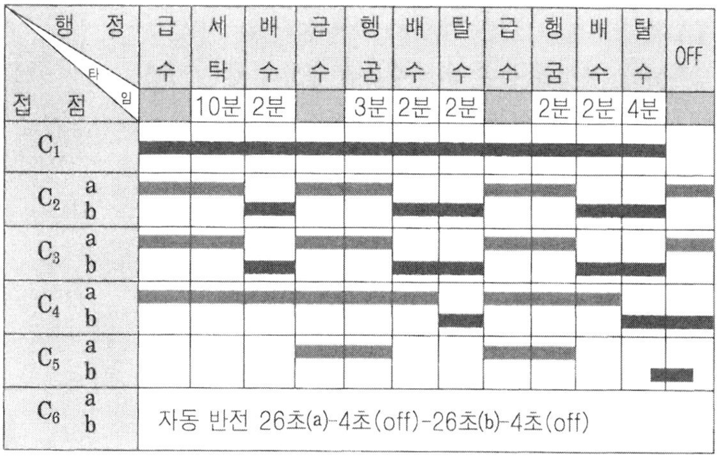

행정
타임
접점
급수
세탁
배수
급수
헹굼
배수
탈수
급수
헹굼
배수
탈수
OFF
10분
2분
3분
2분
2분
2분
2분
4분
C1
C2 a b
C3 a b
C4 a b
C5 a b
C6 a b
자동 반전 26초(a)-4초(off)-26초(b)-4초(off)

〔그림 4〕 타임 차트의 예

Let's review!

1. 〔그림 1〕의 급수 회로에서 압력 스위치가 망가지면 어떻게 되나?
2. 〔그림 2〕의 헹굼 회로에서 캠 C_2의 접점이 a에서 b로 변하면 회로는 어떻게 동작하는가?
3. 〔그림 3〕 탈수 회로에서 배수 밸브가 망가지면 어떻게 되나?
4. 〔그림 4〕의 타임 차트에서 캠 C_5의 b 접점의 작용은 무엇인가?

8 오늘부터 우리 집도 세탁소

● 건조기, 써보면 좋은지 알아! ●

의류 건조기

「마르는」시대에서 「말리는」시대로

매일매일 날씨를 살피고 시간에 신경을 쓰며 하는 세탁. 이것은 「볕에 말리는」 작업 때문이다. 그래서 건조기가 나왔다. 마르는 것이 아니라 열풍으로 「말리는」 것이므로 비가 오는 밤에도 확실히 건조된다. 물론 「말리고」 「거둬들이는」 수고도 생략된다. 햇빛과 좁은 장소 때문에 난처해 하는 가정에 안성마춤인 것이 의류 건조기이다.

〔그림 1〕은 건조기를 뒤에서 본 그림이다. 모터 양쪽에 풀리가 붙어 있다. 한쪽에는 평벨트가 걸려 있고 아이들러 풀리를 경유하여 드럼을 천천히 회전(분당 50회전 정도)시킨다. 다른 한쪽에는 둥근 벨트가 걸려 있어 팬케이스 내의 팬을 고속으로 회전(분당 2000회전 정도) 시킨다.

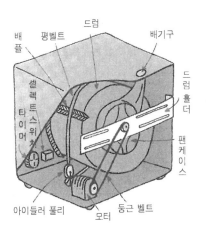

〔그림 1〕 뒤쪽에서 본 건조기

세탁물이 「마르는」 프로세스

그러면 여기서 세탁물이 열풍으로 건조되는 과정을 살펴보자. 〔그림 2〕에서 팬이 고속으로 회전하면 드럼 속의 공기를 빨아들인다. 그러면 문 밑의 흡기구로부터 냉풍이 빨려들어와 히터를 통과하는 동안에 열풍이 된다.

드럼 속의 세탁물은 드럼 속의 돌출된 부분에 있는 배플로 올려지고 느린 회전 때문에 위로부터 떨어진다. 이 때 열풍을 받아 수분이 증발하고 그 습기는 팬케이스를 통하여 배기구로 배출된다. 실제 드럼 속 의

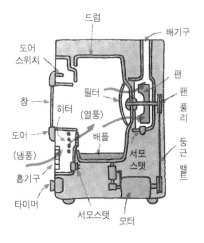

〔그림 2〕 냉풍·열풍의 흐름

114

류의 운동은 퍽 복잡하다. 그래서 구겨지기 쉬운 면옷은 포개어 건조하고 화학 섬유나 레이스 등은 나일론망에 넣으며, 지퍼가 달린 것은 반드시 채우고 의류를 뒤집어 건조하는 것이 건조기를 잘 사용하는 방법이다.

회로의 이해는 우선 "부품"부터

건조기의 도어가 열렸을 때는 확실히 회로가 끊어지도록 하는 것이 〔그림 2〕의 도어 스위치이다. 〔그림 3〕은 그 기구로, 버튼이 눌러진 상태이다. 버튼을 놓으면 리프 스프링의 힘에 의해 버튼과 공통 접점이 동시에 위로 올려져 접점은 NC 와 접촉한 상태가 된다.

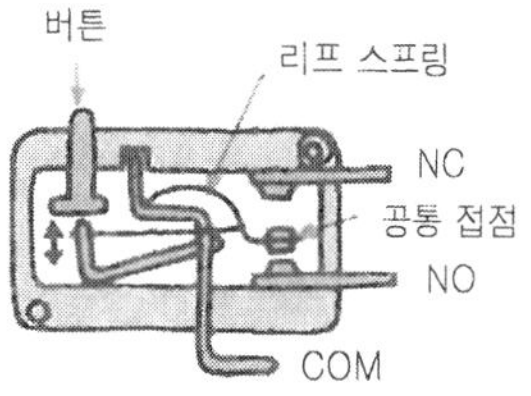

건조기의 타이머는 〔그림 4〕와 같이 동기 전동기와 1개의 캠으로 되어 있다. 〔그림 4〕(b)에서, 히터 접점과 모터 접점은 공통 접점과 접촉하고 있으며, 〔그림 5〕에서는 드럼이 돌아 열풍이 보내지는 상태이다. 일정 시간(수십분)이 지나면 캠은 6분 송풍에 이르고 접점 2,3이 열려 히터가 끊긴다. 남은 열을 식히기 위한 송풍이다. 6분 후 캠이 OFF되고 건조는 종료된다(이 때, 부자는 울리지 않는데 〔그림 5〕를 보고 이해하자).

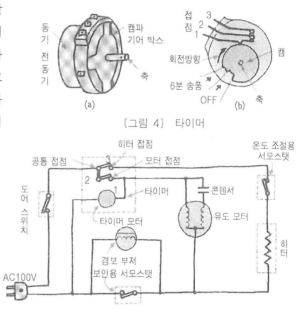

〔그림 3〕 도어 스위치의 기구

〔그림 4〕 타이머

〔그림 5〕 건조기의 회로도

Let's review!

1. 모터의 회전수가 1500〔rpm〕일 때, 드럼의 회전수를 50〔rpm〕으로 하려면 모터 풀리의 지름을 1로 하면, 드럼의 지름은 몇분의 1인가?
2. 모터 풀리의 지름이 4cm이고 팬 풀리를 3cm로 하면 팬의 회전수는 얼마인가? 단 모터의 회전수는 1500〔rpm〕이다.
3. 〔그림 3〕의 리프 스프링이란 무엇인가?
4. 〔그림 5〕의 경보 부저가 울리기 시작했다. 어느 접점이 끊겼는가?

9 습기를 뿌려 없애는 세탁기는 이미 옛말

● 완벽하게 습기를 없앤다 ●

창이 없는 방이라도 이 정도라면 문제없어!

습기를 없애는 열교환기

구질구질한 장마 때 바깥 온도가 급격히 내려갔을 때나, 추위가 심한 겨울, 방에 난방이 되어 있을 때 등 창유리에 이슬이 맺히는 경우가 많다.

상대 습도(그냥 "습도"라고도 한다)는 건구와 습구가 붙은 습도계로 잴 수 있다. 우선 현재의 온도와 습구와의 온도차에서 환산표에 의해 습도를 구할 수 있다. 공기 중에 함유된 수증기의 양은 습도가 높을수록 많고, 낮을수록 적어진다. 여기서 [그림 1]의 열교환기의 구조를 생각해 보자. 습기를 많이 함유한 열풍은 팬이 달린 냉각 장치 속을 지나는 동안 온도가 내려가고 상대 습도가 올라간다. 습도가 100%를 넘으면 결로하여 물이 되고, 열풍은 제습된다.

노덕트식이라 불리는 건조기

탈수가 끝난 2kg의 세탁물은 아직 1리터의 물을 함유하고 있다. 그래서 건조기를 사용할 때는 배기 덕트를 부착하거나 환풍기를 돌린다. 그러나 건조기의 설치 장소에 따라서는 배기가 어려운 경우가 있다. 그러한 장소에는 [그림 2]와 같은 노덕트식 건조기가 효과적이다. 먼저 히터에 의해 뜨거워진 바람은 세탁물을 통과하는 동안 습기를 품고 팬에 의해 열교환기로 송풍된다. 습기를 충분히 머금은 열풍은

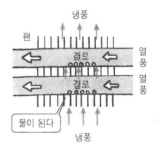

냉풍 / 팬 / 결로 / 열풍 / 열풍 / 물이 된다 / 냉풍

[그림 1] 열교환기의 구조

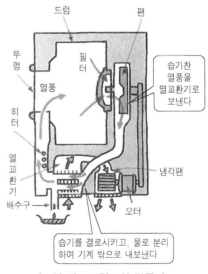

드럼 / 팬 / 뚜껑 / 필터 / 열풍 / 습기찬 열풍을 열교환기로 보낸다 / 히터 / 열교환기 / 배수구 / 냉각팬 / 모터 / 습기를 결로시키고, 물로 분리하여 기계 밖으로 내보낸다

[그림 2] 노덕트식 건조기

[그림 1]의 설명과 같이 냉각되는 동안에 제습되며 다시 히터에 의해 더워져 건조된 열풍이 되고 드럼으로 보내진다.

기기의 보안은 접시 모양의 바이메탈

건조기의 습도 제어는 〔그림 3〕과 같은 서모스탯이 사용된다. 전기 난로 등에 쓰이는 서모스탯은 판 모양의 바이메탈이다.

〔그림 3〕의 서모스탯 내의 접시 모양 바이메탈은 동작 온도 이상이 되면 금속음과 함께 급격히 휘어져 가이드 핀을 누르고 접점을 연다. 접점을 닫는 온도는, 바이메탈이 접시형이므로 히스테리시스 특성(그림 4)을 갖기 때문에 접점을 열었을 때의 온도보다 더욱 낮다. 그러면 왜 히스테리시스 특성을 가진 서모스탯이 사용될까?

〔그림 5〕에서 보안용 서모스탯이 끊어질 때는 열풍의 순환이 나쁠 때이고, 경보용 부저가 울리기 시작한다. 이 때 히터는 과열 상태이므로 안전 온도까지 냉각된 후 복귀하도록 제어하는 것이 필요하기 때문이다. 또 급격한 휨에 따른 ON, OFF에 의해 생기는 채터링도 방지된다.

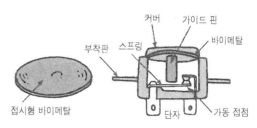

〔그림 3〕 서모스탯

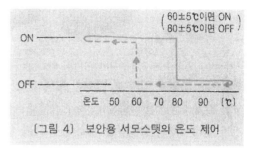

〔그림 4〕 보안용 서모스탯의 온도 제어

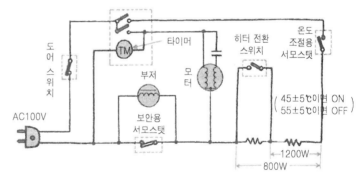

〔그림 5〕 히터 전환기 장착 건조기

Let's review!

1. 철판 위에 동판을 겹쳐 접착했다. 온도가 올라가면 어느 쪽(상향 또는 하향)으로 기우는가? 단 철의 열팽창 계수는 11.7×10^{-6}, 구리의 열팽창 계수는 16.6×10^{-6} 이다.
2. 히스테리시스 현상이 생기는 것에는 어떤 것이 있는가?
3. 〔그림 5〕의 부저가 울리는 온도는 몇 도이고 울림이 중지되는 것은 몇 도인가?
4. 〔그림 5〕에서 드럼 내의 최고 온도는 몇 도인가?
5. 채터링이란 어떤 현상인가?

10 강한 흡진력을 내는 비밀은?

● 모터도 기능에 따라 취사 선택 ●

선풍기로 더위를 식힐 때 선풍기 뒤에 앉는 사람은 없을 것이다. 그러나 선풍기의 팬을 초고속으로 회전시키면 흡입하는 바람이 강해져 시원하게 느껴질지도 모른다.

전기 청소기에는 흡입력을 강화하기 위해 분당 수만 회전을 하는 초고속 모터가 쓰인다. 그러면 이와 같은 회전수를 낼 수 있는 모터란 어떤 것일까?

장난감 모터와 원리는 같다

어렸을 때 〔그림 1〕과 같은 모터를 조립한 경험이 있는 사람이 많을 것이다. 이 모터가 잘 돌기 위해서는 전기자에 대하여 정류자 단면의 방향이 매우 중요하다는 것도 알았을 것이다. 이것이 모터의 회전 원리와 깊은 관계가 있기 때문이다.

〔그림 1〕의 모터의 회전 원리는 다음과 같다. 전류는 전지에서 정류자를 통하여 전기자 권선에 흐른다. 여기서 전기자에는 **오른나사의 법칙**에 따라 전자석이 생기고, 이 자석과 영구 자석은 서로 끌어당기므로 전기자는 반시계 방향으로 회전

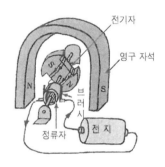

〔그림 1〕 2극 모터

한다. 회전하는 전기자가 수평으로 되었을 때, 브러시는 정류자의 절연체와 접촉하므로 전기자는 순간적으로 자기를 잃는다. 타성으로 계속 돌던 전기자에는 브러시에 접하는 정류자면이 역으로 되므로 전기자 권선에는 전과 반대의 전류가 흐르고 자극도 반대가 된다. 그래서 이 자극과 영구 자석의 자극이 동극이 되고, **쿨롬의 법칙**에 의해 설명되는 반발력이 회전력이 되어 모터는 계속 회전할 수 있다.

청소기의 모터는 어떤 구조로 되어 있을까? 원리는 〔그림 1〕의 직류 모터와 같지만 한 가지 큰 차이는 전원이 교류라는 점이다. 모터의 정식 명칭은 단상(교류) 직권 정류자 모터이다. 직권이란 〔그림 2〕와 같이 전기자 권선과 계자 권선이 직렬로 접속된 것을 말한다. 〔그림 2〕에서 전류는 교류이므로 +의 반(半)사이클(플러스 전압)이 우선 가해진다. 각 코일에는 화살표 방향의 전류가 흐르고 그에 따라 생기는 자극의 관계에서 전기자는 〔그림 1〕에서 설명한 바와 같이 시계 반대 방향으로 회전한다. 이어서 전기자가 타성으로 (b)까지 돌면 교류 전원은 −의

반(半)사이클로 변한다.

계자는 전류의 방향이 바뀌므로 극성이 전과 반대로 된다. 브러시에 흐르는 방향은 반대로 되지만 정류자편이 변하므로 전기자의 극성은 전과 같다. 따라서

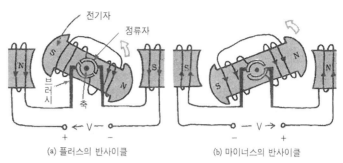

〔그림 2〕 단상 직권 정류자 모터의 원리도

(a) 플러스의 반사이클
(b) 마이너스의 반사이클

전기자에는 반발력에 의한 회전 토크가 생긴다. 이 모터는 계자가 영구 자석에서 전자석으로 바뀐 것뿐이므로, 직류 전원에서도 회전한다. 그래서 이와 같은 모터는 교직 양용으로 쓸 수 있으므로 유니버설 모터라고도 한다.

먼지가 낀 상태로 운전하면 청소기용 모터를 분해하면 〔그림 3〕과 같다. 〔그림 2〕에서 전기자는 단순한 2극 권이었지만, 실제로는 〔그림 3〕과 같이 전기자의 여러 홈에 권선이 말려 있다.

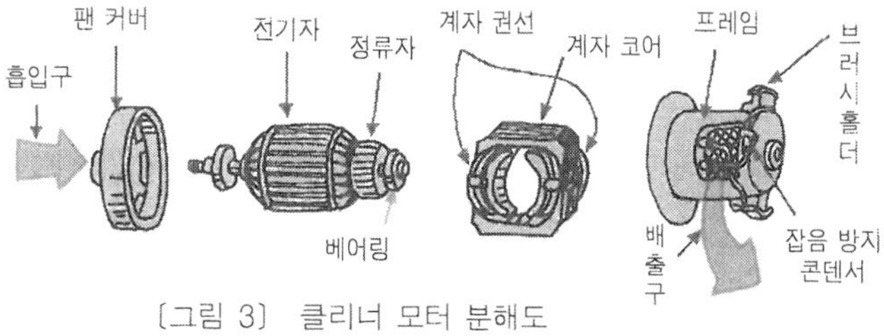

〔그림 3〕 클리너 모터 분해도

청소기용 모터는 앞서 말한 바와 같이 직권 모터이므로 〔그림 4〕와 같은 결선도가 된다. 또 직권 모터는 〔그림 4〕와 같은 특성을 가져, 부하가 커지면(먼지가 낀 상태) 회전수는 떨어진다. 그만큼 토크(돌리는 힘)는 강해지지만, 전력 소모도 증가한다.

〔그림 4〕 결선도와 특성

흡입구를 완전히 막으면 팬 내의 공기가 없어지고(진공), 배출하는 공기가 없으므로 부하는 오히려 가벼워져 회전수가 많아진다.

Let's review!

1. A군과 관계있는 것을 B군에서 골라 기호로 나타내라.

   A군　(a) 자계의 방향　　　　　　B군　(개) 토크
   　　　(b) 흡인력, 반발력　　　　　　　　(내) 오른나사의 법칙
   　　　(c) 회전력　　　　　　　　　　　　(대) 쿨롬의 법칙

2. ( ) 안에 알맞은 말을 넣어라.
   ◦ 유니버설 모터는 ( ) 양용의 전원에서 회전 가능하다.
   ◦ 전기 청소기에 먼지가 많이 끼면 모터의 ( )수는 떨어지고, ( ) 소비는 많아진다.

11 전기 청소기의 기능 향상으로 청소가 즐겁다

● 쓰레기 버리는 어려움은 옛말 ●

먼지를 빨아 들이는 원리

청소할 때 비나 먼지떨이 등을 사용하면 작은 먼지(house dust)는 오히려 날아올라가 청소가 깨끗하게 되지 않는다. 그 점에서 전기 청소기는 아무리 작은 먼지라도 공기와 함께 빨아들이므로 매우 편리하다.

전기 청소기는 〔그림 1〕에 나타낸 바와 같이 모터의 축에 직결된 팬을 고속 회전시켜 팬 속의 공기를 원심력으로 토해내고, 팬 앞쪽의 공기를 흡인하는 구조이다. 공기와 함께 먼지도 흡입되므로, 팬 앞에 먼지 제거용 필터가 장치되어 있다. 청소기의 성능은 **흡인력**, 즉 먼지를 빨아들이는 힘의 강도에 따라 결정된다. 흡인력을 높이기 위해서는 고속 회전용 모터와 강한 공기의 흐름을 만드는 팬이 필요하다. 그 때문에 청소기의 모터에는 시동 토크가 크고, 분당 2만~3만의 고속 회전용 단상 직권 정류자 모터가 쓰인다. 이 모터는 믹서나 전기 드릴 등에 쓰이는 것과 같다.

〔그림 2〕는 강한 공기의 흐름을 만드는 팬을 나타낸 것이다. 우선 터보형 **회전팬**이 고속 회전하면 팬의 중앙부에서 들어간 공기는 원심력에 의해 밖으로 나온다. 이 공기는 다음의 **고정 안내 날개**에 의해 축 방향으로 방향이 바뀌고 모터의 주위를 냉각하면서 밖으로 나온다.

팬의 모양은 제조업체에 따라 달라 흡인력을 높이기 위해 회전팬이 이중으로 된 것도 있고, 안내 날개의 모양도 공기 저항을 작게 하기 위한 연구가 집중되고 있다.

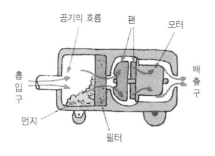

〔그림 1〕 전기 청소기의 원리

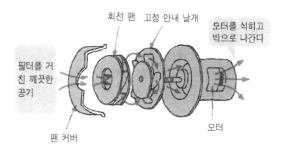

〔그림 2〕 팬과 공기의 흐름

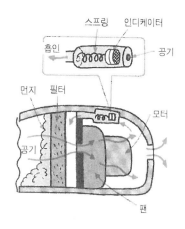

〔그림 3〕 인디케이터

필터에 먼지 따위가 끼어 막혔음을 알리는 인디케이터

전기 청소기에는 필터에 먼지 등이 끼어 막혔음을 알리는 **인디케이터**가 붙어 있다. 이것은 어떤 기구로 되어 있을까?

〔그림 3〕과 같이 인디케이터는 투명한 둥근 통 속에 들어 있어 자유로이 움직이는데, 통과의 사이에는 별로 공간이 없다. 필터에 먼지가 없을 때는 공기는 저항없이 필터를 통해 팬에 들어가므로 인디케이터는 스프링을 누르는 위치에 있다. 필터에 먼지가 끼면 팬의 흡인력에 걸맞는 공기가 필터로부터 흐르지 않으므로 팬과 필터 간의 기압이 내려가고 그것이 인디케이터를 흡인하게 된다. 이 흡인력이 스프링을 누르면 인디케이터의 위치에 의해 먼지가 낀 상태를 표시한다.

전기 청소기의 종류

청소기에는 〔그림 4〕와 같이 여러 가지의 모양이 있다. 실린더형이 가장 일반적이며, 포트형에 비하면 집진 용량은 크지 않지만 값이 싸 널리 쓰인다. 포트형은 흡진력이 강하고 집진 용량도 크므로 영업용으로 쓰인다. 업라이트형은 로터리 브러시를 부착한 것도 있어 융단 청소에 적합하다.

실린더형   포트형   포터블형   업라이트형

〔그림 4〕 여러 가지 전기 청소기

Let's review!

( ) 안에 알맞은 말을 넣으시오.

1 전기 청소기의 모터는 시동 (   )가 크고 초고속 (   )이 가능하다.

2 전기 청소기에 사용되는 모터는 (   ) 모터라 불린다.

3 팬을 고속 회전하면 내부의 공기는 (   )력에 의해 밖으로 나온다.

4 인디케이터가 스프링을 누르는 방향으로 움직일 때는 (   )가 막혀 있을 때이다.

5 집진 용량이 큰 전기 청소기의 종류는 (   )형이다.

**「대는 소를 겸한다」
는 역발상**

청소기의 스위치를 넣는 순간 전등이 일순 어두워지거나 TV의 화상이 흔들리는 것을 볼 수 있다. 이것은 모터의 **시동 전류**(모터가 정지 상태에서 정격회전에 이를 때까지 흐르는 전류)가 매우 크기 때문이다(운전 전류의 3~4

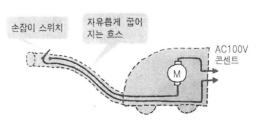

〔그림 1〕 모터를 직접 제어하는 경우

배가 흐른다). 이와 같은 큰 전류를 〔그림 1〕과 같이 긴 호스를 통하여 손잡이 스위치로 제어하려 할 경우 여러 가지 문제가 생긴다. 먼저 긴 호스를 지나는 전선은 대전류이기 때문에 굵어야 하고 구부리기 쉬워야 한다. 청소기는 모터 부분과 집진 용량이 분리되므로, 손잡이 스위치로 가는 전선의 커넥터(접속 단자)와 호스와 집진 용기의 사이에 커넥터가 있다. 이 **커넥터의 전류 용량**(정격 내의 전류이면 접속 저항이 적고 열도 별로 발생하지 않는다)도 상당히 크고, 구조상으로도 확실한 것이 필요하다.

그래서 아주 적은 전류를 손잡이 스위치에 흘려 모터 회로를 제어하도록 한 것이 **마그넷 릴레이**이다.

〔그림 2〕는 마그넷 릴레이를 써서 모터를 제어하는 회로로, 마그넷 릴레이는 변압기에 릴레이가 조합된 것으로 생각하면 된다.

저압의 전압이 유도된 2차 회로를 손잡이 스위치로 단락하면 150mA 전후의 그다지 크지 않은 단락 전류가 흐르고 그 전류에 의해 생기는 자속이 철편을 흡수하여 모터 회로의 접점을 닫는다.

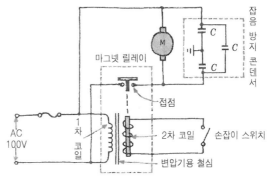

〔그림 2〕 마그넷 릴레이를 사용한 회로

그러면 여기서 마그넷 릴레이에 대하여 상세하게 설명하겠다. 〔그림 3〕에서 알 수 있듯

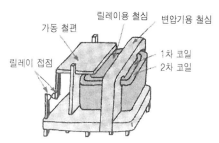

〔그림 3〕 마그넷 릴레이

이 마그넷 릴레이는 변압기에 릴레이가 조합된 구조로 되어 있다. 코일의 중심에는 변압기용의 철심과 릴레이용 철심이 들어 있다. 1차 코일에 100V를 가하면 여자(勵磁) 전류가 흐르고 오른나사의 법칙에 따른 자속이 생겨 변압기용 철심 속만을 지난다(릴레이용 철심은 **자기 저항**이 크므로 흐르지 않는다). 2차 코일에는 그 자속을 끊고 20V 전후의 전압이 유도되며(패러데이의 법칙) 이 전압을 손잡이 스위치로 단락한다. 이 단락 전류는 아주 큰 것은 아니지만, 그 전류에 의해 생긴 자속은 자기 저항이 큰 릴레이용 철심에도 통하며 이 누설 자속이 가동 철편을 흡인하여 그 끝에 붙어 있는 접점을 닫는다. 이와 같이 손잡이 스위치에 흐르는 전류는 작은 것이지만 모터(600W이면 6~7A의 운전 전류)의 큰 전류를 제어할 수 있다.

〔그림 4〕는 마그넷 릴레이의 릴레이 부분을 단면도로 나타낸 것으로, 약 500회 감긴 코일에 150mA의 전류를 흘렸을 때 가동 철편은 어느 정도의 힘으로 흡인되는가? 전자 에너지의 식을 사용하여 구해 보자.

흡인력 $F = \dfrac{B^2 A}{2\mu_0}$ 〔N〕

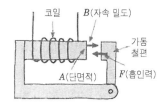

〔그림 4〕 전자석의 흡인력

B(자속 밀도) 0.06〔T〕, A(철심의 단면적) 10^{-4}〔m²〕, μ_0(투자율) $4\pi \times 10^{-7}$〔H/m〕으로 한다. 계산은 함수 계산기를 사용하여 구한다. 그러면 다음의 키를 누른다.

0.06 $\boxed{x^2}$ × $\boxed{\text{EXP}}$ 4 $\boxed{^+/_-}$ ÷ $\boxed{(}$ 2×4× $\boxed{\pi}$ × $\boxed{\text{EXP}}$ 7 $\boxed{^+/_-}$ $\boxed{)}$ =0.143 〔N〕

힘의 단위는 N〔뉴턴〕이지만 여기서는 g으로 구해 보자.

0.143 ÷ $\boxed{(}$ $\boxed{(}$ 9.8 × $\boxed{\text{EXP}}$ 3 $\boxed{^+/_-}$ $\boxed{)}$ = 14.59 〔g 중〕 ($1N = 1/9.8 \times 10^3$ g 중)

즉, 가동 철편을 당기는 힘은 14.6g이다.

Let's review!

1 모터의 시동 전류와 운전 전류 중 어느 것이 더 큰가?

2 흐르는 전류가 크고, 움직이는 장소에서 사용되는 전선에는 어떠한 조건이 필요한가?

3 마그넷 릴레이의 두 기능이란 무엇인가?

4 변압기의 2차 코일을 단락하면 1차 코일에 흐르는 전류는 어떻게 되나?

5 1N〔뉴턴〕의 힘은 몇 kg 중인가?

6 변압기의 철심과 릴레이의 철심 중에서 어느 쪽이 자기 저항이 큰가?

13 코드도 레버로 단숨에 감는다

● 빼는 건 자유, 되감는 건? ●

청소기의 코드 감기

편리한 코드 감는 장치

한정된 수효의 콘센트를 갖고 있는 곳에서도 쓸 수 있도록 청소기에는 긴 코드가 달려 있어 쓰기 편리하다. 그러나 이 코드도 되감으려면 시간이 든다. 그래서 최근 나오는 청소기에는 〔그림 1〕과 같이 코드를 되감는 기구가 내장되어 있다.

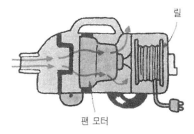

〔그림 1〕 코드 감는 릴이 달린 청소기

되돌아오는 것을 저지하는 기구

배구나 테니스의 네트를 설치해 본 경험이 있는 사람이라면 알겠지만, 네트를 지탱하는 폴에는 한쪽 방향으로만 회전하는 톱니바퀴가 달린 래칫 기구가 있다. 〔그림 2〕(a)와 같은 래칫 기구에서 톱니바퀴는 시계 방향으로는 자유로이 돌릴 수 있지만 역회전은 갈고리 때문에 되지 않는다. 그러나 갈고리를 치우면 역회전도 가능하다.

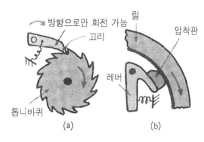

〔그림 2〕 래칫 기구

청소기의 코드를 감는 기구에는 〔그림 2〕(b)의 마찰 래칫이 쓰인다. 압착판은 용수철의 힘으로 원통의 내벽에 밀착되어 있다. 원통을 시계 방향으로 돌리면 압착판은 끌려가 원통 내벽 사이에 틈이 생겨 원통이 회전한다. 원통을 시계 반대 방향으로 돌리면 압착판은 원통에 보다 밀착되어 회전할 수 없게 된다. 〔그림 3〕은 코드가 풀린 상태로 용수철도 조여져 있다. 그래서 레버를 왼쪽으로 당기면 압착판이 릴의 내벽에서 떨어져 코드가 감긴다.

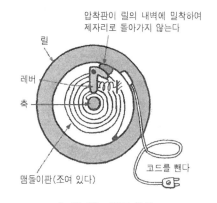

〔그림 3〕 릴의 구조

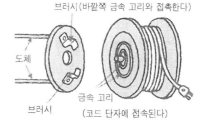

회전하는 릴에서 모터로 전기를 흘리는 접촉 기구는 〔그림 4〕와 같이 **금속 고리**와 **브러시**로 이루어진다.

직류 모터에서는 정류자와 브러시가 이와 같은 역할을 한다.

전류가 잘 통하는 것(도전율이 큰 것)을 **도전 재료**라 하며, 구리와 알루미늄이 도체나 전선으로 사용된다. 〔그림 4〕와 같이 접촉 재료에는 **도전율**(국제 표준 연동 저항률 $\rho = 1.724\mu\Omega \cdot cm$를 도전율 100%로 한다)이 클 뿐 아니라 심한 회전에도 마모되지 않는 것, 내식성(녹슬지 않는 성질)을 갖춘 것, 큰 전류에 의한 열로 탄성을 잃지 않는 것 등이 요구된다. 접촉 재료에는 〔표 1〕에 나타낸 것 같이 일반적으로 구리 합금이 쓰인다.

청소기로 쓰이는 코드에 대하여 알아 보자. 코드란 탄력성에 중점을 둔 절연 전선으로, 〔그림 5〕와 같은 종류가 있다. 그물 무늬 코드는 열이 발생하는 제품의 전원 코드로, 캡타이어 코드는 강한 외부의 힘이 가해지는 것에, 염화비닐 코드는 일반용으로 쓰인다.

〔그림 4〕 금속 고리와 브러시

〔표 1〕 도체와 구리 합금

종별	성분	도전률	특징	용도
구리	Cu 100%	100%	도전율이 좋다	전선
알루미늄	Al 100%	62.5%	도전율은 나쁘나, 가볍다.	송전선
은	Ag 100%	106%	도전율은 좋으나 비싸다.	합금으로서 접합 재료
베릴륨 구리선	Be 2~1 Ni 1~2 Al 0.5~2 Cu 잔여	25~ 38%	탄성이 좋고 내마모성·내식성이 좋다	계기축받이 슬립링개폐기 접촉부
인청동	P 0.03~ 0.25 Sn 7~9 Cu 잔여	10~ 25%	내마모성·탄성이 좋다. 전류에 대한 접촉항이 낮다.	축받이·계기 스프링
구리-지르코늄 합금	Zr 0.1~ 0.2 Cu 잔여	90~ 92%	내열성이 높다. 도전률이 좋다.	도전용 내열 부품
황동	Zn 30~ 40 Cu 잔여	25~ 30%	내식성이 좋고 가공이 쉽다.	전극 재료

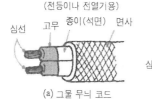

(a) 그물 무늬 코드

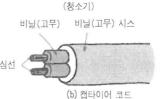

(b) 캡타이어 코드

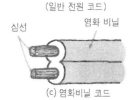

(c) 염화비닐 코드

〔그림 5〕 코드의 종류

Let's review!

1. 금속 중에서 가장 저항률이 적은 것은?
2. 구리 합금 중에서 가장 도전율이 좋은 것은?
3. 내식성이란 어떠한 특성을 말하는가?
4. 알루미늄의 % 도전율이 〔표 1〕과 같다고 하면 저항률 ρ은 얼마인가?(구리의 저항률 ρ을 도전율 100%로 하여 계산한다.)
5. 래칫 기구를 간단히 설명하라.

14 TV 전파 방해…범인은 누구!?

● 시행착오를 통해 상대를 안다 ●

정류자 모터의
불꽃 발생

**불꽃을 내는
자가 범인**

오래된 청소기나 믹서기를 돌리면 TV에 빨강과 흰색 점이나 점선이 나타나 화면을 어지럽게 한다. 이 때 라디오를 켜 보자. '지직' 하고 귀에 거슬리는 잡음이 날 것이다. 라디오로 심야 방송을 즐기다가 잡음이 나기 시작하면 멀리서 천둥 소리가 들리기도 한다. 천둥 때문에 생기는 잡음이다.

청소기 믹서 형광등

전자 렌지 네온등 자동차

〔그림 1〕 잡음 발생원

수신기(TV·라디오)에는 자체 내부에서 발생하는 잡음과 외부로부터의 잡음이 있는데, 여기서는 외부의 전파 잡음(전원 라인을 통한 것도 포함)에 대하여 알아 보자.

청소기나 믹서에는 정류자 모터가 사용되며, 모터가 회전하면 정류자면과 브러시 사이에 **불꽃**이 발생한다. 낙뢰도 **불꽃 방전** 현상이다. 이와 같이 불꽃은 수신기에 잡음으로 들어오는 것이다. 〔그림 1〕은 몇 가지 잡음 발생원을 소개한 것이다. 그러면 왜 불꽃이 잡음이 되는지 생각해 보자.

**잡음도 전자파
중의 하나**

전자파(전파)의 손재를 예견한 사람은 맥스웰(엉국)이었나. 이 전사파의 존재를 설명하는 현상 문제에 몰두한 것은 독일의 헤르츠라는 사람으로, 그는 〔그림 2〕와 같은 장치로 유도 코일에 불꽃 방전을 시키면 가까이 둔 루프(코일)의 간극에 불꽃이 튀는 것을 1886년에 발견했다(주파수의 단위 기호 Hz〔헤르츠〕는 그를 기려서 붙여졌다). 이에 의해 전자파의 존재가 밝혀졌고 마르코니 등은 무선 통신의 실용화를 도모하였다.

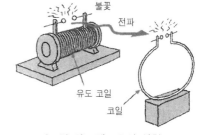

불꽃

전파

유도 코일

코일

〔그림 2〕 헤르츠의 실험

수신기가 수신하는 전자파는 신호(영상 신호, 음성 신호 등)가 실린 **반송파**(**변조파**라고 함)이다. 이 변조파를 수신 중 가까이에서 불꽃 방전이 일어나면 이것이 **전파 잡음**으로 작용하여 화상이나 음성에 장애를 일으킨다(변조 방식에 따라 잡음 장애에 강약이 있다).

One Point	전기 잡음	공중 전기	인 공 잡 음			
		번개 방전	불꽃 방전 (직권 모터)· (점멸기)	플라스마 방전 (수은등)· (점멸기)	코로나 방전 (고압송전선)	고주파 이용설비 (전자 렌지)

모터의 불꽃이 생기는 이유

청소기에 쓰이는 모터는 고속 회전에 적합한 〔그림 3〕의 직권 정류자 모터(원리는 118페이지 참조)인데, 여기서는 전기자가 회전하고 부하 전류가 흐르면 정류자·브러시 사이에서 불꽃 방전을 일으키는 메커니즘을 살펴보자.

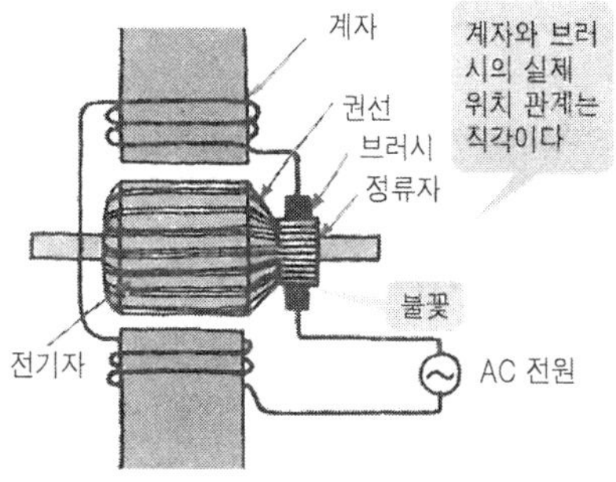

〔그림 4〕(a)는 부하에 의한 전기자 전류가 흐를 때의 **계자 자속**과 **전기자 자속**이다. (b)는 그것을 합성한 실제의 자속 분포도로, **자기 중성선**이 회전 방향과 반대로 어긋나, 브러시의 위치를 그대로 하고 전기자를 회전시키면 브러시로 단락되는 전기자 권선에 기전력이 발생하고 과대한 단락 전류가 흘러 브러시와 정류자편에 불꽃이 생기게 된다. 이와 같은 전기자 전류의 자기 작용을 **전기자 반작용**이라고 한다.

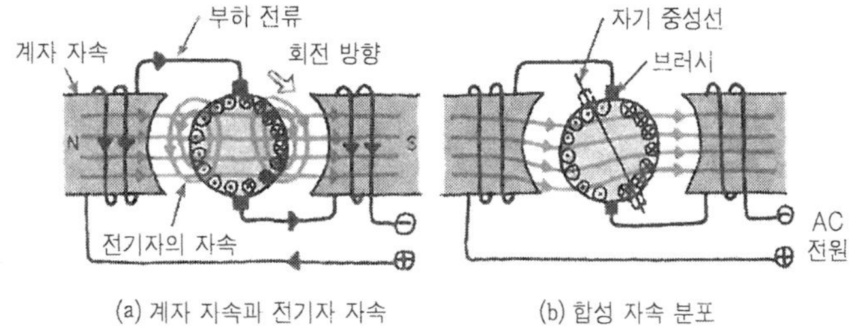

계자와 브러시의 실제 위치 관계는 직각이다

〔그림 3〕 직권 정류자 모터

전기자 전류가 흐르고 있을 때는 브러시를 자기 중성선으로 옮기면 불꽃이 꺼진다. 그러나 무부하일 때는 브러시는 원위치로 되돌아가야 한다. 전기자 반작용을 방지

(a) 계자 자속과 전기자 자속

(b) 합성 자속 분포

〔그림 4〕 전기자 반작용(정류자와 브러시 사이에 불꽃이 생기는 이유)

하는 방법으로서 계자에 **보상 권선**이나 **보극**을 써서 브러시의 이동을 하지 않아도 되도록 한다. 그러나 구조가 복잡하여 경비도 비싸지므로 실제의 소형 정류자 모터에는 보상 권선 등은 붙이지 않는다.

Let's review!

1 다음의 기기는 전기 잡음 발생원이다. one point의 분류 중 어디에 속하는가?
   ⓐ 냉장고　　ⓑ 형광 램프　　ⓒ 고주파 재봉틀　　ⓓ 전기 드릴
   ⓔ 오토바이　　ⓕ 청소기　　ⓖ 주서　　ⓗ 전기 메스
2 〔그림 4〕의 전원 전압의 ⊕⊖의 방향을 역으로 하면 모터는(시계, 시계 반대) 방향으로 회전한다.

15 잡음 발생원을 없애는 것이 최고
● 종횡무진하는 콘덴서의 위력 ●

지지

모처럼 듣는
음악이
이 모양이야!

주스 다 됐어!

**모터 잡음 방지의
일반 해법**

정류자 모터에서 전기자 반작용에 의해 정류자편과 브러시간(그림 1)에 불꽃이 생기는 것은 어느 정도 어쩔 수 없는 일이다. 이 불꽃은 TV, 오디오 기기에 잡음 장애를 초래하므로 그 대책이 필요하다. 잡음은 발생원으로부터 어떻게

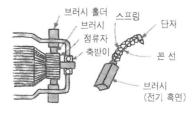

[그림 1] 정류자와 브러시

전달되는가? 그것은 다음의 두 가지이다. ① **전자파로서 공중을 통한다.** ② **100V의 교류 배전선을 통해 전달된다.** ①의 장애를 없애려면 모터 전체를 철판으로 덮어 씌운다. 그러나 모터는 열을 발생하므로 완전 밀폐는 어렵다. ②의 장애를 없애려면 **잡음 방지 콘덴서**를 붙인다. 그러나 불꽃 발생이 심해지면 이 콘덴서만으로는 해결할 수 없다.

모터의 불꽃이 심해지는 것은 어떤 조건일 때일까? 모터를 장시간 사용하면 정류자편보다 연한 도전 재질의 브러시(**전기 흑연**)가 소모되고, 표면의 매끄러움도 없어지며, 정류자면과의 밀착이 나빠진다. 이 때문에 불꽃이 심해지고, 이 불꽃 열에 의해 정류자면이 거칠어져 잡음뿐 아니라 모터의 힘도 떨어진다. 그래서 잡음이 나면 먼저 브러시를 새것으로 교환하는 것이 중요하다.

**불꽃을 다스리는
콘덴서의 작용**

전기자 권선에 흐르는 전류를 급격히 끊으면 고압의 역기전력이 발생하고 불꽃이 생긴다. 이 불꽃 전압의 파형은 고주파를 품은 펄스로, 이것이 배전선에 전해져 다른 기기에 영향을 끼친다. 잡음을 발생시키는 기기는 잡음 방지 장치를 부착해야 한다. 그래서 정류자 모터를 사용한 제품에는 〔그림 2〕와 같이 모터 가까이에 Δ(델타) 결선된 3개의 콘덴서가 접속되어 있다. 이 3개의 콘덴서는 하나의 깡통 속에 들어 있으며, 이것을 잡음 방지 콘덴서라 한다(블록 콘덴서

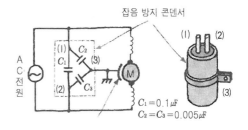

잡음 방지 콘덴서

$C_1 = 0.1 \mu F$
$C_2 = C_3 = 0.005 \mu F$

〔그림 2〕 잡음 방지 콘덴서

의 3단자 중 하나는 알루미늄 케이스). 그런데 콘덴서는 어떻게 잡음 방지 역할을 하는 것일까? 콘덴서는 알다시피 전하를 저장하는 성질, 고주파에 대한 교류 저항분(용량 리액턴스) 0에 근접하는 성질을 가지고 있다. 그래서 전기자 내에서 발생한 고압 펄스는 계자 코일을 통해 콘덴서 C_1에 축적되고, 펄스는 고주파 성분이므로 콘덴서에 의해 단락되기도 한다. 콘덴서 C_2, C_3는 모터 플레임으로 유도된 전자파를 제거하기 위한 것이다. 이와 같이 정류자 모터에는 콘덴서 3개에 의한 잡음 방지 회로가 많이 쓰인다.

교류 회로
콘덴서의 성질

[그림 2]의 잡음 방지 회로는 콘덴서 3개가 직·병렬 접속되어 있다. 콘덴서의 접속법에 의해 용량이 어떻게 변하는지 알아 보자. [그림 3]의 병렬에서는 용량이 증가하고 직렬에서는 감소하는 것을 계산식에서 알 수 있다.

콘덴서에 교류 전압을 가하면 어떤 전류가 흐를까? 앞서 기술한 바와 같이 콘덴서의 저항분은 **용량 리액턴스** $1/2\pi fC[\Omega]$이다. 여기에 전압을 가하면 이 저항분으로 제한되는 전류가 흐른다($I = 2\pi fCV$).

콘덴서에 전류가 흘러도 열이 발생하지 않는다. 이것은 전기를 소비하지 않는 소자이다. 그 이유는 전류가 전압에 대하여 **90°의 위상차**를 가지고 흐르기 때문이다(그림 4).

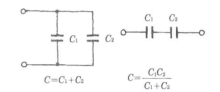

$$C = C_1 + C_2 \qquad C = \frac{C_1 C_2}{C_1 + C_2}$$

[그림 3] 콘덴서의 직렬 회로

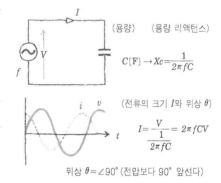

(용량)　(용량 리액턴스)

$$C[\text{F}] \rightarrow Xc = \frac{1}{2\pi fC}$$

(전류의 크기 I와 위상 θ)

$$I = \frac{V}{\dfrac{1}{2\pi fC}} = 2\pi fCV$$

위상 $\theta = \angle 90°$ (전압보다 90° 앞선다)

[그림 4]

Let's review!

1 오른쪽 그림의 콘덴서의 합성 용량은 얼마인가?

2 20[μF]의 콘덴서에 50[Hz]의 주파수를 가하면 리액턴스 Xc는 얼마인가?

3 문제 2의 전원 전압이 100V라면 전류는 얼마인가?

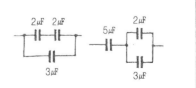

☞ 〈101페이지 정답〉 |||||||||

1. 검지, 중지, 엄지
2. 검지, 엄지, 중지
3. 시동 권선에 콘덴서를 접속한다.
4. 회전하여 만드는 수류에 의해 세탁한다.
5. 전류는 흐르지 않는다.

☞ 〈103페이지 정답〉 |||||||||

1. 닫혀 있다
2. 일정 방향의 맴돌이 수류
3. 1800〔rpm〕
4. 1425〔rpm〕

☞ 〈105페이지 정답〉 |||||||||

1. 고무　　　　　 2. 철
3. 성층 철심　　　 4. $F = P \times S$

☞ 〈107페이지 정답〉 |||||||||

1. (1) ⓓ (2) ⓔ (3) ⓐ (4) ⓑ (5) ⓒ
2. 탈수　　　　　 3. $CaCl_2$

☞ 〈109페이지 정답〉 |||||||||

1. b 접점이 OFF, a 접점이 ON
2. 36〔분〕
3. 1/600의 기어　 4. 10회전

☞ 〈111페이지 정답〉 |||||||||

1. 전원주파수
2. 압력 SW는 NC 접점에 있고 급수가 계속
   된다.
3. 〔그림 1〕의 급수 회로가 된다.
4. 안전 SW에 무관계로 배수한다.
5. 동작한다

☞ 〈113페이지 정답〉 |||||||||

1. 급수하지만 헹굼 행정에 들어가지 않는다.
2. 모터는 정지하고 급수와 배수가 시작된다.
3. 탈수한 물이 탱크 내에 남는다.
4. 종료 부저를 울린다.

☞ 〈115페이지 정답〉 |||||||||

1. 1/30　　　　　 2. 2000〔rpm〕
3. 판 스프링(리프는 나뭇잎)
4. 보안용 서모스탯

☞ 〈117페이지 정답〉 |||||||||

1. 하향　　　　　 2. 철심의 자화 특성
3. 80°±5℃(울린다), 60°±5℃(정지한다)
4. 55°±5℃
5. 접점이 단시간에 ON, OFF를 되풀이한다.

☞ 〈119페이지 정답〉 |||||||||

1. (a)—(나), (b)—(다), (c)—(가)
2. 교직, 회전, 전력

☞ 〈121페이지 정답〉 |||||||||

1. 토크, 회전　　　 2. 단상 직권 정류자
3. 원심　　　 4. 먼지　　　 5. 포트

☞ 〈123페이지 정답〉 |||||||||

1. 시동 전류
2. 굵고, 구부러지기 쉬운 전선
3. 변압기 작용과 릴레이 작용
4. 증가한다
5. 0.102〔kg 중〕　 6. 릴레이의 철심

☞ 〈125페이지 정답〉 |||||||||

1. 은(Ag)　　　　 2. 구리-지르코늄 합금
3. 녹(산화)이 잘 슬지 않는 것
4. 2.75μΩ·cm
5. 한쪽 방향으로만 회전한다.

☞ 〈127페이지 정답〉 |||||||||

1. 불꽃 잡음 : ⓐ ⓓ ⓔ ⓕ ⓖ, 플라스마 방
전 : ⓑ, 고주파 이용 설비 : ⓒ ⓗ
2. 시계

☞ 〈129페이지 정답〉 |||||||||

1. 4〔μF〕, 2.5〔μF〕　 2. 159〔Ω〕
3. 0.63〔A〕

6 전열·난방 기기의 전기학

유사 이래 인류의 생활은 불과 함께 진보해왔다. 특히 근대 생활에서 전기를 이용한 주방 난방 기구는 가정 생활에 윤택함과 여유를 주었고, 청결하고 위생적인 특성 때문에 없어서는 안 되는 것으로 자리잡았다.

가정은 휴식의 장소임과 동시에 인격의 기본이 갖춰지고, 교육이 이루어지는 곳이다. 수많은 가전 제품에 대하여 흥미를 갖고, 정확하게 그 기초 원리에서 구조까지 아는 것은 과학 기술의 혜택을 받고 있는 현대인에게 귀중할 뿐 아니라 당연히 알아두어야 할 상식이기도 하다.

이 장에서는 전기 에너지를 열로 변환하여 이용하는 제품에 대하여 원리와 이용 방법, 효과적인 자동화 구조 등을 생활에 밀접한 것 중심으로 해설했다. 전기를 열 에너지로서 이용하는 기기의 실용적 지식과 기술을 아는 데 큰 도움이 될 것으로 생각한다.

1 발열·발광—닮은 것인가?

● 어느 쪽이 후안무치한가? ●

탁상식 전기 난로

적외선 램프

열원의 본성 불이 켜진 전구를 소켓에서 빼내려다 뜨거워서 만지지 못한 경험이 있을 것이다. 백열 전구의 경우 빛의 발생 원리는 온도 방사로서, 이것은 물체가 고온이 되었을 때 생긴 방사를 의미한다. 즉 열의 발생을 수반하는 발광이다. 그와는 반대로 발생하는 열의 이용에 중점을 둔 것이 발열체로, 발열체는 열을 낼 때 빛도 함께 낸다.

최근에는 열원으로 옛날과 달리 석탄이나 연탄이 아닌 전열기가 중심을 이룬다.

〈전기 재료 중 발열체가 차지하는 위치〉

발열체는 저항 재료를 용도별로 나눈 것이다(금속·비금속의 두 가지가 있음. 〔그림 1·2〕 참조).

a. 표준 저항 재료
b. 가감 저항용 재료
c. 발열체용 저항 재료
d. 회로 구조용 저항 재료

발열체의 재료에는 니켈크롬, 철크롬, 탄화규소 등이 있다.

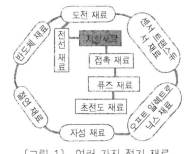

〔그림 1〕 여러 가지 전기 재료

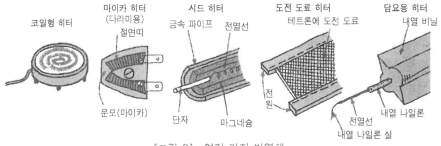

코일형 히터

마이카 히터
(다리미용)
절연띠

운모(마이카)

시드 히터
금속 파이프 전열선

단자 마그네슘

도전 도료 히터
테트론에 도전 도료

전원

전열선
내열 나일론 실

담요용 히터
내열 비닐

내열 나일론

〔그림 2〕 여러 가지 발열체

132

독일인이 "과학적"이라는 예로서, 이들은 실온을 18℃(에너지 절약 운동 차원에서 일반적으로 이 수치가 표시되어 있다)로 할 때 반드시 온도계를 보고 조절한다는 이야기가 있다.

지금은 자동 제어 기능 덕분에 자동으로 실온이 조절되기 때문에 누구나 과학적인 생활을 할 수 있다. 과학 이야기는 이 정도로 하고, 전열에 관한 기초 사항으로서 중요한 규칙을 정리해 보자. 다름 아닌 줄(joule)의 법칙이다.

> **줄의 법칙** 단위 시간 중에 발생하는 열량은 도체의 저항[Ω] 및 전류[A]의 2제곱에 비례한다. $P = I^2R$ [W]

여기서 열량에 「칼로리」라는 단위를 쓰면 어떤 식이 되는지 나타내 보자.

H를 열량[kcal]로 하고, 저항체의 소비 전력을 P[kW], 사용 시간을 t[초] 또는 T[시간]으로 하면

$$H = 0.24\, Pt \text{(kcal)}$$

$$H = 860\, PT \text{(kcal)}$$

P를 [W], H의 단위를 [J](줄)로 하면

$$H = Pt\ \text{[J]}$$

발열량의 조절

열이 발생하는 양은 이해했다. 그러나 실제의 기기에서는 스위치를 조작하여 열의 발생량을 바꾼다. 여기에는 수동과 자동의 두 가지 경우가 있는데, 여기서는 수동의 예를 [그림 3]에 나타냈다.

이것은 0W, 300W, 600W, 1200W의 4단식이다. 그림을 보면서 이해하기 바란다.

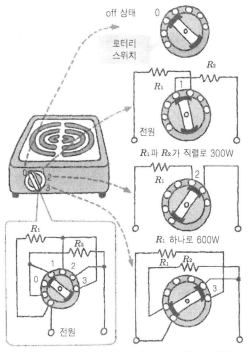

〔그림 3〕 발열량 조절

Let's review!

① 발열체 재료의 주요 재료명을 쓰라.
② 가정용 전기 기기에 실제로 쓰이는 발열체의 예를 들어라.
③ 줄의 법칙을 나타내는 공식을 쓰라.
④ 600W의 전열기를 3시간 사용할 때 발생 열량은 몇 kcal인가?
⑤ 위의 경우 단위를 줄[J]로 나타내면 얼마가 되는가?

2 전구가 난방도 한다
● 일거양득은 가능한가? ●

적외선 전구

돼지 우리 난방　　　새끼 돼지를 튼튼하게 키우려면 온도를 일정하게 유지시키는 것이 중요하다. 위의 그림은 보온기가 설치된 양돈 상자이다. 양돈 상자 안에는 적외선 전구가 350W와 80W의 더블 히터식으로 들어 있고, 서모스탯을 이용하여 일정 온도를 유지한다.

〈적외선 전구〉

적외선 전구는 건조로와 의료용, 전기 난로(그림 1)로 사용된다. 또 넓은 건물의 일부분이나 옥외 난방에는 적외선 조사에 의한 난방 효과가 좋아, 바깥 공기에 노출되어 다른 난방으로는 효과가 없는 장소에 적외선 전구에 의한 난방이 실용화되었다. 구미에서는 건물의 복도에도 이것을 달아 그곳을 지날 때면 따뜻한 느낌을 받는다.

적외선 전구 중에는 석영관형 적외선 전구도 있는데, 석영관의 중심에 텅스텐 필라멘트를 달고 불활성 가스를 넣은 관형 전구를 말한다.

적외선 전구의 적외선은 뛰어난 방사 효과와 속열성 및 건강 효과 덕분에 일반 전열선 대신 열원으로 많이 쓰인다. 적외선은 눈에 보이지 않지만, 이러한 전구는 모두 유리구를 오렌지색이나 빨강으로 채색하여 시각적으로도 따뜻한 느낌을 준다.

〔그림 2〕는 적외선 전구를 사용한 탁상식 전기 난로의 구조를 나타낸 것이다.

시드선 히터

적외선 램프

시드선 히터 + 적외선 램프

적외선 램프(강약 조절식)

적외선 램프만

적외선 램프(2등 또는 3등)

〔그림 1〕 탁상식 전기 난로의 발열체

전열은 발열량 조정이 필요하다. 이것은 이미 다른 곳에서 설명했지만 다시 한번 복습한다.

발열량 조정 방법은 수동과 자동의 두 가지가 있으며 여기서는 자동으로 조정하는 방법에 대하여 알아본다.

전기 난로 등에 사용되는 바이메탈식 서모스탯은 열팽창 계수가 높은 금속과 낮은 금속을 [그림 3]과 같이 맞붙여(예를 들어 황동과 니켈동) 1장의 판으로 만든 것으로서, 이것이 온도에 따라 변형하는 성질을 이용하여 접점을 여닫아 온도 조절한다. 따라서 133페이지의 수동 전환시의 열 조절 없이도 일정 온도가 되면 자동으로 끊긴다. 새끼 돼지의 보온실에도 이것이 병용된다. [그림 4]의 회로도와 같이 큰 발열량의 조절은 수동 전환 스위치를 이용한다.

[그림 4]의 회로에서는 전환 스위치의 상태로 보아 260W+260W의 램프가 점등된다. 여기서 바이메탈식 서모스탯이 작동하면 한쪽의 260W는 꺼진다.

또 전환 스위치를 바꾸면 80W의 램프가 점등한다. 이 때 서모스탯도 작동된다.

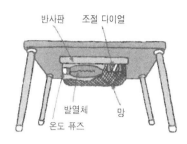

반사판 조절 다이얼
발열체 망
온도 퓨즈

[그림 2] 탁상식 전기 난로의 구조

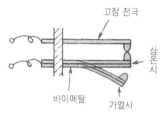

고정 전극
상온시
바이메탈 가열시

[그림 3] 바이메탈 서모스탯

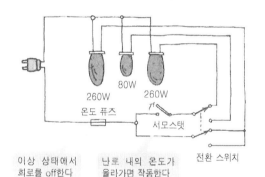

80W
260W
260W
온도 퓨즈
서모스탯
전환 스위치

이상 상태에서 회로를 off한다
난로 내의 온도가 올라가면 작동한다

[그림 4] 회로도

Let's review!

1 전열용 적외선 전구는 어떤 곳에 쓰이는가?

2 적외선은 빨갛게 보이는가? 적외선의 특징은 무엇인가?

3 서모스탯에 쓰이는 바이메탈이란 무엇인가?

4 전기 난로의 발열체의 예를 들라.

5 전기 난로에서 온도가 이상할 때 회로를 끊는 것은 무엇인가?

3 자동화 유행의 시대

● 멀리 내다보고 전체를 파악하자 ●

탁상식 전기 난로의
자동화와 고장 진단

자동 제어의 2대 구분

열을 이용한 가전 제품은 많다. 커피 포트는 열원을 이용하여 커피를 끓이는데, 타이머가 장치되어 자동으로 스위치를 여닫아 커피를 끓인다. 또 전기 난로는 사용 중에 온도가 너무 뜨거워지면 스위치가 끊기고 식으면 다시 연결하는 일을 자동으로 한다.

자동 제어는 「무엇을 어떻게 하는가」라는 제어 명령에 따라 둘로 나뉜다.

하나는 정성(定性) 제어이다. 〔그림 1〕(a)와 같이 타이머가 일정 시간이 되면 작동하여 전열기에 전류를 <u>흘리거나 중지하는 일만을 하며</u>, 전
<small>(질적 제어)</small>
열기의 발열량의 크기나 온도의 크기를 문제 삼지 않는다. 이에 비하여 (b)는 난로 안의 <u>온도를 여러 가지로 바꾸는 제어</u>를 하는데, 이를 정량(定量)
<small>(양적 제어)</small>
제어라 한다.

정성 제어 → 시퀀스 제어에 이어진다
정량 제어 → 피드백 제어에 이어진다

이와 같이 자동 제어도 주의하여 보면 차이가 있다는 것을 알 수 있다. 여기서는 난로의 자동 제어계가 어떻게 구성되어 있는지를 알아 보자. 먼저 자동 제어에 쓰이는 용어를 간추려 보자.

목표값 — 일정 값으로 유지하고자 할 때 목표
　　　　　가 되는 값

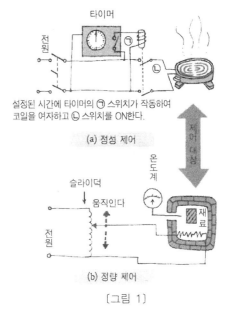

설정된 시간에 타이머의 ㉠ 스위치가 작동하여 코일을 여자하고 ㉡ 스위치를 ON한다.

(a) 정성 제어

(b) 정량 제어

〔그림 1〕

조절부 — 목표값과의 차를 고려해 어떤 작용을 할 것인지를 결정하는 곳

조작부 — 조절부의 신호를 제어하는 것에 실제로 보내 구체적인 출력을 하는 곳

외　란 — 제어를 혼란시키는 외부로부터의 영향

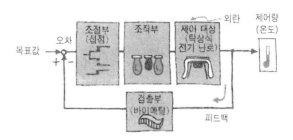

전기 난로의 경우 피드백 제어는 정량적으로 난로 내의 온도를 일정값으로 유지하는 가장 간단한 자동 제어로서, 바이메탈에 의해 스위치를 ON·OFF한다는 것은 135페이지에서 설명한 바와 같다. 이런 간단한 것도 자동 제어계라고 하는 일반적인 것을 이해하는 데는 많은 도움이 된다. 또 이러한 기구를 하나씩 알고 전체를 알아야 고장 발견이나 고장 수리를 할 수 있게 된다. 〔그림 2〕에 전기 난로의 계통도, 즉 블록 다이어그램을 나타냈다. 135페이지와 비교해 보자.

고장의 유형 진단

전기 기기를 취급하다 보면 여러 가지 고장과 마주친다. 전기 고장에는 크게 다음의 3가지 종류가 있다. 어디에서 일어나고 또 왜 일어나는지, 기기의 특징을 잘 파악하고 이해하는 것이 중요하다.

〔그림 2〕 탁상식 전기 난로의 계통도

① 개로— 연결되어야 할 곳이 끊어지는 것
② 단락— 연결되서는 안 되는 곳이 연결되는 것
③ 누전— 절연이 나빠져 전기가 새는 것

실제로 어디에서 생기는가

① 개로 전원 코드 내의 단선, 플러그 내의 접촉 불량, 스위치 불량, 히터 단선, 퓨즈 끊김 (원인 있음)
② 단락 코드 내, 리드선과 본체의 접속부, 히터기 내, 스위치의 절연 불량
③ 누전 낡은 코드, 코드와 기체의 접촉, 서모스탯의 절연 불량

영어 상식

open circut······ 개로
short circut······ 단락. 줄여서 쇼트라고 함.
leakage··········· 누전

Let's review!

1 피드 백 제어는 제어 명령의 성질상 어떤 것인가?
2 바이메탈은 (   )의 비율이 다른 두 종류의 금속을 합친 것으로 온도에 응하여 (   )를 끊고 흘리는 온도 조절이 가능하다.
3 자동 제어계의 조절부는 어떤 곳인가?
4 전기 기기의 고장 유형을 3개 들어라.
5 open circut은 어떤 의미인가?

4 복장은 당신을 상징한다

● 잘 다루어야 이긴다 ●

전기 다리미

다리미질 잘 하는 법

매일 같이 와이셔츠를 다리는 사람은 다리미질의 명인이 될 수 있다. 여기서는 일상 생활에서 매우 중요한 위치를 차지하는 전기 다리미에 대하여 살펴본다. 다리미 자체는 기구적으로 그렇게 복잡한 것이 아니기 때문에 느긋하게 읽기 바란다. 우선 상식적인 것부터 시작하자.

(1) 다림질의 ABC

① 다리미 온도는 옷감 종류에 따라 다르다. 따라서 온도 조절 기구가 필요하다. (표 1)
② 옷감이 촉촉하면 다리기 쉽다. 따라서 스팀 다리미가 필요하다.
③ 누르면 다림질 효과가 높아진다. 500W 이상은 다리미 자체가 매우 무겁다.

(2) 다리미의 종류

① 보통 다리미 — 일반적인 다리미로 플러그식 외에 스위치와 온도 표시기가 달린 다리미도 있다. 온도가 너무 높아지면 스위치를 끄거나 플러그를 뺀다.

② 자동 다리미 — 다리미 내부에 서모스탯을 장치하여 설정한 온도에 맞게 자동으로 조정된다.(그림 1)

③ 스팀 다리미 — 보통은 드립식이라 해서 스팀 다리미 열판 위에 물방울을 떨어뜨려 스팀을 만든다. 물방울을 떨어뜨리지 않고 보통 다리미로 사용할 수 있다(그림 2).

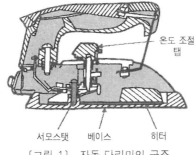

온도 조절 탭

서모스탯 베이스 히터

[그림 1] 자동 다리미의 구조

[표 1]

옷감별 다리미 온도	
옷 감	다리미 온도
실 크	125~140℃
모	145~160℃ 꼭 물을 축일 것
면	165~175℃
레이온	125~140℃
아세테이트	125~140℃ 물을 축인 헝겊을 대고 다린다
비닐론 나일론	125~140℃ 되도록 낮은 온도

다리미의 심장부는 뭐니뭐니해도 히터(발열체)이다. 발열체에 대해서는 132페이지 "발열체의 기본"을 참조하라. 여기서는 다리미를 집중적으로 살펴보자. 히터는 마이카 히터가 주로 쓰이는데, 마이카 히터를 철판으로 보호한 스페이스 히터도 많이 쓰인다.

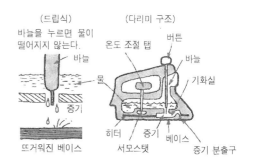

(드립식)
바늘을 누르면 물이 떨어지지 않는다.
바늘
물
증기
뜨거워진 베이스

(다리미 구조)
온도 조절 탭
버튼
바늘
기화실
히터
증기
서모스탯
베이스
증기 분출구

〔그림 2〕 드립식 스팀 다리미

발열체에는 여러 가지가 있다. 사용 온도가 높은 것은 전기로 등에 사용되는데, 그 명칭은 니크롬선·캔탈선·탄화규소(SiC)·백금·몰리브덴·켈라맥스·카본 등 여러 가지이다(표 2). 가정용 발열체로는 니켈크롬선이나 철크롬선〔둥글거나 띠모양(리본형)〕이 쓰인다.

〔표 2〕 발열체와 온도

1000℃ 미만	니크롬선
1000~1200℃	캔탈선
1200~1500℃	SiC
1500℃ 이상	백금, 몰리브덴
1800℃	켈라맥스
2000℃	카본

발열체의 구조

다리미에는 〔그림 3〕의 마이카판에 리본 모양의 전열대를 감은 것을 다시 마이카판으로 양쪽에서 절연한 것을 쓴다. 압착형 히터는 그 위에 철판을 덮은 것으로 매우 단단하다.

시드 히터는 금속 파이프(철이나 황동) 속에 코일 모양의 전열선을 넣고 충전물(마그네시아)로 절연한 것이다.

맨 아래의 것은 시드 히터를 알루미늄 주물 속에 부어넣은 것으로 열의 낭비가 없고 우수한 발열체이다.

시드 히터의 장점은 다음과 같다.

1. 전열선이 공기와 차단되어 있어 산화가 잘 안된다.
2. 전열선의 발생열은 충전물을 통하여 열전도에 의해 옮겨진다.
3. 열전도가 좋아 전열선의 온도가 별로 올라가지 않고 반영구적이다.
4. 전기적으로 완전 절연되어 물 속에서도 쓸 수 있다.

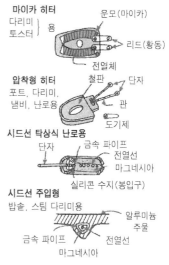

마이카 히터
다리미
토스터 } 용
운모(마이카)
리드(황동)
전열체

압착형 히터
포트, 다리미
냄비, 난로용
철판
단자
관
도기제

시드선 탁상식 난로용
단자
금속 파이프
전열선
마그네시아
실리콘 수지(봉입구)

시드선 주입형
밥솥, 스팀 다리미용
알루미늄 주물
금속 파이프
전열선
마그네시아

〔그림 3〕

Let's review!

1 실크·레이온·나일론 등의 옷감의 다림질 온도에는 큰 차이가 있는가?
2 드립식 스팀 다리미의 증기는 어디에서 나오는가?
3 다리미에 쓰이는 발열체 구조의 예를 3가지 쓰시오.
4 니크롬선의 사용 온도는 어느 정도인가?

5 따끈따끈한 밥 언제라도 OK

전기 밥솥의 기구와 원리

● 전기제품과 함께 유유자적한 생활 ●

전기 밥솥의 구조

요즘은 빵도 많이 먹지만 그래도 저녁 식사 정도는 여유롭게 밥을 지어 먹는 것이 보통이다. 또 부부가 같이 일하는 맞벌이도 많아져서 자동으로 밥이 되는 전기 밥솥이 결혼 선물로 애용되기도 한다. 전열 기구의 일종인 전기 밥솥의 구조는 어떻게 되어 있나? 보온은 어떻게 이루어지는가? 회로도는 어떻게 되어 있는가? 나아가 발열량이 변하는 원리를 전기의 기초 이론으로 설명하면 어떻게 되나? 이러한 것을 알아 보자.

〈전기 밥솥의 구조〉

가정용으로 쓰이는 것은,

① 간접식과 ② 직접식이 주종이다(그림 1).

여기에 장시간 보온해 두고 언제라도 맛좋은 밥을 먹을 수 있게 한 보온 장치가 붙는 것이 보통이다.

또 [그림 2]에 나타낸 분해도에서도 알 수 있듯이 전기 밥솥은 보통 안쪽 틀과 바깥쪽 틀 및 가열부, 자동 스위치 기구로 이루어진다.

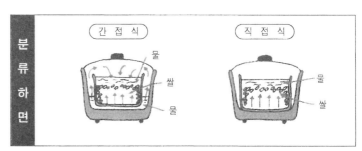

[그림 1] 전기 밥솥의 구조

[그림 2] 전기 밥솥 분해도

그 중 자동 스위치에는 135페이지 "적외선 전구"에서도 설명한 바이메탈식 서모스탯이나 마그넷식 서모스탯이 쓰인다.

가열부는 히터를 내장한 가열판을 말하는데, 이 가열판은 열전도를 높이고 온도 특성을 균일하게 분포시켜 치우침 없이 밥이 되도록 판 모양으로 한 것이다.

온도 변화와 보온의 원리

밥이 지어질 때까지 발생한 열에 의해 솥바닥과 쌀은 어떤 온도 변화를 일으키는가를 나타낸 것이 〔그림 3〕이다. 이 그림에서 알 수 있듯이 25분 정도에서 솥바닥의 온도가 급격히 올라간 것은 물이 없어지고 밥이 다 되었다는 것을 나타낸다. 이 시점(약 200℃)에서 자동 스위치는 끊긴다.

다음에 다 지어진 밥을 따뜻하게 보온하는 것은 어떻게 이루어지는가? 이 역할을 하는 것이 보온용 발열체이다. 〔그림 4〕에 보온 겸용 전기 밥솥의 회로를 나타냈다. 〔그림 5〕에는 회로의 동작 상태를, 〔그림 6〕에는 발열의 기초 계산을 해 두었다.

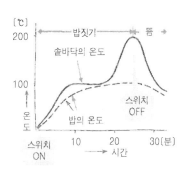

〔그림 3〕 전기 밥솥의 온도 변화

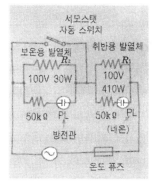

〔그림 4〕 보온 겸용 전기 밥솥 회로도

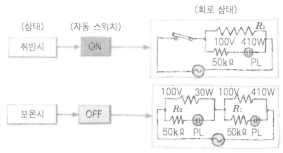

〔그림 5〕 보온 겸용 전기 밥솥 회로의 동작 상태

① 발열체의 저항

전력의 공식 $\left(P=VI=I^2R=\dfrac{V^2}{R}\right)$에서 $R=\dfrac{V^2}{P}$를 구하고 저항치 R를 계산한다.

② 전압 분포(그림 6)

보온시에는 이들 발열체가 직렬이 되므로, 전압은 저항의 크기에 비례하여 분포한다(병렬 50kΩ은 크므로 생략 가능).

보온시의 전압 분포	
저항치 $R_1=\dfrac{V^2}{P}=\dfrac{100^2}{410}$ $=\dfrac{10000}{410}=24.4\,[\Omega]$	$R_2=\dfrac{V^2}{P}=\dfrac{100^2}{30}$ $=\dfrac{10000}{30}=333\,[\Omega]$
전압 분포 $V_{R1}=100\times\dfrac{24.4}{24.4+333}$ $=100\times0.068$ $=6.8\,[V]$	$V_{R2}=100\times\dfrac{333}{24.4+333}$ $=100\times0.932$ $=93.2\,[V]$

〔그림 6〕 전기 밥솥 발열의 기초 이론 계산

Let's review!

1. 전기 밥솥의 구성을 4가지로 나누면 무엇과 무엇으로 되어 있는가?
2. 취반 온도를 나타낸 〔그림 3〕의 그래프에서 솥 바닥 온도가 상승하는 것은 어떤 이유에서인가?
3. 410W의 발열체 저항이 25Ω이라 하고, 이것과 50kΩ을 병렬로 한 회로(그림 4)의 합성 저항을 구하라(50kΩ은 무시 가능할 수 있는지를 확인하라).

6 숙면은 최고의 활력소

● 문호개방, 아무나 이용하세요 ●

추위, 빨리 탕파 줘!

온도조절 자유자재!

(안전부적형)   (안정형)

전기 담요의 구조

가을에 들어서면 아침 저녁으로 쌀쌀해진다. 특히 추운 밤에는 따뜻한 이불 속에 들어가 자는 것보다 좋은 것은 없다. 따뜻한 이불 하면 이제는 누구나 **전기 담요**를 상상한다.

전기 담요도 난방기의 일종이다. 발열체는 구리-카드뮴 합금을 쓴다. 이 합금으로 된 전열선은 부드러워야 하는 담요의 조건에 일치한다. 〔그림 1〕과 같이 내열 섬유 위에 전열선을 감고, 내열 나일론으로 덮어 내열 비닐로 고정시킨다. 용량은 60W~140W 정도이다. 구조적으로 보아 발열선·신호선·감열층으로 나뉜다.

이러한 것들이 전기 담요의 온도를 적당하게 유지하는 데 도움을 주는 작용을 한다. 또 전기 담요는 수면 상태에서 사용하는 것이므로 감전, 과열, 부품 고장에 대한 안전성이 확보되어야 한다.

〔그림 2〕는 전기 담요의 내부 상태를 나타낸 것이다. 코드 히터는 위에서 설명한 전열선(감열 발열선)이 담요 속에 코드처럼 들어간 것을 말한다.

컨트롤러는 담요의 온도를 적당한 온도로 조작하는 부분이다. 이 안에 안전 장치와 온도 조절 기구가 들어 있다. 히터 부착 방식에는 담요와 담요 사이에 장치하여 떼어낼 수 없는 것과, 히터를 다른 심지에 넣어 리본으로 연결한 것이 있다. 전자는 세탁할 수 없으나, 후자는 세탁이 가능하다.

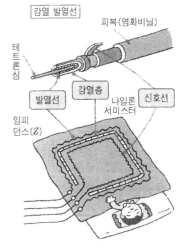

감열 발열선 / 피복(염화비닐) / 테트론 심 / 발열선 / 감열층 / 나일론 서미스터 / 신호선 / 임피던스(Z)

〔그림 1〕

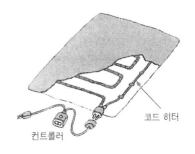

코드 히터 / 컨트롤러

〔그림 2〕

전기 담요의 원리

전기 담요의 온도 제어 방식을 분류하면

① 바이메탈에 의한 온도 제어 방식

② 감열선에 의한 온도 제어 방식

으로 나눌 수 있다. ①은 〔그림 3〕에 나타낸 바와 같이 전체적인 구성이며, 바이메탈에 의한 것은 〔그림 4〕와 같이 온도에 의해 금속의 휨이 발생하여 접점을 개폐하는 것으로, 조정 온도를 중심으로 ON-OFF 동작이 반복된다. 그 모습을 그래프로 나타내면 파도와 같은 모습이다.

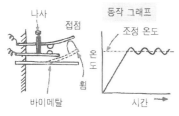

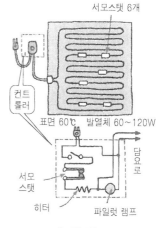

표면 60℃ 발열체 60~120W

〔그림 3〕

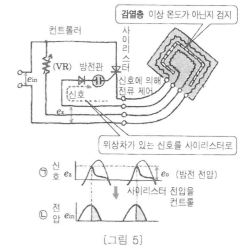

〔그림 4〕

②의 감열선에 의한 것은 〔그림 5〕에 나타낸 것과 같은 기본 회로를 갖는다.

전기 담요의 감온선은 길이가 수 십m에 달해 발열체와 신호선이 병렬로 접속되는 것도 있고, 임피던스(z)를 갖는다. 이 z와 저항(r)에 의한 분압(e_z)이 생기면서 동시에 전원 전압(e_{in})에 대하여 일정한 위상의 처짐이 생긴다. e_z가 방전관의 방전 전압(e_0)에 달하면 방전하여 〔그림 5〕 ㉠과 같은 신호 전압이 되며, 이 전압이 사이리스터의 게이트 입력이 되어 발열체의 전압(e_{in})을 ㉡과 같이 제어하고 이를 되풀이한다. 횟수가 매우 빠르므로 바이메탈일 때와 달리 항상 일정한 온도가 유지된다. ㉡의 사선 부분을 많게 하면 온도가 올라가고 적게 하면 온도가 내려간다. 이것은 사이리스터의 게이트에 가하는 신호 전압의 위상이 관계하기 때문인데, 이러한 것은 컨트롤러에 의해 정해진다(사이리스터에 관해서는 70페이지 참조).

Let's review!

1. 전기 담요에 사용되는 전열선의 재질은 무엇인가?
2. 컨트롤러는 무엇을 하는 곳인가?
3. 전기 담요의 온도 제어 방식의 종류를 두 가지 써라.
4. 감열선에 의한 것에서는 발열량이 어떻게 가감되는가?
5. 히터의 부착 방식을 써라.

7 촉촉한 공기를 마시자

● 안정이 필요한 사람에게는 부드러운 공기를 ●

유형 분석　상품의 종류가 많으면 어느 것이 어떤 특징이 있는지 알기 어렵다.

어느 것이나 좋은 점이 있고, 다른 것에 비해 떨어지는 점도 있다.

사람에 따라서는 모양이 좋은 것을 찾는 감각파도 있는데, 상품을 취급하는 사람은 어떤 질문에도 대답할 수 있도록 지식을 정리해 둘 필요가 있다(〔그림 1〕 참조). 가습기의 종류를 가습 원리부터 간단히 설명해 보자.

- **초음파식**……물 속에서 수정 진동자로 높은 주파수의 초음파를 만들고 물을 미세한 안개로 만들어 이것을 송풍기로 보낸다.

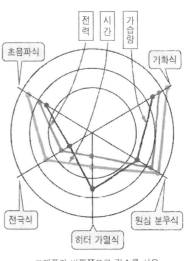

그래프가 바깥쪽으로 갈수록 사용하기 편하다

〔그림 1〕

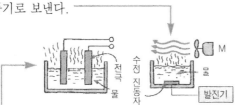

- **전극식**……스팀식의 일종으로 물 속에 전극을 넣고 물에 전기를 흘려 발열시킨 다음 증기로 만들어 분무한다.(원리는 간단)
- **히터 가열식**……물을 히터로 가열하여 증기로 내뿜는다. (스팀식의 일종)
- **원심 분무식**……내장 펌프로 물을 빨아올린 뒤 고속 원심력을 이용하여 주위에 배치한 스크린에 물을 부딪혀 작은 물방울을 만들고 이것을 바람에 실려 내보낸다.
- **기화식**……물을 머금은 필터나 천에 공기를 통과시키고 물을 증발시켜 습도를 얻는 것.

이러한 유형의 세세한 구조도 중요하지만, 〔그림 1〕에 우선 그 특징을 비교하는 그림을 나타냈다.

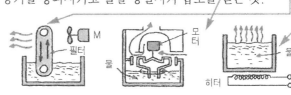

가습의 원리

〈기화식〉

〔그림 2〕

기본 원리는 세탁물을 건조시키는 것과 같다. 세탁물 대신 스폰지형 필터를 말려 습한 공기를 만들고 이것으로 실내를 가습시킨다. 연속적으로 가습하려면 항상 필터를 젖은 상태로 한다. 그렇게 하면 원심 분무식 펌프와 같은 원리로 물을 빨아올리고 연속한 필터를 균일하게 적셔 가습시킨다. 세탁물을 빨리 말리려면 ① 온도가 높고 ② 습도가 낮으며 ③ 바람이 불어야 한다. 가습기는 팬모터로 바람을 일으킨다. 또 이 가습기는 습도가 낮으면 가습이 잘 되고, 습도가 높으면 잘 안 되도록 자기 제어가 작용한다. 〔그림 2〕는 그 원리도이다.

〈초음파식〉

초음파식 가습의 기본 원리는 **압전기 현상**이다. 무화(霧化) 증기 발생 순서는 다음과 같다.

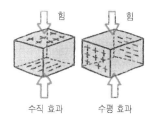

(변형력과 전기 분극의 관계에 따라 이름 붙인다)

〔그림 3〕 전기의 방향과 힘의 발생 관계

압전기 현상이란 수정·로셸염 등의 특수한 결정에 기계적 변형력을 주면 물질 내에 전기 분극이 생기고, 반대로 외부로부터 전계를 가하면 변형이 생기는 현상이다. 〔그림 3〕에 이 발생의 관계를 나타냈다. 이 현상은 압력계·마이크로폰·픽업 등 여러 분야에 이용된다. 이 가습기의 경우 압전 재료에 지르콘산 티탄산납(PZT라고도 한다)의 자기 재료의 얇은 원판을 만들어 이것을 두 장의 전극 사이에 넣고(실제로는 양면에 코팅하여 전극을 붙인다) 여기에 고주파 전압을 가하면 원판의 두꺼운 방향에 기계적 진동이 생겨 초음파가 발생하는 것이다(〔그림 3〕은 수직 효과의 관계이다). 음파는 주파수가 높을수록 지향성이 증가하는데, 물 속에서 이 초음파 파동이 강력해지면 소리의 방사압이 발생하여 소리의 바람을 일으킨다. 이 바람이 물을 밀어올려 물기둥을 발생시키면 팬이 이것을 밖으로 내보낸다(그림 4).

〔그림 4〕

Let's review!

1. 가습기의 종류를 5가지 써라.
2. 초음파식 가습의 원리를 간단하게 설명하라.
3. 기화식 가습의 원리를 간단히 설명하라.
4. 압전 현상이란 무엇인가?
5. 초음파 가습기에 쓰이는 압전 소자의 예를 한 가지 써라.

8 곰팡이의 천적 제습기
● 취사 선택이 중요 ●

냉동 사이클로 습기 제거

장마 때는 습도가 높아 습할 뿐 아니라 물건에 곰팡이가 끼는 계절이다. 특히 습기를 싫어하는 피아노·카메라·전축에게는 곤란한 계절이다. 이 습기를 제거하는 것이 제습기(그림 1)로서, 쓰는 방법에 따라서는 건조에도 쓰인다.

〔그림 2〕는 제습기의 구조를 설명한 것이다. ① 우선 습한 공기를 팬으로 강제로 빨아들인다. 이 때 에어필터에 의해 공기 중의 먼지는 제거된다.

② 습한 공기가 냉동 사이클을 구성하는 냉각기에 닿으면 수분이 응결(기체가 액체로 되는 것. 액화라고도 함. 기화의 반대)되고 물방울이 되어 드레인 탱크에 모인다.

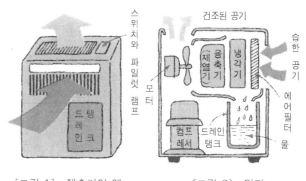

〔그림 1〕 제습기의 예   〔그림 2〕 원리

③ 제습된 건조한 공기는 응축기(재열기)에서 원래의 실온 정도로 따뜻해진 다음 위에서부터 나온다. ④ 이 운전 사이클에 의해 방의 습기가 제거된다.

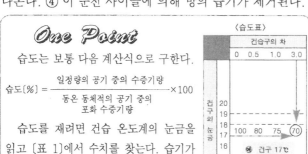

One Point

습도는 보통 다음 계산식으로 구한다.

$$습도[\%] = \frac{일정량의\ 공기\ 중의\ 수증기량}{동온\ 동체적의\ 공기\ 중의\ 포화\ 수증기량} \times 100$$

습도를 재려면 건습 온도계의 눈금을 읽고 〔표 1〕에서 수치를 찾는다. 습기가 많다는 것은 습도가 높다는 것을 말한다.

〈습도표〉

	건습구의 차			
	0	0.5	1.0	3.0
건구외 눈금	20			
	19			
	18			
	17	100	80	75	70
	16			
	10			

건구 17℃
습구 14℃
차 3℃
습도 70%

〔표 1〕 습도량 그래프〔예〕
(50Hz)

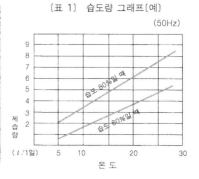

습도 80%일 때
습도 60%일 때

제습량   온도

제습기는 방의 공기 속에 함유된 수분을 적당히 없애 습도를 조절하는 공조기의 일종이다. [그림 3]은 제습기의 냉동 사이클을 나타낸 것이다.

이것은 압축기 → 응축기 → 캐필러리 튜브(모세관) → 증발기 순으로 순환하는 4개의 부분으로 구성된다.

제습기이므로 [그림 2]의 원리에서 설명한 대로 습한 공기가 우선 접촉하는 곳은 증발기(냉각기)이며, 그 다음 응축기(재열기)에 접촉하여 공기 온도를 높인다. [그림 2·3]을 보면 기구와 냉동 사이클의 관계를 알 수 있다.

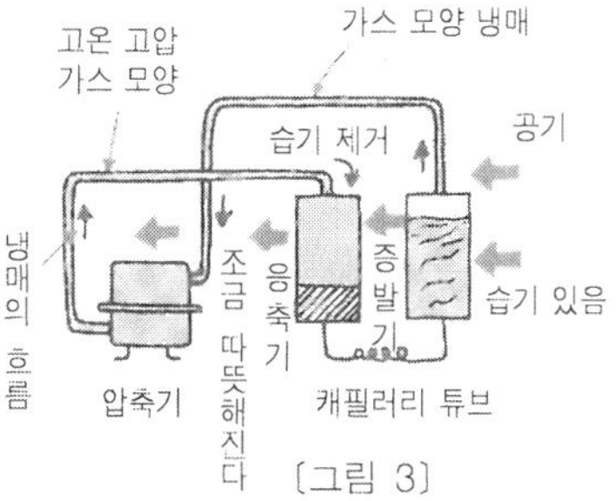

이 냉동 사이클의 구조는 냉매가 압축기에서 나와 고온 고압의 가스 상태로 된 뒤 응축기로 방열되어 액상으로 캐필러리 튜브에 들어가게 되어 있다. 이 캐필러리 튜브를 통과하는 동안 냉매는 감압되고 저온 상태로 증발기에 들어가며, 다시 증발기에서 증발하여 가스 형태로 원위치한다.

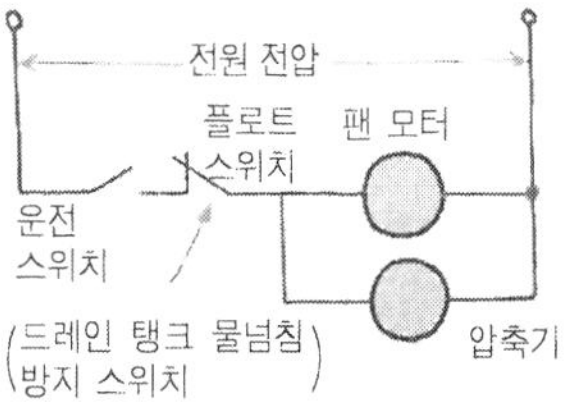

습도의 정의에도 있듯이 제습기로 들어간 공기는 수분이 제거되고 재열기에 의해 온도가 조금 올라갔으므로 습도가 떨어진다.

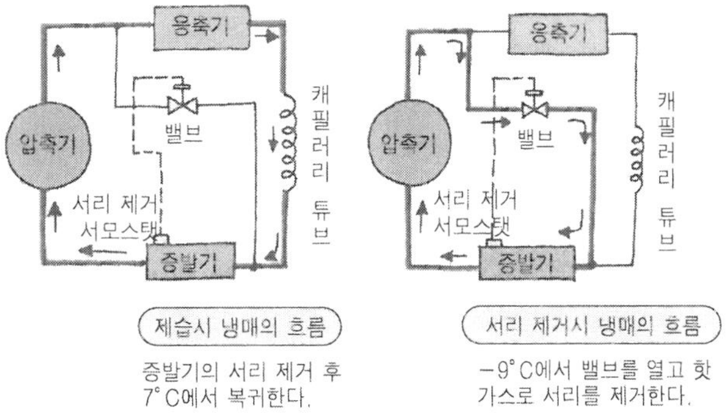

[그림 4]는 전기 계통도이다. 실제로는 서리 제거 서모스탯과 타이머가 달려 조금 복잡하다.

[그림 3]

[그림 4]

제습시 냉매의 흐름
증발기의 서리 제거 후 7°C에서 복귀한다.

서리 제거시 냉매의 흐름
−9°C에서 밸브를 열고 핫 가스로 서리를 제거한다.

[그림 5]

10°C 이하로 운전하면 증발기에 서리가 생겨 제습 능력이 감소하므로 자동으로 서리를 제거한다. 전자 밸브에 의해 서리 제거 운전과 정상 운전이 전환된다. 그 상태를 나타낸 것이 [그림 5]이다. 실온은 1°C까지 사용된다(서리 제거에 관해서는 191페이지 참조).

Let's review!

1 온도를 알려면 어떤 온도계가 필요하며, 계산식은 어떻게 되나?

2 건구 온도 17°C, 습구 온도 14°C일 때 습도는 얼마인가?

3 제습기로 공기 중의 습기를 없애는 작용을 하는 곳은?

4 실온이 몇 °C 이하이면 증발기에 서리가 끼는가?

9 간접식으로도 청결한 난방

● 효과를 보면 알아요 ●

FF 온풍 난방기

FF식의 구조 겨울철 난방기는 필수이다. 전열 이용 난로나 패널 히터 등도 낯익지만 석유 스토브도 많이 쓰인다. 이 스토브도 최근에는 쾌적하고 안전한 난방과 에너지 절약 차원에서 전기 회로 및 자동 제어 회로를 갖추어 훌륭한 성능을 자랑한다. 그 중 하나가 석유 온풍 난방기이다. 이것은 연소용 공기를 옥외에서 빨아들이고 그 배기 가스를 옥외로 강제로 보내는데, 열교환기에 의해 완전 연소되어 난방이 청결하다. FF식〔FF는 Forced Flue의 약자. 강제 급배기식을 말함. Flue는(굴뚝의) 연도〕이라고도 한다(그림 1).

● FF식의 구조와 연소 순서 ●

① 옥외의 급배기통 톱에 의해 연소용 공기를 빨아들인다.

② 빨아들인 공기는 연소실에 보내져 탱크로부터 온 등유와 혼합·연소한다.

③ 연소실에서 탄 배기 가스는 열교환기로 보내신다.

④ 실내를 따뜻하게 하는 공기는 팬으로 들어와 열교환기에서 데워진 뒤 온풍으로 실내에 보내진다.

⑤ 열교환기를 지난 배기 가스는 배기 파이프를 통해 옥외에 배출된다.

이 석유 FF식 연소의 원리를 좀 자세하게 알아 보자. 그러면 전기 회로가 정확한 순서로 동작한다는 것을 이해할 수 있다(그림 2).

① 미리 기화 히터(전기 히터)로 기화부를 가열한다. ② 일정 온도가 되면 히터 서모스탯이 검지하여 연소용 송풍기를 시동, 프레퍼지(연소실 내를 신선한 공기로 정화)한다. ③ 약 8초 후 풍압에 의해 전자 펌프가 시동되어, 미립화체에 등

〔그림 1〕

148

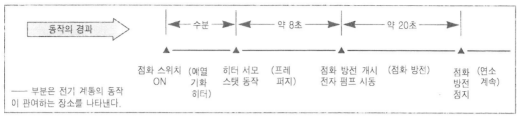

동작의 경과	◄── 수분 ──►	◄── 약 8초 ──►	◄── 약 20초 ──►

점화 스위치 ON　(예열 기화 히터)　히터 서모 스탯 동작　(프레 퍼지)　점화 방전 개시 전자 펌프 시동　(점화 방전)　점화 방전 정지　(연소 계속)

── 부분은 전기 계통의 동작이 관여하는 장소를 나타낸다.

〔그림 2〕 FF식 연소 순서

유를 공급. ④ 미립화체는 발포상의 특수 금속으로 되어 있고, 등유는 원심력에 의해 기화벽에 50~60μ로 미립화되어 부딪친다. ⑤ 기화벽에 부딪치는 순간 가스화하여 교반 날개로 연소 공기와 교반 혼합되어 버너부에 보내진다. ⑥ 전자 펌프 구동과 동시에 점화 방전이 개시되고 점화한다. 불꽃은 원추형이고 1700℃의 고온에서 완전 연소한다.

FF식에 작용 하는 전기 회로

FF식 난방기의 구조는 메이커에 따라 다르지만 그 기본은 같으며, 〔그림 1〕(a)를 이해하면 된다. 특징은 청결·안전·편리함·고성능 등이다.

〔그림 3〕은 회로도의 일례이다. 〔그림 4〕는 강한 지진이나 충격을 받으면 자동적으로 소화하는 기구를 나타낸 것이다. 진동으로 수좌에서 굴러 떨어진 강구의 무게에 의해 전기 회로의 ON에 있던 스위치가 OFF로 바뀐다. 이와 같은 일을 하는 것이 〔그림 3〕의 감진기 스위치로, 이 회로에 이어지는

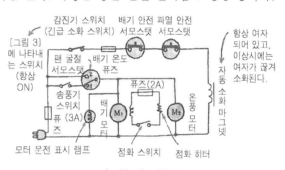

〔그림 3〕회로도

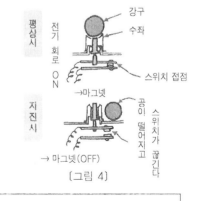

〔그림 4〕

배기 온도 퓨즈, 배기 안전 서모스탯, 과열 안전 서모스탯 중 어느 하나가 동작했을 때도 마찬가지로 ON에서 OFF로 바뀌므로 자동 소화 마그넷의 여자와 흡인이 끊기고 순간적으로 소화한다. 정전이 되었을 때도 같은 동작에 의해 자동적으로 소화한다. 팬 지연 서모스탯은 송풍기 스위치를 끊으면 완전히 불이 꺼질 때까지 팬을 운전하고 나서 중지한다.

Let's review!

① FF식에서 온풍은 어떻게 만들어지는가?

② 석유가 가스 상태로 되는 것은 어떤 기구에서인가?

③ 온풍팬이 고장나거나 배기팬이 고장나면 가스 온도의 상승으로 인해 기기 각부의 온도가 올라가 위험하다. 이것을 예방하는 것은 무엇인가?

10 노릇노릇하게 익혀요

● 암중모색이 아니에요 ●

토스터에도 종류가 있다

요즘 젊은이들은 빵을 즐겨 먹는다. 빵과 끊을래야 끊을 수 없는 것이 토스터이다. 토스터는 빵을 굽는다는 뜻의 영어 toast(토스트)에 er를 붙인 것이다. 빵은 구운 지 15시간 이상된 것은 토스트해야 맛도 좋고 소화도 잘 된다.

토스터의 종류에는 다음과 같은 것들이 있다.

(1) 팝업형

자동식과 수동식이 있으며, 한번에 빵 2개의 양면을 구울 수 있어 편리하다. 내부에는 3개의 발열체가 평행으로 배열되어 있다. 바깥쪽 조절용 손잡이로 빵을 안에 넣으면 스위치가 연동된다. 손잡이를 내리면 ON, 올리면 OFF된다. 자동식은 내부에 자동 팝업 장치가 내장되어 빵이 다 구어지면 자동으로 튀어나오고 스위치도 끊긴다.

(2) 워킹형

빵을 옆에서 넣으면 내부 기구에 의해 자동으로 발열체 사이를 지나면서 구워져 나온다. 빵의 운반은 회전식 소형 모터를 이용하며, 굽는 정도는 운반 속도를 달리 하여 조절한다.

(3) 오븐 토스터

보통의 토스터가 얇은 빵만 굽는 데 비해, 핫도그처럼 두꺼운 것도 구울 수 있다. 앞쪽의 문으로 빵을 넣고 빼며, 타임 스위치로 굽는 종류에 따라 시간을 조절한다. 다 구워졌음을 알리는 장치가 달린 것도 있다.

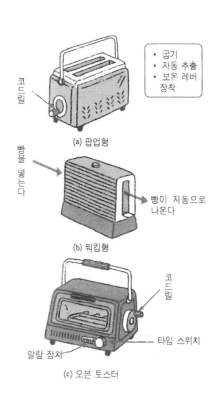

코드릴

- 굽기
- 자동 추출
- 보온 레버 장착

(a) 팝업형

빵을 넣는다

빵이 자동으로 나온다

(b) 워킹형

코드릴

타임 스위치

알람 장치

(c) 오븐 토스터

[그림 1] 여러 가지 토스터

기능에 따라 수동식·자동식 또는 전자동식으로 분류하는 방식도 있다. 이에 대해 좀 설명한 후에 자동식 메커니즘을 알아 보자.

메커니즘+전기 = 자동식

수동식 빵을 넣고 손잡이를 내리면 ON되며, 구워진 상태를 보고 손잡이를 올려 OFF한다.

자동식 빵을 넣어 손잡이를 올리면 ON되며, 바이메탈이나 시계 장치에 의해 빵이 자동으로 올라와 OFF된다.

전자동식 빵을 넣기만 하면 자동으로 빵이 구워져 나온다.

〔그림 2〕는 바이메탈을 응용한 자동 토스터의 예이다. 이런 종류는 중앙 히터부의 온도에 의해 바이메탈이 동작하므로 구어진 상태가 거의 일정하다.

〔그림 3〕은 전자동 토스터의 설명도이다. 바이메탈에 의해 누름 막대가 주스위치 쪽으로 팽창한다. ❶ 처음에는 빵의 무게에 의해 ON된 것이 ❷ 다 구워지면 바이메탈의 누름 막대에 의해 OFF된다. 그 동안 빵이 자동으로 상하 이동하는 것은 〔그림 3〕을 보고 이해한다.

❶과 동시에 인장선에 전류가 흘러 생긴 열 때문에 늘어난 지레에 의해 빵이 내려간다.

❷일 때 스위치가 끊겨 전류의 흐름이 멈추면 인장선은 식어 오그라들고 지레가 줄어들어 빵이 올라온다.

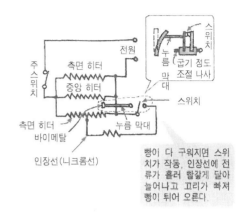

빵이 다 구워지면 스위치가 작동. 인장선에 전류가 흘러 빨갛게 달아 늘어나고 고리가 빠져 빵이 튀어 오른다.

〔그림 2〕 자동 토스터의 원리도

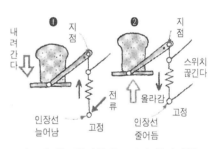

〔그림 3〕 전자동 토스터의 원리 설명

Let's review!

1. 토스터에는 어떤 종류가 있는가?
2. 〔그림 2〕에서 바이메탈이 작동하였을 때 인장선에 전류가 흐르는 모양을 한쪽 전원부터 화살표로 나타내라.
3. 수동·자동 차원에서 분류하면 또 어떤 것이 있나?
4. 전자동일 때 빵이 상하 이동하는 구조에 직접 관여하는 기구는 무엇인가?

11

삶는 기능도 갖춘 토스터
● 편리하다고 과식하면 안돼요 ●

다양해진 요리 방법

앞에서 알아본 토스터 중 오븐 토스터는 빵 이외의 것도 구울 수 있어 편리하다. 여기서는 스팀 오븐 토스터에 대하여 알아 본다. 오븐(oven: 음식물을 요리하는 솥이나 물건을 고온으로 굽는 장치)은 히터를 위아래로 붙인 것을 말한다. 스팀 오븐 토스터는 거기에 스팀을 추가한 것이므로 찜 요리는 물론 냉동 식품의 해동이나 데우기도 손쉽게 할 수 있다. 기능적으로는 자동 온도 조절기와 타임 스위치 등 여러 가지 편리한 장치가 마련되어 있다.

〔그림 1〕은 스팀 오븐 토스터를 나타낸 것이다. 이 토스터를 이용한 조리법을 간단히 설명한다. (1) **오븐 토스터 요리** 망 위에 음식을 올려 놓고 굽는다. (2) **스팀 요리** ① 급수 탱크에 물을 넣고 ② 음식을 조리를 한 뒤 다 되었으면 꺼내고 ③ 배수·건조시킨다.

〔그림 2〕는 스팀 발생 장치의 구조이다. **동작 원리**는 다음과 같다.

① 급수 탱크를 세팅하면, 밸브가 보조 탱크 내의 돌기에 의해 밀어올려져 열리고 물이 흘러나온다.

② 보조 탱크 내의 수위가 급수전에 이르면 급수 탱크에 공기가 들어오지 않아 급수가 중지된다.

③ 스팀 히터로 가열되어 발생한 증기는 보일러 위쪽의 파이프를 통해 오븐 안으로 분출된다.

④ 스팀이 발생하여 보일러 내의 수위가 내려가면 보조 탱크 내의 수위도 내려가고, 급수전으로부

급수 탱크
망(착탈식)
본체 손잡이
문
유리창
배수 스위치
(스팀 조리후 배수한다)
타임 스위치
(요리에 따라 조절한다.
문을 열 때는 OFF에 둔다)
히터 전환 스위치
(눈금 중간 위치는 사용하지 않는다)
밑바닥에 물받이와 찌꺼기받이가 있다

〔그림 1〕

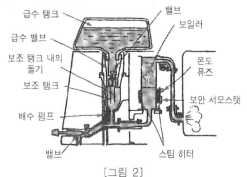

급수 탱크
밸브
보일러
급수 밸브
보조 탱크 내의 돌기
온도 퓨즈
보조 탱크
보안 서모스탯
배수 펌프
밸브
스팀 히터

〔그림 2〕

터 공기가 들어가 급수 탱크 내의 물이 유출되어 ②의 상태에서 멈춘다. 이 동작을 되풀이한다.

⑤ 수위가 지나치게 높아지면 배수 파이프를 통해 물받이 접시로 흘러나온다.

회로 상황과 발열량의 전환

회로도는 〔그림 3〕에 나타낸 바와 같고, 히터, 제어용 스위치, 타이머, 안전용 퓨즈, 서모스탯 등이 접속되어 있다. 발열량은 히터의 전환에 의해 변하는데, 히터도 저항의 일종이며, 이 회로에 대한 설명을 하기 전에 먼저 〔그림 4〕의 저항의 접속에 의해 전력이 변하는 것을 이해하기 바란다. 병렬 접속에서는 저항이 줄고 반대로 전력이 증가하며, 직렬 접속에서는 저항이 증가하고 전류가 줄기 때문에 발생 전력은 줄어든다.

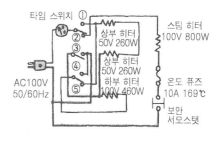

〔그림 3〕

이와 같은 기본을 이해하면 토스터의 3단계 전력의 의미를 금새 알 수 있다.

다음 표는 전환 스위치로, 접점의 접속이 어떻게 이루어지는가를 나타낸 것

스위치	발생 전력	접점 ON	
스팀	800W	②	⑤
「고」	980W	① ③ ⑤	
「저」	250W	①	④

이다. 이 상태에서 전력이 이렇게 되는 이유를 회로도를 보며 알아 보자.

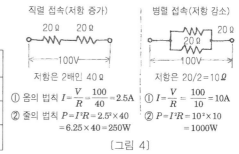

〔그림 4〕

1. **스팀**일 때 : 스팀 히터만이 ON되므로 도표에서 800W임을 알 수 있다. 다른 히터는 OFF되는 것을 확인하면 이해할 수 있다.

2. **「고」**일 때 : 2개 직렬의 위쪽 히터 520W, 아래 히터 460W가 함께 병렬로 전원에 연결되므로 스팀 이외의 히터가 전부 ON되어 합계 980W이다.

3. **「저」**일 때 : 이 접점일 때는 상하 히터가 전부 직렬이 되는 회로를 살펴보면 알 수 있다. 그 상태에서 100V 전원이 이어지므로 전력식 $P = V^2/R$ 로 계산한다. 전(全) 저항은

위쪽 히터 $\left(\dfrac{250}{13} \Omega\right)$ + 아래 히터 $\left(\dfrac{500}{23} \Omega\right)$ ≒ $\dfrac{1000}{25} \Omega$ 으로, P는 250W이다.

Let's review!

1 일반 토스터와 오븐 토스터의 다른 점은 무엇인가?

2 스팀 오븐 토스터의 안전 장치는 어떻게 되어 있는가?

3 전력을 계산하는 공식을 3가지 열거하라.

4 히터 전환 스위치가 「저」일 때, 전력이 250W가 되는 이유를 계산식으로 나타내라.

12 포트에도 전기식이 있다
● 용도에 따라 천태만상 ●

전기 포트란?

전기 자동 포트와 전기 자포트

물을 끓이는데 시간은 더 걸리지만 전기가 가스보다 더 싸게 들고, 여러 가지 면에서 편리한 점도 많다. 목적에 따라 몇 가지 타입이 있으므로 원하는 것을 선택할 수도 있다.

• **전기 자동 포트** 자동 온도 조절기에 의해 수온 조절 범위가 약 45℃~100℃에 이른다.

용도는 ① 물 끓이기 ② 술이나 우유 데우기 ③ 달걀 삶기 등이다. 달걀을 삶을 때는 달걀이 물에 완전히 잠기게 하고 스위치를 켠다. 반숙이면 끓고 나서 2~3분, 완숙이면 5~6분이면 된다.

〔그림 1〕 전기 자동 포트

• **전기 자포트** 차를 마시고 싶을 때 일일이 불을 켜고 물이 끓으면 불을 끄는 성가심 없이 스위치만 켜면 물이 저절로 끓고 다 끓었으면 보온이 되는 것이 자포트이다. 램프가 물이 끓었음을 알려 준다.

〔그림 2〕의 (a)는 급수구가 밑에 있는데 비해 (b)는 위에 있다. 또 전원 코드에는 물체에 걸렸을 때 쉽게 빠지도록 마그넷식 플러그도 사용한다.

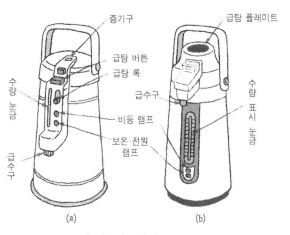

〔그림 2〕 전기 자포트

154

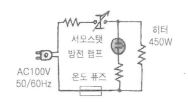

〔그림 3〕 전기 자동 포트

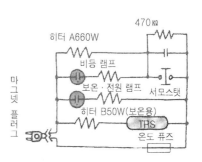

〔그림 4〕 전기 자포트

회로도로 알아 보자

자동 포트는 여러 가지 용도로 쓰인다. 자포트는 보온 기능을 첨가한 것이 특징인데, 그 때문에 회로가 약간 복잡하다. 이 점은 〔그림 3·4〕를 비교해 보면 잘 알 수 있다.

양쪽의 그림에 쓰인 기호에 대하여 보충하면, 램프에 직렬로 그려진 저항 기호는, 이 램프가 방전등이므로, 그에 대한 안정 저항(방전하면 전류가 증가하지만 전압은 내려가므로 이 저항으로 전압 강하를 일으킨다)이다. 서모스탯에 화살표가 있는 것은 서모스탯의 설정 온도가 가변임을 나타낸다. 따라서 〔그림 3〕의 자동 포트는 온도 조절기의 레버가 이 서모스탯에 이어졌다고 보아도 좋을 것이다.

〔그림 4〕의 전기 자포트는 처음에는 서모스탯, TRS(감온 리드 스위치: Thermal Reed Switch) 모두 ON 상태이며, 히터가 작동하여 비등 램프가 점등한다. 물이 끓으면 서모스탯이 OFF되고, 다음에 TRS가 OFF된다. 이후 TRS만이 ON·OFF를 되풀이하여 물을 적정 온도로 유지한다. 서모스탯이 OFF되면, 비등 램프가 꺼지고 보온 램프만 점등한다.

TRS에 대하여 보충한다. 불활성 가스를 넣은 가스관에 자성체 접점을 두고 주위에서 자계를 가하면 자성체가 자화되어 리드 스위치는 접점을 개폐한다. 주변의 자계는 코일을 감아 만드는데, TRS의 경우 〔그림 5〕와 같은 감온 퍼라이트와 마그넷으로 되어 있다. 마그넷은 일정 온도(큐리 온도라고 한다)에 달할 때까지만 퍼라이트가 자속을 통하고 그 이상이 되면 통하지 않는 성질을 이용하여 접점을 개폐한다. 즉 감온 퍼라이트는 일정 온도에서 자성을 잃는 재료이다.

〔그림 5〕 TRS의 동작

Let's review!

1 전기 자동 포트의 수온 조절 온도는 어느 정도인가?

2 전기 자동 포트의 용도를 써라.

3 전기 자포트의 회로도(그림 4)에 있는 마그넷 플러그란 어떤 것인가?

4 TRS란 무엇인가?

5 TRS의 구성 중 온도에 반응하는 요소를 무엇이라 하는가?

155

13 불가사의한 조리기

● 천신 만고 끝의 성과 ●

불 없이도 가열되는 원리

도움을 주는 전기 이론

가스도 아니고 전열기도 아닌 조리기란 무엇일까? 불이 나오는 곳이 한 장의 철판으로 된 이 조리기는 이른바 "전자 조리기"이다. 이 조리기의 가열 원리는 158페이지에서 언급할 것 중 전자 유도 가열 방식이라는 것이다. 〔그림 1〕은 그 외관을 나타낸 것으로 신비하게도 스위치를 켜도 톱 플레이트(top plate)가 뜨거워지지 않는다. 조리 용기(냄비·철판 등)를 올리면 용기만 뜨거워진다. 그 비밀은 무엇일까? 〔그림 2〕에 그 비밀을 간단히 나타냈다. 전자 유도이므로 자력 발생 코일에서 발생한 자력선(정확히는 자속)이 조리 용기가 놓인 곳에서 교차하며 **맴돌이 전류**를 발생시키면 이것이 용기에 줄(Joule)열을 생성시켜 용기를 데운다. 따라서 용기가 없으면 맴돌이 전류는 생기지 않으며, 열이 발생하지 않는다.

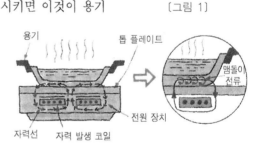

〔그림 1〕

맴돌이 전류는 어떻게 생기는가?

전자 조리기의 경우 열을 내는 톱 플레이트(그림 1)는 조리 중에도 뜨거워지지 않는다. 뜨거워지는 것은

〔그림 2〕

금속제(정확히는 자성체. 자성체가 아닌 것은 사용하지 못한다) 용기뿐이다. 이유는 맴돌이 전류가 발생하는 곳만 뜨거워지기 때문이다. 두번째 비밀, 맴돌이 전류의 정체를 밝혀 보자. 이것은 〔그림 3〕과 같이 철 등의 금속을 관통하는 자속이 변화하면 철 속에는 자속의 변화를 방해하는 쪽으로 유도 기전력이 생겨 그림과 같이 맴돌이 모양의 전류가 흐르게 된다. 이 전류를 맴돌이 전류라고 한다. 맴돌이 전류 I[A]가 흐르면 저항 R[Ω]이 있을 경우 I^2R[W]의 줄열이 생겨 철의 온도를 높인다.

이 맴돌이 전류는 전기 기계(전동기나 변압기)의 철심에 생기

〔그림 3〕

156

면 전력이 손실되어 마이너스 영향을 끼치지만, 전자 조리기는 이것을 역으로 이용하는 것이다. 맴돌이 전류의 원리는 이밖에 전기 계량기의 회전 원판이나 자동 판매기의 가짜 동전 검출에 이용된다. 어쨌든 조리기에는 자속의 변화에 의해 맴돌이 전류가 흘러 I^2R[W]의 줄열이 나오는 것이 특징이자 장점이다.

조리기의 내부 회로는

조리기의 열 발생의 원리를 알아 보았다. 전원으로부터 전류가 자력 발생 코일에 흐르면 톱 플레이트 표면 부근에 자속이 생기고 이것이 냄비를 통과하면 냄비 그 자체가 발열하고 그 열로 조리한다. 여기서는 좀더 전체적인 회로에 대하여 알아 본다.

[그림 4]의 블록도를 참고로 어떤 회로가 어떤 작용을 하는지 알아본다.

① 전원 스위치를 넣으면 램프가 점등하고 냉각팬이 회전한다.

② 자성체 용기를 올려 놓으면 사용 용기 검지 기능 작용을 하는 자석이 달라붙어 검지 스위치의 마그넷 스위치가 작동한다.

③ 이에 의해 베이스 드라이브 회로와 인버터 회로(직류를 교류로 바꾸는 회로)가 작용, 트랜지스터의 고주파 전류가 공진 회로에서 공진하고 이것이 자력 발생 코일(가열 코일)에 흘러 맴돌이 전류 발생을 준비한다. 고주파 쪽이 자속 변화가 많아 발열 낭비 현상이 생긴다.

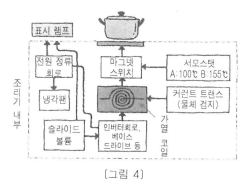

[그림 4]

④ 출력 조절 손잡이에는 슬라이드 볼륨이 있어, 이 변화가 트랜지스터의 베이스 전류를 바꾸므로 결과적으로 고주파 전류를 바꾸어 출력을 조절한다. 일례로 출력은 200W~1200W의 변화를 한다.

⑤ 그밖에 다른 물건을 없으면 가열이 중지되는 회로, 장치 내부 온도가 지나치게 상승하면 2단계(100℃, 150℃)로 시동 정지 회로를 작동시켜 가열 동작을 정지시키는 서모스탯이 부착된다.

Let's review!

1 전자 조리기의 가열 방식은 (電子 유도 가열, 유전 가열, 電磁 유도 가열)이다.

2 가열되는 용기는(알루미늄 용기, 도자기 용기, 철제 프라이팬, 토기 용기)이다.

3 다른 물건을 올려 놓으면 따뜻해지지 않는 기구로 되어 있다. 이 기구에 직접 관계하는 트랜스는 무엇인가?

4 오른쪽 그림에서 맴돌이 전류는 어느 방향으로 생기는가?

5 가열 코일에 흐르는 전류는(직류, 고주파 교류, 저주파 교류)이다.

157

14 전열을 이용하자—전자 렌지의 원리

● 발열에도 천차만별 ●

전자 렌지의 원리

여러가지 전열 발생 구조

[그림 1]은 전자 렌지의 구조도이다. 전자 렌지는 전열, 즉 전기를 이용한 가열 기기임에 틀림없다. 단 가장 잘 알려진 전기 저항에 전류가 흐르면 발생하는 줄열과는 달리 전자 렌지는 물이나 기름과 같은 수분을 머금은 물질(유전체 손실이 큰 물질)에 주파수가 매우 높은 마이크로파를 대면 물이나 기름 속에 열이 발생하는 현상을 응용한 것이다.

여기서는 전기에 의해 열을 발생시키는 방법을 들고, 그 중에서 다음 몇 가지를 설명한다.

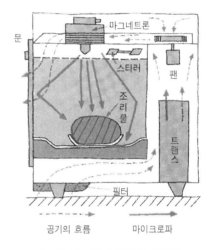

[그림 1] 전자 렌지의 구조도

(1) 줄열([그림 2] 참조)

(2) **아크 가열** 전기가 기체 절연물을 파괴하고 방전하면 전기 에너지의 일부가 열이나 빛이 된다. 이 때 발생하는 고온을 이용하는 것이다.

(3) **유도 가열** 전자 유도 작용에 의해 금속에 전류가 흐르면 그것에 의해 줄열을 발생시키는 것을 말한다. 전자 조리기는 100kHz의 고주파로 가열한다. 유도 발열이라는 것은 내화 용기에 금속을 넣어 녹인 것이다.

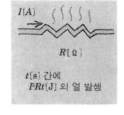
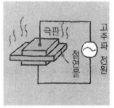

[그림 2] 발생 열량   [그림 3] 유전 발열

(4) **유전 가열** [그림 3]과 같이 절연물을 전극 사이에 두고 고주파를 가하면 안에 있는 분자가 진동하여 내부가 뜨거워진다. 전자 렌지는 2.45GHz의 마이크로파에 의해 가열된다.

158

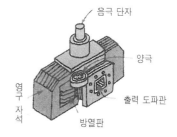

전자 렌지의 주요 부품

전자 렌지를 잘 작동시키려면 여러 가지 부품이 필요하다. 그 중에서도 심장부라 불리는 부분은 마이크로파를 발생시키는 마그네트론이다(그림 4).

(1) 마그네트론 자전관이라고도 하며, 공동 공진기를 마련한 양극이 음극을 둘러싼 구조의 2극관이다.

외부에서 강한 자계를 가하면 전자는 음극·양극 간에서 회전 운동을 하며, 양극에 해당하는 공동에 초고주파의 전계를 유도하여 공진기에 강한 마이크로파 진동이 발생하므로 이것을 외부로 출력시킨다.

마그네트론에는 펄스용과 연속파용이 있으며, 연속파용은 마이크로파 가열 작용에 의한 전자 렌지나 치료기 등에 이용된다.

〔그림 4〕 연속파형 마그네트론

(2) 트랜스 수천V의 고압을 내며, 애노드 전압용과 몇V 낮은 히터용이 필요하다.

(3) 정류기 애노드에는 직류 고압이 필요하다.

(4) 팬 마그네트론에서 열이 나오므로 이를 냉각하기 위한 것이다.

(5) 도파관 마그네트론에서 발사한 마이크로파를 적당한 곳으로 유도하기 위한 통로이다.

(6) 스위치류 가열 시간을 정하는 타임 스위치, 가열을 시작하기 위한 동작 스위치, 도어 스위치, 메인 스위치 등이 있다. 〔그림 5〕는 도어 핸들을 자연스레 잡는 것만으로 래칫 스위치가 OFF되고 도어를 열기 전에 전파가 정지되도록 하는 안전 장치이다.

(7) 필터 냉각 공기 입구에 장치하여 먼지가 들어가는 것을 방지한다(〔그림 1〕 참조).

(8) 금속제 바깥 상자 마이크로파(전파)가 밖으로 나가지 않도록 하는 장치를 금속제의 바깥 상자 속에 넣어서 사용한다.

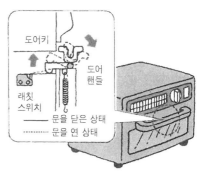

〔그림 5〕 안전을 위한 핸들 래칫식

Let's review!

1. 100Ω의 저항에 5A의 전류를 10분간 흘렸을 때의 발생 열량은 얼마인가?
2. 발열의 종류를 4가지 들어라.
3. 전자 렌지에서 조리물이 가열되는 원리를 설명하라.
4. 전자 렌지의 주요 부품을 들어라.
5. 전자 렌지에 사용되는 마그네트론은 어떤 종류의 것인가?

전자 렌지의 회로

**동작을 이해하고
수리에 만전을**

전자 렌지로 조리품을 가열하려면 우선 조리물의 종류에 따라 가열 시간을 결정하고 타임 스위치를 맞춘다(그림 1).

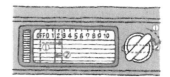

2분에 맞출 때는 먼저 ①과 같이 2분을 넘게 돌린 다음 ②와 같이 2분에 맞춘다.

〔그림 1〕

오븐의 도어를 열고 조리물을 넣은 다음 도어를 닫고 동작 스위치를 누르면 마이크로파가 발사되어 가열이 시작된다. 타임 스위치가 0이 되면 마이크로파의 발사가 중지된다. 타임 스위치가 0이 되지 않아도 도어를 열면 마이크로파의 발사는 멈추게 되어 있다.

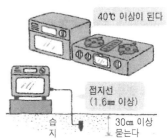

40℃ 이상이 된다

접지선
(1.6mm 이상)

습지   30cm 이상 묻는다

〔그림 2〕

〈주의 사항〉(〔그림 2〕 참고)

① 주위 온도가 40℃ 이상인 곳에서 사용하는 것은 피한다.

② 접지를 확실히 한다.

③ 먼지가 많은 곳에서 사용할 때는 필터를 자주 물로 씻는다.

④ 오븐 안을 비운 채 작동시키지 말 것.

⑤ 금속제 용기는 사용하지 말 것.

⑥ 도어는 완전히 닫고 작동시킬 것.

〈고압 회로의 동작〉

• 고압 트랜스의 2차 쪽에 발생한 3000V의 고압은 다이오드와 고압 콘덴서의 작용에 의해 배전압 정류되어 마그네트론의 애노드(양극)에 가해진다(그림 3).

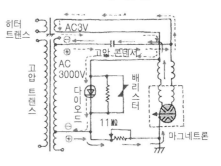

히터 트랜스 AC3V

고압 콘덴서

고압 트랜스   AC 3000V

다이오드   배리스터

11MΩ

마그네트론

〔그림 3〕 회로도

···› 반사이클로, 고압 콘덴서를 충전한다.

→ 반사이클로, 위의 콘덴서에 충전된 전하와 고압 트랜스에 발생한 전압이 중복되어 마그네트론에 보내지고 발진한다.

• 고압 작동 정지후 고압 콘덴서에 남은 전하는 11MΩ의 방전 저항에 의해 방전된다. 단 30

초 정도 걸리므로 점검할 때는 접지-고압 회로를 단락하고 방전시킨다.

〔그림 3〕의 배리스터에 대하여 알아 보자. 이것은 비직선형 저항 소자로, 전압 전류 특성은 〔그림 4〕와 같이 변화하여 전압이 증대하면 저항은 현저하게 감소한다. 배리스터는 대부분 카보런덤탄소 알갱이를 섞어 구워 만든 것이다. 이 특질을 이용하여, 메인 스위치와 조리 스위치를 동시에 ON했을 때 마그네트론 부분에서 생기는 10여 kV의 서지 전압을 흡수하기 위하여 배리스터를 두고 각 부품의 내압 불량을 방지한다.

새로 나온 마그네트론에는 페라이트 마그넷을 사용하여 〔그림 5〕와 같이 외형을 작게 하고 마그네트론 동작 시의 인가 전압을 2800V(종래 3,800V)로 대폭 감소시켰다.

또 히터도 지르코늄을 채용하여 예열 없이 마그네트론에 고압을 인가해도 서지 전압이 발생하지 않는다. 따라서 서지 흡수용 배리스터가 필요 없어졌고, 조리 버튼을 누르는 것만으로 히터 가열과 고압 인가가 동시에 이루어지게 되었다.

자기 보호 회로 : 자기 보호 회로는 시퀀스 제어 회로에 쓰이는 기본적인 회로로, 〔그림 6〕과 같이 PB를 눌러 회로를 만들고, 스위치를 떼어도 전등이 계속 켜 있도록 되어 있다. 전자 렌지에서는 고압 트랜스 회로에 들어 있으며, 조리 스위치에서 손을 떼어도 파워 릴레이의 작동은 지속된다(그림 7). 조리 버튼을 누르면 실선의 화살표대로 전류가 흘러 코일이 여자되고 파워 릴레이의 접점이 닫힌다(그림 7). 그 뒤는 위에서 설명한 것과 같이 점선의 화살표대로 자기 보호된다.

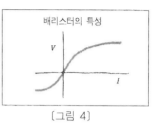

접속 캠　페라이트 코어
초크 코일　　　　　관통형 콘덴서
2800V(Peak)
서모 스위치
부착구
냉각 팬
안테나

필라멘트 전압	3.2V	출력	480W
필라멘트 전류	14.5A	발진 주파수	2450 MHz
필라멘트 냉저항	0.3Ω	여자	영구 자석
애노드 전압	2800V	냉각 방식	강제 공냉
애노드 전류	280mA	중량	2kg

〔그림 5〕

배리스터의 특성

〔그림 4〕

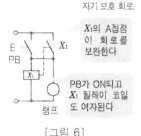

자기 보호 회로

E
PB　　X₁

X₁

램프

X₁의 A접점이 회로를 보완한다

PB가 ON되고 X₁ 릴레이 코일도 여자된다

〔그림 6〕

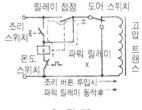

릴레이 접점　도어 스위치
조리 스위치
온도 스위치
파워 릴레이 X
고압 트랜스
조리 버튼 투입시 →
파워 릴레이 동작후

〔그림 7〕

Let's review!

1 전자 렌지 설치시 주의할 것은 무엇인가?
2 고압 작동을 정지한 후 수리를 위해 점검하고자 할 때 주의할 것은 무엇인가?
3 배리스터란 어떤 부품인가?

☞ 〈133페이지 정답〉 ‖‖‖‖‖‖‖

1. Ni-Cr, Fe-Cr, SIC
2. 코일형, 마이카, 시드, 도전도료, 담요용 각종 히터
3. $P = I^2R$〔W〕
4. $860 \times 0.6 \times 3 = 1,548$〔kcal〕
5. $6,450 \times 10^3$〔J〕

☞ 〈135페이지 정답〉 ‖‖‖‖‖‖‖

1. 건조로, 의료용, 전기 난로의 난방용
2. 보이지 않는다. 속열성, 건강 효과
3. 열팽창 계수가 다른 금속을 두 개 겹친 것
4. 시드선, 적외선 램프, 양자 병용
5. 온도 퓨즈

☞ 〈137페이지 정답〉 ‖‖‖‖‖‖‖

1. 정량 제어
2. 열팽창, 전류
3. 목표값과의 차이로, 어떤 작용을 하는지 결정
4. 개로, 단락, 누전
5. 개로

☞ 〈139페이지 정답〉 ‖‖‖‖‖‖‖

1. 없다. 125~140℃ 정도
2. 기화실의 증기 분출구에서 나온다.
3. 마이카 히터, 압착형, 시드 히터
4. 1000℃ 미만

☞ 〈141페이지 정답〉 ‖‖‖‖‖‖‖

1. 안쪽·바깥쪽 틀, 가열부와 자동 스위치 기구
2. 물이 없어지고 밥이 된 것
3. $(25 \times 50 \times 10^3)/20 + 50 \times 10^3 ≒ 25$〔Ω〕

☞ 〈143페이지 정답〉 ‖‖‖‖‖‖‖

1. 본문 참조
2. 온도 조절과 안전 장치
3. 바이메탈, 감열선
4. 본문 참조
5. 접결식, 심지식

☞ 〈145페이지 정답〉 ‖‖‖‖‖‖‖

1. 초음파식 등 5종류, 본문 참조
2. 3. 4. 본문 참조
5. 지르콘산 티탄산납

☞ 〈147페이지 정답〉 ‖‖‖‖‖‖‖

1. 2. 본문 중의 one point 참조
3. 냉각기(증발기)
4. 10℃

☞ 〈149페이지 정답〉 ‖‖‖‖‖‖‖

1. 언소실의 외측에 집한 공기가 디워진다.
2. 미립화체에 부딪쳐 튀긴 뒤 벽에서 기화
3. 과열 안전 서모스탯과 배기 안전 서모스탯

☞ 〈151페이지 정답〉 ‖‖‖‖‖‖‖

1. 본문 참조　　　2. 생략
3. 전자동식　　　4. 인장선

☞ 〈153페이지 정답〉 ‖‖‖‖‖‖‖

1. 본문 참조
2. 보호 퓨즈, 보안 서모스탯, 온도 퓨즈
3. $P = VI, P = I^2R, P = V^2/R$
4. $P = V^2/R$ 공식을 쓴다.

☞ 〈155페이지 정답〉 ‖‖‖‖‖‖‖

1. 약 45℃~100℃
2. 물 끓이기, 술·우유 데우기 등
3. 걸린 즉시 빠지도록
4. 감온 리드 스위치
5. 감온 퍼라이트

☞ 〈157페이지 정답〉 ‖‖‖‖‖‖‖

1. 전자(電磁) 유도 가열
2. 철제 프라이팬
3. 커런트 트랜스
4. 오른쪽으로 도는 방향
5. 고주파 전류

☞ 〈159페이지 정답〉 ‖‖‖‖‖‖‖

1. $5^2 \times 100 \times 60 \times 10 = 1.5 \times 10^5$〔J〕
2. 줄열, 아크, 유도, 유전 발열
3. 4. 본문 참조
5. 연속파용 마그네트론

☞ 〈161페이지 정답〉 ‖‖‖‖‖‖‖

1. 본문 참조
2. 30초 이상 방전시켜, 고저압 단락
3. 본문 참조

7 냉동·냉장고의 전기학

　　냉장고 냉방 난방기는 생활 필수품이다. 이것들은 이제 어느 가정, 어느 직장에나 있고 과거의 사치품에서 필수품으로 변했다.

　　따라서 이러한 기기를 다루는 모든 사람들, 즉 주부 제조원 판매원 서비스 종사자들이 방법 및 냉동의 원리를 이해하는 것은 매우 중요하고 당연하다.

　　여기서는 모든 사람이 쉽게 알 수 있도록 기초 지식을 중심으로 하여 냉방 냉동 시스템의 전체를 해설했다. 가전 제품은 전기에 관한 것이 중심이지만, 냉방 기기는 냉매가 열 온도 압력의 영향을 받으면서 어떤 시스템을 구성하는지, 그 중에서도 전기 회로와 기기는 어떤 역할을 하는지 알 필요가 있다.

　　메카트로닉스 시대에 가전 제품을 통하여 복합적인 기술 지식을 습득하는 방법의 하나로 여겨주기 바란다.

1 냉동·냉방—왜 차가운가?

● 미래를 생각하자 ●

위대한 봉사자 냉매 프레온

냉동·냉방의 구조 및 현상을 이해하려면 열과 온도, 물질의 상태(기체·액체·고체 등), 압력 그리고 이들의 상호 관계를 알아야 한다. 또 냉각의 주역을 맡은 것은 무엇인지 등의 폭넓은 지식이 필요하다.

여기서는 냉매에 대하여 알아 본다.

〈열의 원칙〉

열은 언제나 높은 것에서 낮은 것으로 움직인다.

〈냉동의 원칙〉

물체를 식히려면(**열을 낮춘다**) 그 물체보다 낮은 열이 필요하다(그림 1). 냉동 장치(그림 2) 속

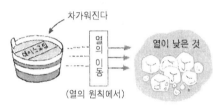

〔그림 1〕

을 순환하면서 기화·액화를 되풀이하여 열의 온도가 낮은 에버포레이터에서 온도가 높은 콘덴서로 열을 이동시키는 매체를 냉매라고 한다. 냉매로는 액체에서 기체로 변화하는 끓는점 온도가 낮고 화학적으로도 안전한 물질인 프레온이 널리 쓰이고 있다. 최근의 연구에 따르면 R-11이나 R-12와 같은 특정 프레온은 지구의 오존층을 파괴한다는 것이 밝혀졌다. 그래서 특정 프

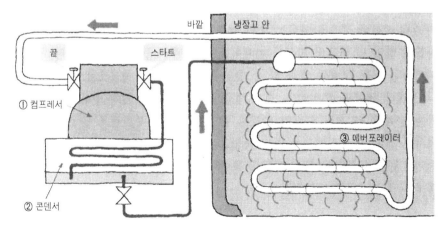

〔그림 2〕 냉동 장치의 구조

레온을 대신할 대체 프레온이나 지구 환경에 영향이 적은 냉매로 바뀌어가고 있다.

Refrigerant ····································· 냉매, 냉각제
Refrigerator ····························· 냉장고, 냉각 장치
Freon ·································· 프레온 (냉매의 일종)
Evaporator ··· 증발기
Compressor ··· 압축기
Condenser ·································· 응축기, 냉각기

〔표 1〕 프레온의 성질

냄 새	무취
폭발성	없음
가연성	불연
독 성	없음
비등점 (1기압중)	−29℃

프레온이 활약 하는 무대

〔그림 2〕는 냉동 장치의 구조를 나타낸 것이다.

각 부분의 자세한 설명은 순차적으로 하겠지만, 여기서는 "프레온"이 어떤 장면에서 어떤 역할을 하는지, 개략적인 것을 살펴보자. 먼저 프레온은 컴프레서로 압축된 다음 콘덴서에 의해 기체에서 액체로 응축되고 에버포레이터로 가 다시 액체에서 기체가 되는데 얼음처럼 차가워진다. 전체의 관계를 〔표 2〕에 나타낸다.

〔표 2〕

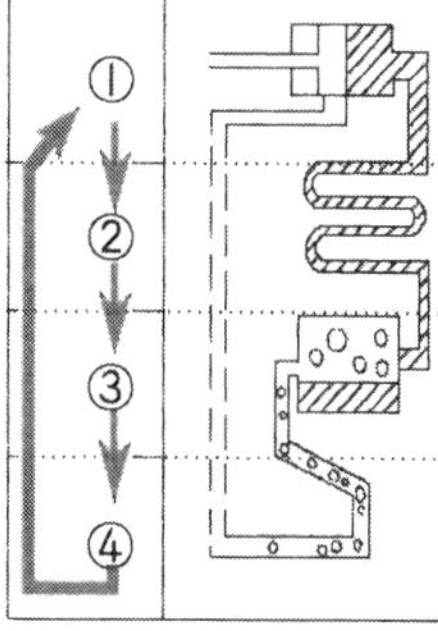

	장 소	과 정	물질의 상 태	온 도	압 력
①	컴프레서에서	압축된다 (열을 낸다)	기체	고 온	고 압
②	콘덴서에서	냉각된다 (열을 빼앗는다)	액체	저 온	고 압
③	에버포레이터에서	액체가 증발되어 열을 빼앗는다(냉동 기능)	기체	저 온	저 압
④	관을 지나	기체가 되어 원래 상태로 돌아간다	기체	저 온	저 압

Let's review!

다음 질문에 답하라. ____부분에는 적당한 말을 넣어라.
1 보통의 아이스 박스에서는 얼음은 ____라고 불린다.
2 가정용 냉장고의 냉매에는 무엇이 쓰이는가?
3 대체 프레온이란 무엇인가?
4 프레온의 성질은 무취, 비폭발 및 ____성이다.
5 프레온은 컴프레서로 압축되고 ____로 냉각된다.

2 냉방은 돌고 돈다
● 재치 자랑 ●

냉장고의 냉동 사이클

더운 여름날 마당이나 도로에 물을 뿌리는 사람이 많다. 뿌려진 물은 지면의 열 때문에 곧 증발해 버리지만 모처럼 물을 뿌렸는데 곧 말라버려 참 안됐다 생각할 필요는 없다. 그로 인해 시원한 바람이 생기기 때문이다.최고의 자연 냉방이다.

이와 같이 액체(위의 경우는 물)는 기체가 되면서 주위의 열을 빼앗는다.

만약 이 기체를 액체로 되돌린다면 다시 기체로 만들 수도 있다.

냉장고에서 기체→액체→기체의 반복을 **냉동 사이클**이라 한다.

일반적으로 기체는 압축하여 차갑게 하면 액체가 되는 성질을 갖고 있다.

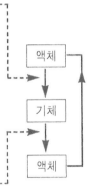

프리저 (냉동실) 에버포레이터

밸브

이 부분부터 병렬을 이룬다

방열기

캐필러리 튜브

냉장용 에버포레이터

와이어 콘덴서

보조 콘덴서

컴프레서

━━━ 가스 냉매(기체)
━━━ 액화 냉매(액체)

〔그림 1〕

냉동 사이클 각부의 작용

① 냉매는 컴프레서로 압축되어 〈고온, 고압〉의 가스가 된다.

② 콘덴서의 고열 지느러미에 의해 냉각되어 〈저온·고압〉이 된다.

③ 액화된 가스는 캐필러리 튜브(모세관)를 지나면서 압력이 내려가 에버포레이터로 간다.

166

④ 에버포레이터에서 증발하여 기체가 되면서 주위의 열을 빼앗는다. 이후 냉매는 컴프레서에 의해 흡인된다.

이런 식으로 모두 스타트 지점에 되돌아오므로 가스가 새지 않는 한 몇 번이라도 반복해 쓸 수 있다(그림 1).

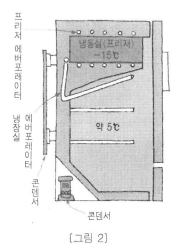

〔그림 2〕

보다 상세하게 보다 알기 쉽게

냉동 사이클을 이루는 기기들의 기능을 살펴본다.

(1) 컴프레서(압축기) 컴프레서에 흡입된 가스는 실린더 내에서 압축되어 고압 가스가 된 뒤 배출 밸브를 통해 콘덴서로 들어간다.

(2) 콘덴서(응축기) 컴프레서로 압축된 고온 고압의 가스는 콘덴서로 들어가 냉각된 뒤 콘덴서 출구에서 액화되어 드라이어로 들어간다. 냉장고에서는 이 냉각을 자연 대류 현상을 이용하여 한다. 또 드라이어는 액화 가스의 잔류 수분을 제거하고 수분에 의해 캐필러리 튜브가 막히는 것을 예방한다.

(3) 캐필러리 튜브 액화 가스를 안지름 0.7~0.8mm에 길이 2~3m인 가늘고 긴 구리관의 캐필러리 튜브를 통과시키면 관벽의 저항에 의해 액화 가스는 저온 저압이 된다. 여기서는 컴프레서의 운전이 중지된 뒤에도 압력이 높은 콘덴서 쪽의 가스가 압력이 낮은 에버포레이터 쪽으로 흘러 가스의 압력이 균형을 이룰 때까지는 보통 4~5분 걸린다. 그러므로 컴프레서가 일단 정지한 다음 다시 운전을 시작하려면 압력이 균형을 잡는 데 필요한 시간(4~5분)을 두고 시동하지 않으면 전동기에 과부하가 걸리기 때문에 주의해야 한다.

(4) 에버포레이터(증발기) 캐필러리 튜브에서 들어온 액화 가스는 에버포레이터의 큰 용적 때문에 감압 팽창하여 주위의 열을 빼앗아 액체 상태에서 기화 증발한 다음 상온 저압 가스가 되어 컴프레서로 간다(드라이어에 대해서는 174페이지 참조).

Let's review!

( ) 안에 알맞은 말을 오른쪽에서 골라라.

1 냉장고의 ( )은 컴프레서, 콘덴서, 캐필러리 튜브, ( )의 4가지 부분으로 되어 있다.

2 냉장고의 ( )로 압축된 냉매는 고온·고압의 ( )가 되어 콘덴서로 보내진다.

3 냉장고의 콘덴서에는 ( )가 붙어 있다. 이것은 냉매를 ( )하는 작용을 위한 것이다.

4 〔그림 2〕에서 냉동실과 냉장실의 온도 차는 약 얼마인가?

a. 컴프레서
b. 가스 c. 액화
d. 방열 지느러미
e. 시동 장치
f. 방열 작용
g. 에버포레이터
h. 냉동 사이클

3 냉매의 압력—온도의 관계

● 이구동성 ●

삶기 힘든 것이 잘 삶아지네!

이 밥 맛있는데

잘 됐어!

순차 축겠다~

공조기나 냉장고에 냉매가 사용된다는 것은 앞에서 설명했다. 냉매는 냉동 장치 속에서 식히고자 하는 물체의 열을 빼앗기 위해 쓰인다. 실제로는 여러 가지 냉매가 있으나 R-12와 같은 특정 프레온이나 대체 프레온이 널리 사용된다.

냉매의 성질에 대해서는 이제 어느 정도 알았다고 생각되는데, 여기서 프레온 R-12의 냉동 효과를 알아 보자. 프레온은 장치 내에서 액체나 기체 상태 중 어느 한 형태를 띤다.〔그림 1〕을 보며 복습해 보자.

열이 똑같이 가해지면 끓는점(대기압에서 R-12는 −29.8℃)까지는 시간의 경과와 함께 온도는 상승하고, 끓는점(그림의 A) 이후에는 가해진 열이 액체의 R-12를 비등시켜서 온도를 일정하게 유지한다. 즉 이 동안에 가해진 열은 상태의 변화에 사용된 것이다. 그리고 B점부터는 모두 다 증기가 된 R-12에 다시 열이 가해져 증기의 온도를 상승시켜간다(이 경우의 증기를 과열 증기라고 한다).

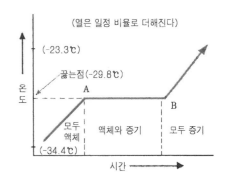

(열은 일정 비율로 더해진다)

(-23.3℃)

끓는점(-29.8℃)

온도

A

B

모두 액체

액체와 증기

모두 증기

(-34.4℃)

시간 →

〔그림 1〕 프레온 12의 상태 변화

여기서 냉매의 표면 압력이 대기압보다 크면 끓는점의 온도는 어떻게 될까? 온도는 높아진다. 위 그림에 나오는 냄비는 "압력 냄비"라고 하는 것인데, 냄비 내부의 압력을 높여서 온도를 올린다. 삶기 어려운 것도 단시간 내에 조리할 수 있다. 따라서 냉매의 끓는점도 냉매에 가하는 압력에 의해 바뀐다는 것을 이해하자.

> **One Point**
> 물체에 열을 가하면 일반적으로 온도가 상승(열의 현열이라 한다)하지만 위와 같이 온도가 변화하지 않고 액체에서 기체로 바뀌는(혹은 고체에서 액체로 변한다) 상태의 변화를 열의 잠열(潛熱)이라 한다.

[표 1]과 [그림 2]는 R-12의 끓는점 온도-압력의 관계이다.

이와 같이 변화하는 모습과 표를 보는 법을 알아 보자. 예를 들어 프레온이 든 깡통의 압력이 6.8 [kg/cm²abs]라면 온도는 26℃임을 알 수 있다.

단, 이렇게 환산되는 것은 깡통 속에 액체와 기체가 들어 있을 때이고, 기체만 있을 때는 직접 온도를 잰다.

[표 1]

끓는점 [℃]	절대 압력 [kg/cm²abs]
-30	1.0
-24	1.3
-18	1.7
-12	2.1
-6	2.6
-2	2.9
0	3.1
10	4.3
16	5.2
20	5.8
26	6.8

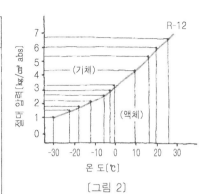

[그림 2]

모델 냉동 장치

위의 압력과 온도의 관계를 염두에 두고 간이 냉동 장치를 생각해 보자. 냉매를 넣는 곳을 냉동부 또는 에버포레이터(증발기)라 한다. 여기서는 오른쪽 상자라고 생각한다. 이 상자 속에는 액체와 기체 냉매가 들어 있다. 이 상태에서 냉매는 증발하지 않는다. 냉동부도 주위의 공기보다 차갑지 않다. 온도가 26.6℃라고 하고 냉매에 R-12를 사용했다고 하자. 이 때 압력은 [표 1]에 의해 6.8kg/cm²abs가 된다(그림 3). 장치에 파이프를 붙여 [그림 4]와 같이 하면 증기는 대기 중으로 나감과 동시에 압력이 1.0kg/cm²abs인 대기압이 된다. 그런데 R-12는 대기압에서는 몇 도에서 끓을까? −29.8℃일 것이다. 이 장치는 지금 실내의 공기를 식히는 데 쓰이고 있다. 실내의 공기가 에버포레이터보다 따뜻한 이상, 열은 공기에서 에버포레이터로 이동한다. 그리고 이 열은 R-12로 흡수되어 일부의 R-12를 증발시킨다. 이 증기는 파이프를 통해 실외로 방출된다.

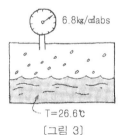

6.8kg/cm²abs

T=26.6℃

[그림 3]

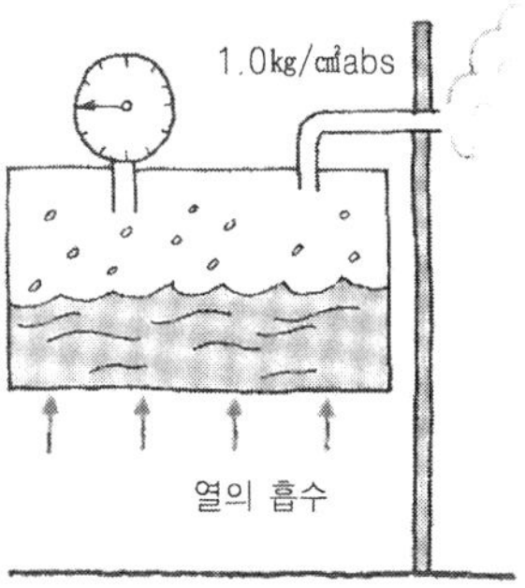

1.0kg/cm²abs

열의 흡수

[그림 4]

이상 R-12의 증기에 의해 공기의 열이 실외로 이동하는 예를 단순한 냉동 장치를 예로 들어 냉매의 온도와 압력의 관계에 의해 설명했다.

Let's review!

1 액체의 냉매가 끓는 온도는 액체 표면의 ＿＿＿에 의해 결정된다.

2 일정 압력으로 냉매가 증발할 때 열은 냉매에 의해 ＿＿ 된다.

3 R-12는 표면의 압력이 1kg/cm²abs이면 몇 도에서 끓는가?

4 만약 R-12의 압력이 2.6kg/cm²abs라면 몇 도에서 끓는가?

※ 압력의 단위 [kg/cm²abs]에 대해서는 176페이지를 참조할 것.

4 냉매를 지탱하는 장치-파이핑의 역할

● 자력갱생 ●

냉동 장치의 구조 ③

자원 재활용의 시조

앞 페이지의 모델 냉동 장치에서는 냉매가 증발해 버리면 냉동 능력이 사라지고 실온과 같아진다. 이를 개선하기 위해 컴프레서를 파이프 끝에 잇고 그곳에 콘덴서를 둔다. 컴프레서는 냉매를 저압에서 고압으로 하는 펌프와 같은 것이다. 따라서 이것을 운전하려면 전동기(모터)가 필요하다. 냉매의 증기는 컴프레서(펌프)로 압축될 때 온도가 올라간다.

일정 압력 하에서는 실온이 콘덴서의 온도보다 낮으므로(콘덴서가 54.5℃이고 실온이 26.6℃) 냉매는 열을 증기에게 빼앗겨 액체 상태로 된다. 이와 같이 컴프레서를 둠으로써 냉매를 콘덴서 속에 다시 액체로 회수할 수 있다. 이제는 자원 낭비가 없어졌다. 재활용이 가능해진 것이다. 액체

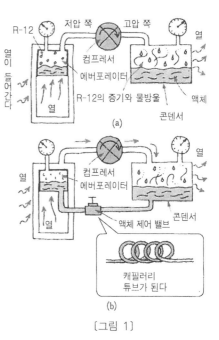

〔그림 1〕

가 된 냉매는 콘덴서에서 에버포레이터로 돌아간다. 그 방법은 제어 밸브가 부착된 파이프로 잇는 것이다. 〔그림 1〕의 중앙이 이것을 나타낸 것이다. 이 제어 밸브는 에버포레이터 내에서 액체가 기체로 변하는 비율과 같은 비율로 액체 냉매가 지나도록 조정한다. 실제의 냉매 장치에서 이 부분에는 캐필러리 튜브가 쓰인다.

One Point 캐필러리 튜브는 연필심 정도의 굵기로 안지름이 0.8~2.0mm이다. 길이 약 1m의 모세관으로, 배관 저항으로 감압 역할을 한다. 이에 의해 냉매의 흐름을 컨트롤한다.

170

대개의 냉동 장치에서 에버포레이터와 콘덴서는 금속 튜브로 만들어진다. 그 모습을 〔그림 2〕에 나타냈다.

여기서 냉매가 어떤 상태로 흐르고 있는지를 조사해 본다.

냉매는 액체 상태로 캐필러리 튜브에서 에버포레이터로 들어간다. 이 상태의 냉매는 에버포레이터의 튜브를 지나는 동안 액체에서 기체로 바뀐다. 컴프레서에 들어갈 때의 냉매는 증기 상태이다. 컴프레서를 지날 때 냉매의 압력은 현저히 증가하고 뜨거워진다. 따라서 컴프레서를 나올 때의 냉매는 고온·고압의 증기가 되어 있다.

만약 에버포레이터 관의 내부가 보이면 〔그림 3〕과 같이 액체와 기체가 혼합되어 있는 상태를 쉽게 알 수 있을 것이다. 입구 근처는 대부분 액체이고 소량의 증기 거품이 있다. 그리고 냉매

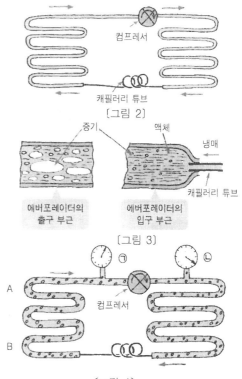

〔그림 2〕

〔그림 3〕

〔그림 4〕

가 에버포레이터를 흐르면서 액체 냉매에 의해 열이 흡수되어 많은 증기가 형성된다. 출구 부근에서는 대부분 증기가 되며, 액체가 조금 남아 있다 해도 증기에 끌리듯 관벽에 착 달라 붙어 있다. 〔그림 4〕는 냉매의 상태를 나타낸 것이다.

이와 같이 냉매는 냉동 장치 속을 빙글 빙글 돌아다닌다. 게다가 장소에 따라 상태를 바꾼다. 컴프레서는 여전히 증기 상태의 냉매를 빨아들이므로 액체 상태의 냉매가 들어가면 컴프레서를 손상시킨다.

Let's review!

1 〔그림 2〕에서 어느 쪽 코일 모양의 튜브가 콘덴서이고 어느 쪽이 에버포레이터인가?

2 〔그림 4〕에서 A, B라고 쓴 곳의 어느 곳에 액체 냉매가 집중해 있는가?

3 〔그림 4〕의 ㉠, ㉡ 중 어느 계기가 높은 압력을 나타내고 있는가?

4 캐필러리 튜브의 역할은 무엇인가?

5 냉매가 한 바퀴 도는 길을 무엇이라고 하는가?

5 냉매의 흐름을 감시하라

● 수수방관은 용서 못해 ●

자동 팽창 밸브의 이해

냉매의 양과 상태의 영향

먼저 냉동·냉방 기기에서 냉매가 기기의 운전 동작에 어떤 영향을 미치는지 생각해 보자. 냉매의 역할은 열을 빼앗아 물체를 차갑게 하는 작업이다. 관 내의 양이 적당하면 열의 흡수에 도움이 되는 액화 냉매가 적정량 에버포레이터 튜브로 들어오게 된다. 〔그림 1〕의 에버포레이터(증발기)는 입구의 A점에서 B점까지 액화 냉매를 머금고 있다. 그 증거로서 그 부분은 얼어 있다.

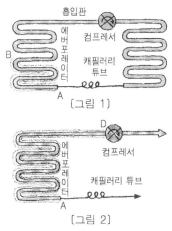

〔그림 1〕

〔그림 2〕에서는 A점에서 D점까지 액화 냉매가 있다는 것을 알 수 있다. 이 경우 냉동기로 차가워지는 곳은 에버포레이터만으로 충분한데 다른 곳까지 차가워져 부적절하다.

〔그림 2〕

냉매가 너무 많아지는 것을 피해야 될 이유가 또 하나 있다. 이 그림에서도 알 수 있듯이 컴프레서(압축기)는 증기만을 흡수하기 위한 것이므로 만약 액화 냉매가 컴프레서로 되돌아오면 컴프레서는 망가지고 말 것이다. 에버포레이터에 생기는 서리의 발생 부분에 따라 냉매가 적량인지 여부를 알 수 있다. 서리는 설비의 고장 진단에 도움이 된다.

수동식 감시를 자동화로

에버포레이터의 냉각법은 유입되는 냉매의 양에 따라 결정되는데, 이 냉매의 흐름을 조정하는 것으로서 지금까지 캐필러리 튜브와 제어 밸브를 알아 보았다. 〔그림 3〕의 제어 밸브는 수동으로 조정하여 에버포레이터를 동작시킨다. 이 그림의 A점, B점은 대개 같은 온도이며, C점에는 액화 냉매가 없는 것이 좋으므로 온도는 B점보다 몇 도 높아진다. 이 B·C 점의 온도차를 **과열도**라고 한다.

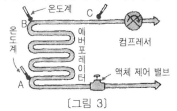

〔그림 3〕

〔그림 4〕에서 소량의 냉매액이 들어 있는 **감온통**을 C점의 흡입관에 붙이면 통 속의 압력은 C점의 온도에 의해 결정된다(냉매의 온도―압력의 관계에서). 예를 들어 냉매에

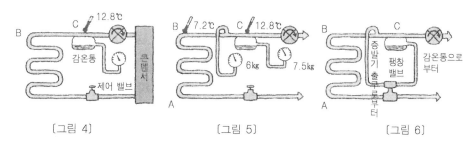

[그림 4]   [그림 5]   [그림 6]

R-22를 사용할 경우 C점이 12.8℃이면 내부 압력은 7.5kg/cm²abs이다. C점의 흡입관에 작은 튜브를 [그림 5]와 같이 삽입해 보자. 이 튜브의 압력은 에버포레이터 내의 액화 냉매의 온도에 의해 결정된다. R-22로 7.2℃에서 증발한다고 하면 C점의 흡입관 내의 압력은 6kg/cm²abs가 된다. [그림 5]를 보면 알 수 있듯이 B점과 C점의 온도 비교는 C점에서 두 개의 압력을 읽으면 된다.

[표 1]은 정상 운전인지 어떤지를 B점, C점의 온도로 조사하는 대신 압력으로 비교한 것이다. 이 관계에서 제어 밸브가 있는 곳에 새로이 **온도식 팽창 밸브**를 둔 것이 [그림 6]이다. 이 팽창 밸브(익스팬션 밸브. 약칭 EV)가 자동화 역할을 한다.

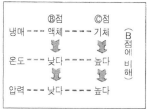

[표 1]

	Ⓑ점	©점	
냉매	액체	기체	B점에 비해
온도	낮다	높다	
압력	낮다	높다	

자동화의 주역 "팽창 밸브"

이 팽창 밸브의 구조 이론도를 [그림 7]에 나타냈다. 냉매액이 흐르고 있는 라인에서 그 흐름을 컨트롤함과 동시에 에버포레이터로 가는 액체의 압력을 낮춘다. 작동의 근본 원리는 B점·C점의 압력차이다. 이 압력차는 원래는 온도차였다(이것이 과열도이다). 따라서 [그림 7]에서 S실의 압력은 C점의 온도, E실의 압력은 B점의 온도에 의해 정해진다. 예를 들어 밸브가 열리기 위해서는 S실 내의 압력이 E실 내의 압력보다 커야 한다. 정상 운전시의 밸브는 과열도를 정확히 만족시키는 상태로 열려 있으며, 상태의 변화에 따라 자동으로 개폐한다.

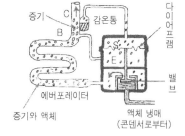

[그림 7]

Let's review!

1. [그림 2]에서 파이프에 A점에서 D점까지 서리가 끼어 있을 때 장치 내의 냉매량은 적은가, 적정량인가, 많은가?

2. [그림 3]에서 B점과 C점의 온도차를 무엇이라 하는가?

3. [그림 5]에서 B점과 C점의 온도차는 몇 도인가?

4. [그림 6]에서 C점까지 액화 냉매가 오면 EV는 어떻게 되나?

5. [그림 5]에서 B점은 7.2℃, C점이 15.5℃이면 EV는 어떻게 되나?

6 보이지 않는 큰 손

● 매일매일 개량중 ●

드라이어와 히더

방해꾼을 제거 하는 연구

냉동 장치에서 냉매의 흐름을 컨트롤하는 것은 냉동 장치를 효율적으로 운전하기 위해서 중요하다. 게다가 그것은 자동으로 이루어진다는 것을 앞 페이지에서 배웠다. 그 중 하나가 캐필러리 튜브이고 다른 하나는 자동 온도 팽창 밸브이다. 이밖에도 고장을 막기 위한 몇 가지 장치가 마련되어 있는데, 이에 대하여 살펴보자.

먼저 냉동 장치는 냉매가 순환할 때 수분이 들어가면 운전에 여러 가지 나쁜 영향을 끼치므로 수분을 차단해야 한다. 한 방울의 물도 고장의 원인이 된다. 〔그림 1〕은 캐필러리 튜브의 경우로, 수분이 출구에서 얼어붙은 모습이다. 팽창 밸브의 경우 〔그림 2〕와 같이 수분은 밸브에 얼어붙었다.

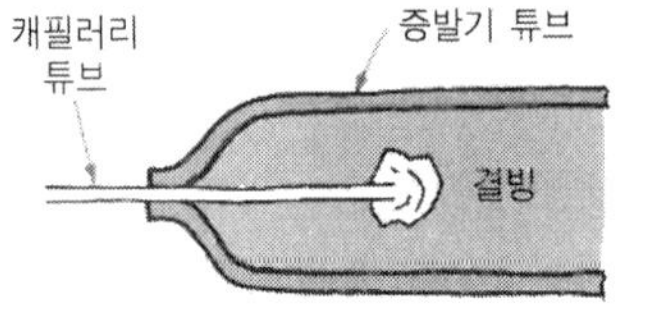

이 결과 냉매의 흐름이 제한되어 증발기에 충분한 양의 냉매가 흐르지 않게 된다. 따라서 이러한 소량의 물방울에 의한 결빙을 흡수하는 능력이 있는 것을 적당한 곳에 둘 필요가 있다. 이를 드라이어(건조기. 〔그림 3〕)라고 하며, 〔그림 4〕의 Ⓐ는 응축기(콘덴서)의 출구에 둔 것이다. 이 타입은 냉매의 흐름상 고압 쪽에 놓인다.

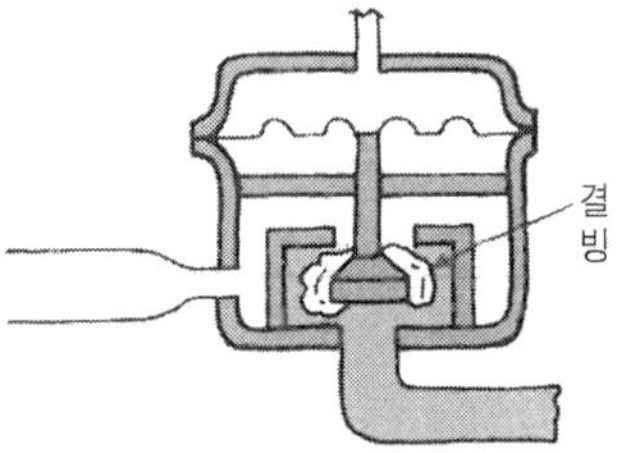

일반적으로 쓰이는 건조 재료에는 실리카겔·소바비트·모레큘러시브스 등이 있다.

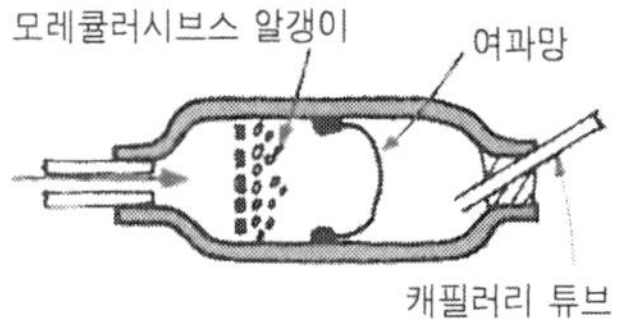

〔그림 1〕

〔그림 2〕

〔그림 3〕

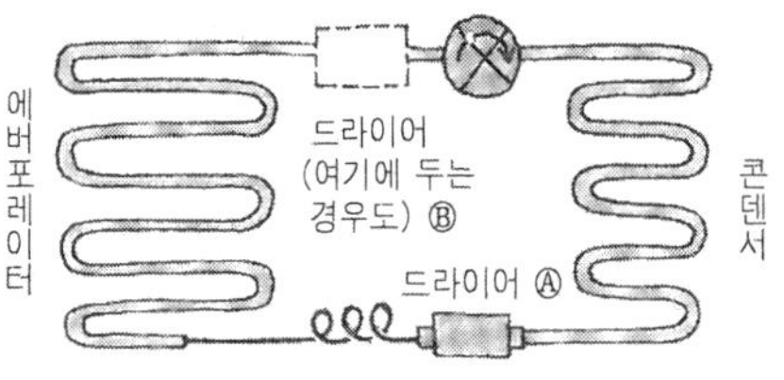

〔그림 4〕

〔그림 3〕은 모레큘러시브스 드라이어로서 입자에 의해서 수분이 제거되며, 시브 입자, 먼지, 금속 조각 등이 캐필러리 튜브로 들어가는 것을 필터가 방지한다.

174

〔그림 4〕의 ⑧는 드라이어를 저압 쪽에도 둘 수 있다는 것을 나타낸다. 〔그림 5〕에 냉장 장치를 나타냈는데, 드라이어가 어디에 있는지 주의해 살펴보자. 이미 컴프레서에 액체 냉매가 들어가는 것을 방지하는 장치로서 자동 온도 팽창 밸브를 배웠다. 단 캐필러리 튜브를 이용한 냉장 장치에서는 여분의 액체 냉매가 컴프레서 쪽으로 흐르기 쉬우므로 증발기의 출구에 **헤더**라는 액체 냉매의 통과를 방해하는 장치를 둔다. 섹션 라인(컴프레서로의 흡입관) 쪽은 위쪽으로 구부러져 있는데, 이것은 증발 냉매만이 지나갔기 때문이다(그림 6).

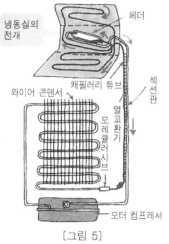

〔그림 5〕

〔그림 6〕

룸 에어컨 등의 냉방 장치에서는 〔그림 7〕과 같은 어큐뮬레이터를 이용하여 액체 냉매의 통과를 막는다. 여기서 주의할 것은 헤더나 어큐뮬레이터나 그 장치에 대한 냉매의 양이 규정량 이상으로 많으면 액체 냉매를 막을 수 없게 되므로 장치에 정해진 냉매의 양을 잘 알아 두어야 한다. 끝으로 〔그림 5〕의 섹션관과 캐필러리 튜브를 살펴보자. 이것은 〔그림 8〕과 같이 양쪽이 접합되어 있다. 캐필러리 튜브 속의 냉매는 증기 상태로 흐르는 섹션관 속의 것보다 따뜻하므로 관에 온도차가 생겨 열은 차가운 곳으로 이동한다. 이 전열에 의해 액체 냉매는 증발기에 들어갈 때 2~3°C 차거워져 운전 효율을 높인다. 이와 같이 열의 교환을 잘 이용하여 효율을 높이는 방법도 있다.

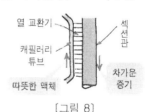

〔그림 8〕

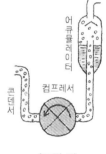

〔그림 7〕

Let's review!

1. 냉매가 흐르는 배관 내에 수분이 있으면 어떤 일이 생기는가?
2. 드라이어는 어떤 곳에 장치하는가?
3. 헤더의 출구용 관은 왜 위쪽으로 구부러져 있는가?
4. 〔그림 5〕에서 헤더는 냉동실의 뒷면에 붙어 있다. 출구는 위를 향하고 있는가, 아래를 향하고 있는가?
5. 열교환기에서 열은 (ⓐ 캐필러리 튜브에서 섹션관으로 / ⓑ 섹션관에서 캐필러리 튜브로) 이동한다.

7 운전 상황의 진단

압력계의 이해

● 홀륭한 기술자는 용의주도하다 ●

[압력의 기준]

압력 0

대기압 1.033kg/cm²

수은주 76cm

컴프레서

kg/cm²

cmHg

압력계

압력이 걸리는 경우

냉동 장치도 큰 것은 빌딩의 냉동 창고, 제빙 회사의 제빙실 등 여러 방면에 걸쳐 있다. 큰 장치에는 냉동 기계 책임자가 따로 업무에 종사하는데, 우리 주변의 가전 제품도 냉동 원리는 같다. 홀륭한 기술자일수록 기초 사항을 정확히 그리고 확실히 터득하고 있다.

여기서는 기본 지식인「압력」에 대해 확실히 알아보자. 〔그림 1〕(a)는 10kg의 각뿔대가 테이블 위에 놓인 모습이다. 밑면의 1변 길이가 5cm인 정사각형일 경우, 밑면 1cm² 당 $10 \div (5 \times 5) = 10 \div 25 = 0.4$〔kg/cm²〕의 압력을 테이블에 가하고 있다.

(b)는 액체가 든 용기인데, 이 경우도 액체의 중량에 의한 압력이 밑면에 가해지고 있다. 또 용기 내에 정육면체를 넣으면 정육면체의 각 면은 그 방향이 어떻든 어느 면에나 압력이 가해진다. 수은은 매우 무거운 액체이다. 〔그림 2〕와 같은 수은주를 만들었을 때 어느 정도의 압력이 가해지는지 계산해 보자.

$76 \times 1 \times 0.013595 = 1.03322$〔kg/cm²〕의 압력이 밑면에 작용한다.

지금까지 물이나 수은과 같은 무거운 유체를 대상으로 했는데, 공기처럼 가벼운 유체도 무게를 가지며 압력을 가한다. 지구를 감싸고 있는 대기는 표준 장소에서 **1.0332kg/cm²**의 압력을 갖는다. 이 압력을 대기압이라 한다. 그림처럼 진공관에 수은을 채운 뒤 이것을 수은 용기에 거꾸로 세우면, 표면이 대기와 직접 접촉하고 있는 수은의 높이는 대기의 중량에 의해 수은에 가해진 것과 같은 압력을 나타낸다. 이것이 〔그림 2〕에서 1cm² 당 76cm의 수은주의 무게를 계산한 값이 되고, 1.0332kg/cm²가

〔그림 1〕

10kg

5cm 5cm

(a) (b)

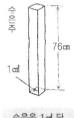

수은주 76cm

1cm

수은은 1cm³ 당 0.013595kg

〔그림 2〕

나온다. 만약 지구상의 공기를 전부 없앤다면 그 압력은 어떻게 될까? 0의 상태가 된다.

이와 같이 대기압을 전혀 받지 않을 때를 0으로 한 압력을 **절대 압력**(absolute pressure)이라 하고 단위는 kg/cm²abs를 쓴다.

냉매 장치의 냉매는 여러 가지 압력이 되어 장치 내를 도는데, 압력계에 의해 측정된다.

[그림 3]은 압력계의 구조이다. 부르동관 내에 압력이 걸리면 곡관의 구부러진 각도가 변화하는 성질을 이용하여 압력을 측정한다. 그림에서는 접속구가 대기 중에 열려 있어 지침은 0을 나타내고 있다. 따라서 이 경우 0kg/cm²g으로 하고, g을 붙여 앞의 절대 압력과 구별한다. 그리고 이것을 **게이지 압력**(gauge pressure)이라고 한다. 게이지 압력의 0은 절대 압력의 1.0332kg/cm²(대기압)이므로 양자의 관계는 다음 식과 같다.

[그림 3]

절대 압력＝게이지 압력＋1.0332

[그림 4]에서 플라스크 속의 공기를 무슨 방법으로든 없앴다고 할 때 모든 공기가 사라지면 압력은 0kg/cm²abs가 된다. 이 상태를 **완전 진공**이라고 한다. 냉동 기계에서는 대기압(게이지압 0kg/cm²g)과 완전 진공(절대 압력 0kg/cm²abs) 사이의 압력을 잘 조정해야 한다. 즉 대기압보다 낮은 압력이다.

이 대기압보다 낮을 경우를 진공이라고 하는데, [그림 5]에 나타낸 것과 같이 완전 진공까지를 76cm로 하고 **진공~cm Hg**로 나타낸다. 따라서 대기압의 곳은 진공 **0cm Hg**이며 동시에 0[kg/cm²g](게이지압 0)이기도 하다.

[그림 4]

[그림 6]은 진공의 눈금에는 빨간 선을 넣어 대기압 이상의 높은 압력과 대기압 이하의 낮은 압력의 양쪽을 측정하게 한 압력계로 **연성계**라고 한다.

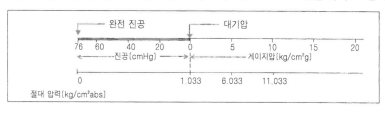

[그림 5]

[그림 6]

Let's review!

1 오른쪽 그림과 같은 철을 테이블에 놓았다. 테이블 위의 압력은?

2 자동차 타이어에 공기를 넣었을 때 내부의 압력은 어떻게 되나?

3 해면과 산 정상의 대기압 중 어느 쪽이 큰가?

4 냉동기 운전중 컴프레서 입구의 압력을 계기로 보니 2kg/cm²g이었다. 이때의 절대 압력은 얼마인가?

5 진공값은 연성계 게이지의 0 눈금에서(시계 방향, 시계 반대 방향)으로 바늘이 움직여 나타낸다.

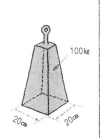

100kg

20cm   20cm

8 냉각시키는 데도 요령이 있다

● 연구하는 마음은 이심전심 ●

더우니까 증발하는 것은 아니다

냉동 장치는 공기와 물을 냉각하기 위해 사용되지만 중심이 되는 냉각 작용은 증발기(에버포레이터)의 열교환에 의해 이루어진다. 즉 이곳에서 에버포레이터 내에 들어 있는 냉매가 액체에서 기체로 증발된다. 물을 증발시키려면 열을 가해 데우면 되지만 물질의 외부에서 보면 열을 빼앗는 것이다. 냉동 장치에서 냉매가 낮은 온도로 관 내에서 증발하고 있다는 것은 외부에서 보면 낮은 온도라도 열을 빼앗기고 있다는 것을 뜻한다. 이 작용을 하는 에버포레이터에는 ① 전열 작용이 양호할 것 ② 구조가 간단할 것 ③ 취급이 편리할 것 ④ 냉매량이 적어도 될 것 등이 필요하다. 대형 냉동 장치에는 ⓐ 건식, ⓑ 만액식, ⓒ 액체 순환식 등의 방식이 있고 서로 다른 특징을 가지고 있다. 가정용 냉동·냉장고에는 어떠한 개선책이 취해지고 있는지 다음 에버포레이터의 유형별 동작과 구조를 보면서 살펴보자.

① 시리즈   (직 렬)
② 패러렐   (병 렬)
③ 리서큘레이팅   (재순환)
④ 컴비네이션
       ⓐ 1온도
       ⓑ 2온도
⑤ 강제 순환

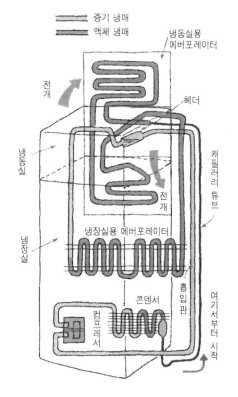

〔그림 1〕 에버포레이터를 중심으로 전개

〔그림 1〕은 배관 계통을 나타낸 것이다.

① 시리즈 에버포레이터

가장 간단하고 흔히 쓰이는 것이
다. 〔그림 2〕의 (a)에서는 화살표와
같이 냉매가 들어오면 이 냉매는 관속을 순서대로 통과
하여 출구(헤더) 쪽으로 나간다. 이 타입은 (b)와 같이
여러 개의 직관 끝에 U자관을 이어 만든다. 또 긴 관을
사용 장소에 맞추어 여러 가지 형태로 구부리는 경우도
있다. 어느 경우든 이 타입은 냉매가 1개 부분에서 들
어가 출구까지 연속된 관 내를 흐른다.

② 패러렐 에버포레이터

이 타입은 냉매가 흐르는 길이 때에 따라 2개 또는
그 이상으로 나뉜다. 〔그림 3〕 (a)는 캐필러리 튜브의
끝과 에버포레이터에서 두 개로 나뉜다. (b)는 또다른
패러렐 타입의 에버포레이터를 나타낸 것이다. 그림에
서 알 수 있듯이 이 타입은 두 개의 캐필러리 튜브를
가진 에버포레이터의 예로, 각 패러렐관은 각각의 캐필
러리 튜브로부터 냉매를 공급 받는다.

③ 재순환식

냉매의 흐름을 잘 살펴보자. 냉매는 정해진 방향으로
흐르며, 액체 냉매의 상태로 헤드에 도착한 냉매는 에
버포레이터 입구로
되돌아가 같은 길을
재순환한다(그림 4).

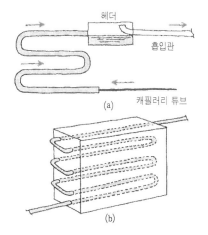

〔그림 2〕 시리즈 에버포레이터

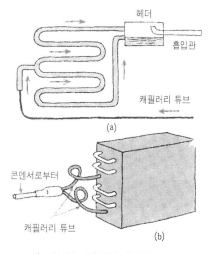

〔그림 3〕 패러렐 에버포레이터

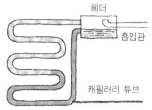

〔그림 4〕 재순환식 에버포레이터

Let's review!

1. 에버포레이터의 구조에 따른 종류를 써라.
2. 형태에 관계없이 시리즈 에버포레이터는 어떻게 구분할 수 있는가?
3. 시리즈 에버포레이터와 패러렐 에버포레이터의 기본적인 차이는 무엇인가?
4. 재순환식 관의 구조는 어떻게 되어 있는가?

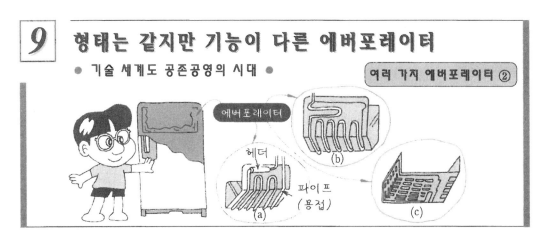

9 | 형태는 같지만 기능이 다른 에버포레이터

● 기술 세계도 공존공영의 시대 ●

여러 가지 에버포레이터 ②

에버포레이터

헤더

파이프 (용접)

(a)

(b)

(c)

냉각 방법
앞 페이지에서 에버포레이터의 타입을 3가지 살펴보았다. 에버포레이터는 증발기라고도 하고 냉각기라고도 하는데, 냉장고의 냉동실은 얼음 접시에 넣은 물을 1.5~2시간 정도면 얼릴 수 있다. 구조적으로는 위의 그림과 같이 몇 가지 타입이 있다. (a)는 파이프식, (b)는 강철판제 압출식, (c)는 알루미늄제 압출식이다.

냉장고에는 야채실까지 있는 3도어식도 있는데, 냉동실에 냉동 식품, 냉장실에 고기나 생선, 달걀 등을 넣는다. 냉동실은 에버포레이터로 냉각시키고 냉장실은 선반 쪽으로 찬 공기를 보내는 것 (그림 1-(a))과, 컴비네이션 에버포레이터를 이용하여 냉동실과 냉장실에 각각 에버포레이터를 두고 양쪽을 단열제로 나눈 것도 있다(그림 1-(b)). 온도의 예는 그림에 기입되어 있다.

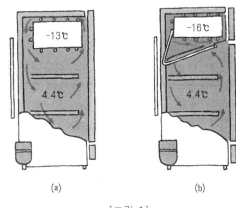

(a)

(b)

〔그림 1〕

컴비네이션 에버포레이터 -1 온도-

이것은 2개의 에버포레이터 부분을 갖는다. 같은 냉매가 양쪽 부분을 흐르고 같은 압력에서 같은 온도로 증발한다. 이 타입은 〔그림 1〕의 (b)인데, 178페이지의 〔그림 1〕도 이 타입의 에버포레이터를 계통도로 나타낸 것이다. 냉매는 어떤 식으로 흐르는지 콘덴서를 빠져나온 곳의 화살표에서 출발하여 그림의 파이프를 따라가 보자.

컴비네이션 에버포레이터에서는 냉동실과 냉장실의 에버포레이터가 같은 온도로 운전하는데, 냉동실의 온도가 더 낮아지는 것은 어떤 동작 때문일까? 그것은 냉동실 쪽의 크기가 작고, 열의 출입이 적으며 또 많은 관이 감겨 있기 때문이다.

컴비네이션 에버포레이터 -2 온도-

앞의 〔그림 1〕에서 에버포레이터 속의 압력과 온도는 냉동부나 냉장부나 같다. 이것을 다르게 한 것이 「2온도」라는 것으로, 그 때문에 압력 조정기(pressure regulator)를 쓴다(그림 2).

이것은 두 개의 에버포레이터 사이에서 두 가지의 다른 온도를 얻는데 필요한 압력차를 만들기 위해 오리피스를 개폐하는 밸브를 가지고 있다. 냉매의 흐름이 〔그림 2〕와 같을 때 냉장실 에버포레이터는 냉동실 에버포레이터보다 크다. 프레온 12의 표에 의해 냉동실 에버포레이터의 압력이 1.3kg/cm²abs이면 −24℃로 되고, 냉장실의 압력이 2.6kg/cm²abs이면 −6℃가 되듯이 압력에 따라 온도도 변하고 있음을 알 수 있다(169페이지의 〔표 1〕 참조).

즉 밸브는 냉동실보다 냉장실 쪽의 압력을 높게 한다.

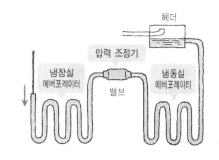

〔그림 2〕

강제 순환 : 에버포레이터 위에 공기를 불면 공기는 열을 많이 빼앗긴다. 즉 공기에서 에버포레이터로 가는 열의 이동이 많아진다. 이 방식을 강제 순환이라고 한다. 공조용 에버포레이터는 이 방식을 쓴다.

열전도를 더욱 양호하게 하기 위한 방법으로서 날개를 부착하는 방법이 있는데, 〔그림 4〕에 나타냈다.

이 방식에서 에버포레이터로 들어오는 공기의 열은 강제 순환에 의해 날개로 전해진다. 날개에 전해진 열은 에버포레이터로 전해진 뒤 다시 냉매로 전해지는 순서를 따른다.

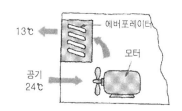

〔그림 3〕

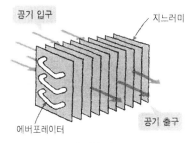

〔그림 4〕

Let's review!

1. 〔그림 1〕 (a)에서 냉동실과 냉장실의 온도는 각각 몇 도인가?
2. 컴비네이션 에버포레이터는 에버포레이터가 몇 개의 부분으로 나뉘는가?
3. 〔그림 2〕에서 냉장실 에버포레이터와 냉동실 에버포레이터 중 어느 쪽의 압력이 큰가?
4. 〔그림 2〕에서 밸브의 목적은 무엇인가?

10 숨은 실력자

● 남의 도움만 바라지 말자 ●

모터 컴프레서의 구조

증발냉각기
압축기는 이런 곳에
모터 컴프레서
콘덴서
액체로
응축부
저압 저온 증기
고압 고온 증기
뒤에 뭔가 붙어 있어!

모터 컴프레서란?

지금까지 냉동·냉장의 주무대로서 중심적인 작용을 하는 냉매와 냉각기에 대하여 설명해 왔다. 여기서는 그 뒷무대라고 할 수 있는 압축기(컴프레서) 등에 대하여 알아 본다.

그것은 응축부라는 곳으로 압축기, 콘덴서 모터 등이 여기에 속한다.

냉장고용   룸 에어컨용

〔그림 1〕

이제부터 설명하는 것은 소형 냉장고나 공조용으로, **전밀폐형 압축기**라고 한다. 전동기를 내장하고 외부를 강판으로 용접 밀폐하여 현장에서 분해 수리가 안 되고 내부도 안 보인다. 만약 모터나 컴프레서에 고장이 생기면 전부 바꾸어야 한다. 내부의 작용에 대하여 어떤 것을 알아두면 좋은가 알아 보자.

증발기로부터 (차다)
콘덴서로 (따뜻하다)
점검용 밸브
흡입관
모터
방출관
증기는 이곳으로부터 컴프레서로 들어간다
컴프레서
기름   스프링
〔그림 2〕

〔그림 2〕와 같이 케이스 내의 모터와 컴프레서는 냉매 증기에 둘러싸여 있다. 이 상태에서도 모터가 상하지 않도록 제조업자는 적절한 절연을 한다.

모터로 가는 리드선도 연결할 수 있지만, 밀폐 용기의 기밀성을 유지하려면 증기에 의해 전기적 절연이 침해 받지 않아야 한다.

〔그림 2〕를 참고하여 내부 구조를 자세히 알아보자.

(1) 흡입관과 방출관은 기밀성을 가진 구조로 접속되어 있다. 흡입관은 저압 증기를 가져오고 이 증기는 컴프레서에 들어가기 전에 모터의 주위를 둘러싼다. 이 증기는 차거운 것으로 모터의 열을 식혀 절연의 과열을 방지한다.

(2) 점검용 밸브는 내부 압력을 측정할 때 사용한다. 위의 그림에 있는 것은 내부에 압력이 낮은 증기가 있기 때문에 **저압 케이스**라고 한다.

(3) 흡입관을 직접 컴프레서에 넣고 컴프레서에서 나온 증기(콘덴서로 간다)를 모터의 주위에 접촉시키는 타입은 **고압 케이스**이다.

기름의 작용과
취급

컴프레서는 기계 장치이므로 가동부가 있다. 기름은 이 가동부의 윤활유로 쓰인다. 대형 냉동 장치(암모니아 응축기나 프레온 냉동 장치로서 큰 것)에서는 기름 분리기라는 것도 장치하지만, 여기서는 소형 장치의 구조를 살펴본다. 〔그림 2〕에도 있듯이 기름은 밑바닥에 고여 있는데, 오일 펌프가 이 기름을 순환시켜 축받이를 비롯한 기타 필요한 곳을 윤활한다. 컴프레서의 기름은 양질의 것을 쓰며 또 한번 넣으면 오래 간다.

기름은 컴프레서의 실린더 내에도 소량 들어가며 냉매 증기와 함께 콘덴서로도 가 냉동기를 한바퀴 돈다.

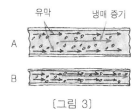

끝으로 케이스의 밑바닥을 보자. 〔그림 3〕의 2개의 흡입관을 보면 A는 B보다 관로가 굵다(두 배라고 함). 증기의 속도는 어느 쪽이 빠를까? B 쪽이다. 또 관벽에 생기는 유막은 어느 쪽이 관을 따라 잘 움직일까? 이것도 B 쪽이다. 여기서 공조 장치의 경우 때로는 냉각 유닛의 몇 m 위에 응축 유닛이 있을 때도 있는데, 이 때도 기름은 응축 유닛까지 되돌아와야 한다. 〔그림 4〕 (a)는, 기름은 커피가 끓을 때처럼 관내의 위로 올라가지만 굵은 관에서는 이와 같은 작용이 없다. 그 때문에 (b)와 같이 도중에 **트랩**을 만들고, 거기에 기름이 고이면 다시 위로 올라가도록 되어 있다. 트랩은 기름이 응축 유닛으로 돌아오는 것을 돕는다.

이 트랩의 설치 위치와 최대 수직 거리 및 응축 유닛의 설치시 최고 높이는 보통 지침에 나타나 있다. 참조하면 도움이 될 것이다.

기름의 작용 중 기계 부품의 윤활 외에 또 한 가지의 역할이 있다. 모터는 작동하면서 열을 낸다. 이 발생 열량을 모터에서 제거할 필요가 있다. 만약 열을 제거하지 않으면 어떻게 될까? 모터의 온도가 절연이 파괴될 때까지 올라가 모터를 고장낼 것이다. 이 열의 문제와 기름의 관계는 다음 테마에서 다루기로 하자.

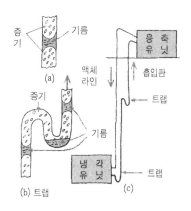

〔그림 4〕

Let's review!

1. 컴프레서로 들어오는 냉매의 상태는 (저압, 고압)이며 (저온, 고온)이다.
2. 〔그림 2〕의 모터 컴프레서의 케이스는 (저압 케이스, 고압 케이스)이다.
3. 〔그림 3〕의 A와 B에서 관벽의 유막은 어느 쪽이 움직이기 쉬운가?
4. 트랩은 무엇 때문에 만드는가?

11 열은 좋은 것, 귀찮은 것

● 재미없다 하지 말고 배우자 ●

열을 피하는 법

앞 페이지에 이어 복습 삼아 열 문제를 다룬다. 열이 전달되는 방법에는 3가지 있다. ① 전도 ② 대류 ③ 복사이다. 따라서 모터의 열은 전도에 의해 금속 케이스로부터 컴프레서의 외부 상자로 전달되지만 이것만으로는 불충분하다. 182페이지 [그림 2]와 같이 모터나 컴프레서는 스프링에 의해 지지된다. 따라서 직접 외부 상자와 접하지 않으므로 외부로의 열 전달은 더욱 어려워진다. 이 열을 제거하는 데 증기 냉매가 한몫 한다는 것은 이미 기술했다.

여기서 윤활유는 열을 식히는 역할을 한다. [그림 1]과 같이 직접 모터의 권선에 닿는 기름이 있어 열을 빼앗고 되돌아온다. 고여 있는 기름은 케이스 금속을 거쳐 밖의 공기 중으로 나간다.

기름이 냉각 역할을 하려면 온도가 모터의 온도보다 낮아야 한다.

어떤 것은 [그림 2]와 같이 기름 냉각관을 단 것도 있다. 뜨거운 기름은 지름이 굵은 기름 냉각관을 통해 다시 순환하도록 되어 있다.

이 굵은 기름 냉각관은 관에서 주위의 공기 중으로 열 전도를 효율적으로 하기 위해 공기와의 접촉 면적을 넓게 한 것이다.

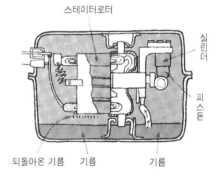

[그림 1]

기름으로 냉각하고 냉매로 식히고

일반 냉장고는 어떻게 되어 있을까? 이쯤에서 조사해 보자. [그림 3]은 모터 컴프레서의 기름 공급시 기름의 온도를 내리는 방법을 나타낸 것이다.

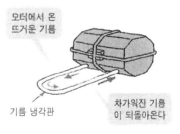

[그림 2]

먼저 이 파이프의 통로에 대하여 냉매가 어떻게 흐르고 있는지, A점에서 화살표 순으로 더듬어 보자. 냉매는 컴프레서에서 흐르기 시작하여 최종적으로 캐필러리 튜브에 도착한다.

〔그림 3〕에서 뜨거운 고압의 냉매 증기를 컴프레서에서 먼저 탈과열기라고 쓰인 파이프를 지나는 것을 알 수 있다. 탈과열기는 응축기와 같은 작용을 한다. 즉 주위의 공기보다 뜨거우므로 이 열은 과열 증기가 되어 주위의 공기로 이동한다. 이 이동하는 열량만으로 증기 냉매를 액체 냉매로 만들기에는 불충분하다. 여기서 제거되는 열을 과열도(super heat)라고 한다. 이 열을 제거하면 증기의 온도는 내려간다. 그 뒤 파이프는 컴프레서의 기름 공급 탱크 속을 통과한다. 증기가 기름보다 온도가 낮으므로 열은 기름에서 증기로 이동한다. 여기서 기름이 냉각된다. 따라서 증기는 과

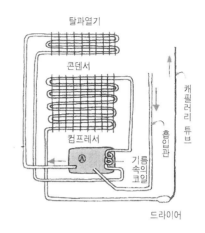

〔그림 3〕

열되지만, 파이프가 콘덴서를 통과할 때 다시 차가워진다. 탈과열기 코일은 모터 권선에 직접 냉매 증기를 통하게 하므로 모터를 냉각시키는 데도 쓸 수 있다. 〔그림 4〕를 보며 생각해 보자. 뜨거운 압축 증기는 컴프레서 펌프에서 탈과열기 코일로 들어간다. 탈과열기 코일 속의 냉매 증기에서는 과열분이 빼앗겨 주위 공기로 전해진다. 그렇게 해서 냉매 증기의 온도를 내리는 것이다.

냉각된 증기는 모터의 주위나 상부를 흘러야 하므로 컴프레서 케이스의 관계 장소로 되돌아오도록 배관되어 있다. 열은 여기서 과열되어 모터에서 증기로 전도된다.

과열된 증기는 컴프레서 케이스를 나와 냉매가 액체 상태로 바뀌는 콘덴서 쪽으로 들어간다.

끝으로 이 타입의 컴프레서 케이스는 저압 케이스인지 고압 케이스인지 알아 보자. 182페이지 〔그림 2〕에서 설명한 고압 케이스가 〔그림 4〕로, 여기서도 이 고압 케이스의 타입을 설명했다.

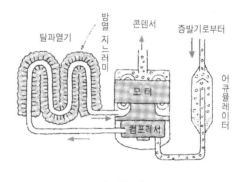

〔그림 4〕

Let's review!

1 기름 냉각관은 어떤 작용을 하는가?
2 〔그림 3〕에 대하여 Ⓐ점에서 스타트한 배관이 어떻게 이루어졌는지를 살펴보자.
3 〔그림 3〕에서 컴프레서에서 나와 최초로 열을 방출하는 것은 무엇인가?
4 〔그림 4〕의 모터 컴프레서의 케이스는 (저압 케이스, 고압 케이스)이다.

12 냉·난방이 자유자재

● 문호개방하길 잘 했네 ●

물 펌프와 히트 펌프

히트 펌프란?

멀티 에어컨이라고 해서 1대의 실외 유닛(컴프레서와 콘덴서를 1조로 한 것)에 2대 이상의 실내 유닛을 접속하여 여러 곳의 냉방을 하는 방식이 보급되었다. 여기서는 이 방식에 대해서 언급하지 않고 대신 냉방 장치를 이용하여 난방도 하는 냉난방 에어컨에 대하여 알아 본다.

하나의 냉방 시스템으로 냉방과 난방의 양쪽을 겸하는 것을 히트 펌프라고 한다. 히트는 열을 말하고 펌프는 물을 퍼올리는 것을 말하는데, 〔그림 1〕과 같이 냉·난방도 열을 낮은 곳에서 얻어 높은 곳에 버리는(열은 보통 높은 곳에서 낮은 곳으로 전한다) 사이클이 물을 푸는 펌프와 비슷하다.

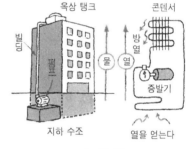

〔그림 1〕

여기서 냉방 장치에 대하여 그 동작을 복습해 두자. 〔그림 2〕 (a)는 냉방용으로 운전하는 모습이다. 왼쪽의 파이프는 에버포레이터가 되고 실내에 있다. 오른쪽 파이프는 실외에서 콘덴서 역할을 한다.

여기서 설명의 편의상 왼쪽 것을 **실내 코일**, 오른쪽 것을 **실외 코일**이라 부르기로 한다. (a)에서는 액체 냉매가 캐필러리 튜브를 통해 실내 코일에 흘러들어가(← 참조) 증발하고 열을 흡수하여 냉각한다.

한편 냉매는 열을 받아 온도가

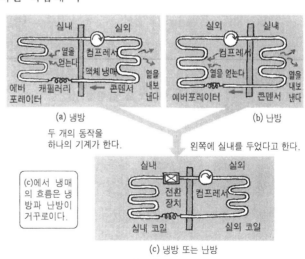

(a) 냉방
두 개의 동작을 하나의 기계가 한다.

(b) 난방

왼쪽에 실내를 두었다고 한다.

(c)에서 냉매의 흐름은 냉방과 난방이 거꾸로이다.

(c) 냉방 또는 난방

〔그림 2〕

상승하지만, 이것은 실외 코일(콘덴서 역할)로 열을 버려 냉매의 온도가 내려간다. 난방시에는 실외 코일이 열을 버리는 작용을 하므로 실외 코일 쪽을 실내로 하여 냉매의 작용에 의해 버려지는 열로 방을 따뜻하게 한다. 그러나 실제로 히트 펌프는 (c)와 같이 1대 만으로 전환 장치를 이용하여 냉매의 흐름을 바꿔 자유로이 냉·난방한다.

1인 2역의 히트 펌프

여름에는 냉방, 겨울에는 난방. 1인 2역을 위한 히트 펌프 시스템에는 위에서도 설명했듯이 전환 밸브가 달려 있다. 이 밸브에 의해 실내 코일, 실외 코일에 흐르는 냉매의 흐름이 바뀌는 것이다. 〔그림 3〕(a)는 히트 펌프가 냉방 운전(cooling)하고 있는 경우이고, (b)는 난방 운전(heating)하는 경우이다. 전환 밸브 부분을 먼저 비교해 보자.

밸브의 위치가 이동하여 냉매가 흐르는 관과의 연결 상태가 변하고 있음을 알 수 있을 것이다. (a)쪽에서 처음에 냉매가 어떻게 흐르고 있는지, 파이프 내에 화살표를 그려가며 시스템을 살펴보자. 컴프레서 근처의 ⇨ 표부터 시작하면 된다. 도중에 캐필러리 튜브에는 바이패스(by-pass: 측로)가 있어, 통행 가능(⇨)과 통행 불가(✕) 표시와 함께 체크 밸브라고 쓰여 있다. 이 기구는 다음 페이지에서 다루므로 우선 전체적 흐름을 더듬어 보자. 여기서 알 수 있듯이 냉방 운전시에는 실내 코일이 냉각기(에버포레이터)로, 실외 코일이 콘덴서로서 작용하여 냉기가 실내로 나온다.

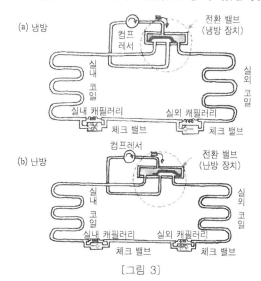

[그림 3]

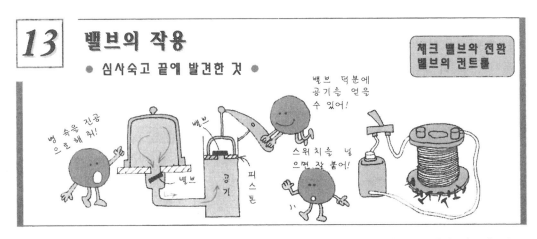

13 밸브의 작용
● 심사숙고 끝에 발견한 것 ●

체크 밸브와 전환 밸브의 컨트롤

체크 밸브의 작용

히트 펌프 방식은 냉동기의 코일 부분이 하는 흡열과 배열 작용을 같은 장소(실내)에서 자유로이 전환하는 것은 이미 배웠다. 앞 페이지의 〔그림 3〕에 이미 나타나 있지만, 이 히트 펌프 방식에는 2개의 캐필러리 튜브가 부착되어 있다. 또한 그곳에 체크 밸브가 같이 쓰이고 있는 것도 확인했다. 그 그림에서는 화살표로 체크 밸브가 냉매의 통로가 되었는지의 여부를 나타냈는데, 캐필러리 튜브와 체크 밸브에서는 체크 밸브가 통행 가능 상태이면 냉매는 당연히 이곳을 지나고, 캐필러리 튜브에는 아주 조금만 지난다. 이 체크 밸브의 구조는 간단하며,〔그림 1〕과 같이 냉매는 단순히 한 방향으로만 흐르도록 되어 있다.

히트 펌프에서 냉방중에는 실내 코일이 에버포레이터가 되고, 액체 냉매는 코일로 들어가기 전에 캐필러리 튜브에 의해 압력이 저하되므로 〔그림 2〕(a)와 같이 냉매는 실내 쪽 캐필러리로 흐른다(체크 밸브는 닫힘). 반대로 난방중 냉매의 흐름은 실내 코일이 에버포레이터가 되므로 그 전에 캐필러리 튜브가 작용한다. 즉 체크 밸브는 실내 코일 쪽이 열리고 실외 코일 쪽은 닫혀 (b)와 같이 된다.

난방일 때 실내 코일은 무슨 역할을 하는가? 에버포레이터인가? 콘덴서인가? 지금까지의 설명으로 알 수 있듯이 실내 코일은 콘덴서 역할을 하여 열을 방출함으로써 따뜻한 공기를 실내에 보낸다. 체크 밸브를 움직이는 데 외부의 도움 필요 없이 액체 냉매의 흐름에 의해 간단히 개폐한다.

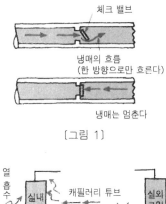

체크 밸브

냉매의 흐름
(한 방향으로만 흐른다)

냉매는 멈춘다

〔그림 1〕

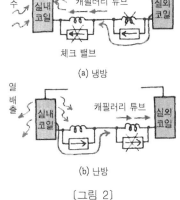

(a) 냉방

(b) 난방

〔그림 2〕

전환 밸브의 컨트롤

여기서 다시 한번 히트 펌프의 냉·난방 전환에 대하여 알아 보자. 냉·난방 운전 선택은 **전환 밸브**(switch over valve)의 슬라이드(또는 피스톤)의 위치를 움직여 한다. 움직였을 때의 모습은 187페이지 〔그림 3〕에 나타나 있다.

이 슬라이드를 컨트롤하는 방법에는 전기적인 것이 쓰인다. 그 주역인 솔레노이드 코일에 대하여 설명한다. 이것은 전자석이나 릴레이에 쓰이며, 〔그림 3〕에 나타낸 바와 같이 코일에 전류를 흘려 두고(여자한다고 함) 철심을 코일 한쪽 끝에 꽂아 넣으면 자속이 집중하여 철심을 통과하는데 그 결과 자력선의 줄어들려는 힘에 의해 철심은 코일의 내부로 끌려 들어가고 손을 떼면 중심 쪽으로 들어간다. 이것은 자기의 힘을 기계적인 운동으로 바꾼 것으로, 이 원리를 응용하여 밸브를 여닫는다.

이 솔레노이드 외에 파일럿 밸브(그림 4)도 사용하여 최종적으로 전환 밸브를 제어한다. 슬라이드를 움직이는 데에는 슬라이드의 앞뒤 냉매의 압력차가 도움이 된다. 〔그림 4〕는「난방」중의 파일럿 밸브와 전환 밸브의 모습 및 냉매의 압력을 나타낸 것이다(이 때 솔레노이드는 여자되어 있지 않음). 그림에서 컴프레서의 고압은 전환 밸브의 중앙 밑으로 들어가 A단에서 파일럿 밸브까지 가 있다.

여기서「난방」에서「냉방」으로 전환되면 솔레노이드가 여자되어 플런저를 끌어들이고 파일럿의 슬라이드가 움직여 〔그림 5〕와 같이 된 뒤 고압의 흐름에 의해 전환 밸브의 슬라이드가 움직여「냉방」상태가 되는 것이다.

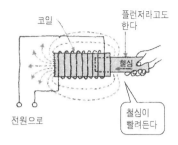

〔그림 3〕

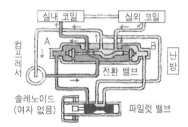

〔그림 4〕

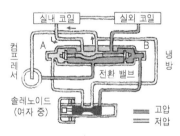

〔그림 5〕

Let's review!

1. 체크 밸브의 구조를 그림으로 나타내라.
2. 히트 펌프에서는 냉방일 때와 난방일 때 각각 어느 쪽 체크 밸브가 열리는지 설명하라.
3. 전환 밸브는 무엇으로 컨트롤하는가? 두 가지를 들라.
4. 〔그림 5〕에서「냉방」일 때 고압의 냉매 흐름의 화살표를 컴프레서부터 기입하라.
5. 코일에 고압 냉매가 흘러든 쪽이 콘덴서(열 방출)이다. 난방일 때는 실내 코일 쪽, 냉방일 때는 실외 코일 쪽으로 되어 있는지 확인하라.

14 서리 제거 솜씨

● 우유부단은 낭비를 초래한다 ●

복습과
새로운 화제

지금까지 배운 히트 펌프는 매우 편리하게 하나의 기기로 운전 상태를 전환하여 냉·난방할 수 있다.

그 때문에 솔레노이드 코일, 파일럿 밸브, 전환 밸브가 쓰였다.

그러면 그 상태 중 하나인 난방의 경우 냉매(고압인 것, 저압인 것)가 어느 부분에 어떻게 채워지는지 [그림 1]에 직접 나타내 보자. 솔레노이드 코일은 여자되어 있지 않다. 연필로 고압 냉매와 저압 냉매를 구별하여 색칠하자. 정답은 앞 페이지의 [그림 4]를 참조할 것.

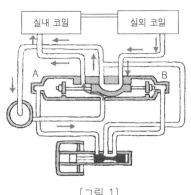

[그림 1]

이제 새로운 화제로 들어가자. 그것은 겨울철 실내 온도가 낮아 히트 펌프를 난방 운전으로 전환하여 운전할 때의 문제이다. 히트 펌프는 바깥 온도가 실내 온도보다 낮을 때 언제든지 실내 난방을 할 수 있어야 한다. 이 운전에 의해서 바깥 온도에 비해 실내 온도가 따뜻해진다. 이때 실내 코일은 콘덴서와 에버포레이터 중 어느 작용을 힐까? 실내 코일이 콘덴서로 실외 코일이 에버포레이터로 작동한다.

바깥 온도 3℃에서 실외 코일로 열이 이동하기 위해서는 실외 코일은 3℃ 이하여야 한다. 또 바깥 온도가 0℃이면 코일은 0℃ 이하가 된다. 이 때 코일의 표면에는 어떤 일이 생길까? 습기가 서리 또는 얼음이 되어 실외 코일 표면에 달라 붙는다. 그리고 이 표면의 서리나 얼음 때문에 열의 이동이 방해되어 열을 흡수하지 못하게 된다.

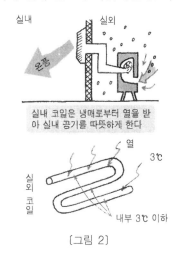

실내 코일은 냉매로부터 열율 받아 실내 공기를 따뜻하게 한다

[그림 2]

190

히트 펌프가 난방 운전중일 때는 실내 코일이 실내로 열을 공급한다. 이것은 실외 코일이 바깥 공기로부터 열을 빼앗아 냉매가 증발하기 때문인데, 실외 코일에 두껍게 얼음이 끼어 있으면 불가능하다. 이 얼음을 제거하는 간단한 방법은 무엇일까? 지금까지 히트 펌프의 운전에서 설명했듯이 냉·난방은 전환 밸브로 이루어지기 때문에 얼음이 녹을 때까지 일시 냉방 운전한다. 그 이유는 냉방시에는 실외 코일이 콘덴서로 바뀌어 열을 내므로 코일 표면의 얼음이 녹기 때문이다(그림 3). 이 때는 실내 코일이 동시에 에버포레이터가 되어 열을 빼앗아버리므로 당연히 모처럼 따뜻해진 실내공기가 차가워진다. 대개의 에어컨은 히트 펌프 자체의 실내 공기가 흐르는 길에 전열 히터가 붙어 있어서, 서리 제거 운전중에는 이 히터가 작동하므로 실내 코일에서 발생한 냉방 효과가 나타나지 않는다.

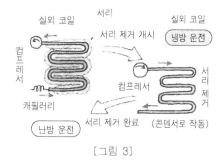

[그림 3]

핫가스 디프로스트(hot gas defrost)

서리 제거는 냉장고에서도 요구되는 것으로 냉동, 냉방을 하는 곳에서는 공통의 문제이다. 히트 펌프에

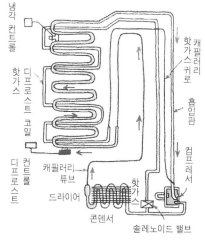

[그림 4]

서도 실외 공기의 온도와 습기량(습도)이 실외 코일에 서리나 얼음이 생기는 비율을 결정한다. 혹독한 조건에서는 매시간마다 서리 제거가 필요하고 공기가 매우 건조된 곳이면 실외 코일은 며칠 운전해도 서리 제거가 필요없다. [그림 4]는 자동 서리 제거 식품 냉동고의 냉매 순환도이다. 이 시스템에서는 증발기의 서리를 제거하는 데 뜨거운 냉매인 "hot gas"를 쓴다.

Let's review!

1. 실외 코일에 서리가 끼는 것은 어떤 때인가?
2. 서리를 제거하는 방법을 설명하라.
3. 서리 제거 때문에 운전 상태가 변하여, 난방 운전을 냉방 운전으로 전환했을 때 실내에 냉기가 흐르는 것을 방지하는 방법은?
4. 핫가스식이란 어떤 것인가?

15 역작용의 냉동 사이클
● 의미심장한 반대 ●

**동작 Ⅰ
솔레노이드(무여자)**

핫가스 디프로스트의 동작을 좀더 살펴보자. 〔그림 1〕은 핫가스를 사용하여 에버포레이터의 서리를 제거하는 시스템을 나타낸 것이다. 그림에서 솔레노이드 밸브라고 쓴 곳을 보자. 즉 〔그림 2〕와 같이 솔레노이드 코일이 여자되어 있지 않을 때는 솔레노이드 밸브는 닫혀 있어 냉매는 압축기에서 ①로 들어가 ②로 흐른 뒤 콘덴서로 간다. 이것은 냉동 사이클의 평상 상태를 나타낸다. 솔레노이드 밸브가 닫혀 있어 컴프레서의 고압 냉매(핫가스)는 핫가스 디프로스트 라인에 들어가지 못한다(그림 ③의 방향으로는 안된다는 의미이다). 〔그림 1〕의 검게 칠해진 라인이 냉매의 정상 흐름을 나타낸다. 컴프레서에서 시작하여 화살표를 따라 시스템을 한바퀴 돌아 보자.

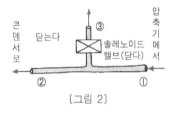

〔그림 2〕

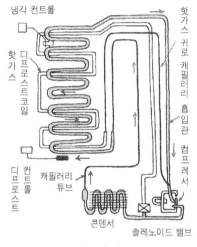

〔그림 1〕

**동작 Ⅱ
솔레노이드(여자)**

솔레노이드 코일에 전압이 가해졌을 때를 생각해 보자. 이 때 솔레노이드 밸브는 열린다. 이렇게 되면 컴프레서의 고압 가스는 평상 루트인 콘덴서 쪽과 핫가스 디프로스트 회로 쪽의 양쪽으로 흐른다(그림 3). 〔그림 1〕에서는 검은 선이 디프로스트 회로이다. 컴프레서 쪽으로 되돌아오는 것을 확인하라.

이 검은 선도 완전한 냉매 사이클을 구성하고 있다. 게다가 핫가스 디프로스트 회로에서는 핫가스 디프로스트 코일이 콘덴서 역할을 한다.

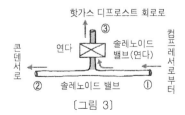

〔그림 3〕

따라서 열은 핫가스 디프로스트 코일에서 냉각기 코일에 부착한 얼음(서리)으로 전해져 얼음을 녹인다(서리 제거 달성). 핫가스는 응축되어 액체 냉매가 된다. 이것을 냉동 사이클에서 생각하면 콘덴서 역할을 하는 핫가스 디프로스트 코일에서는 내부에 고온·고압 가스가 들어와 있지만, 밖에서 차가워지므로(냉각수나 공기로) 고압이지만 낮은 온도의 냉매로 바뀐다.

여기서는 이 냉각 역할을 얼음이 하고 있는 것이다. 이것은 거꾸로 얼음이 녹아 서리를 제거하는 결과를 낳는 것이다. 다음에 〔그림 1〕을 보면 알 수 있듯이 핫가스 디프로스트 코일에서 돌아오는 길에 있는 핫가스 귀로 캐필러리 튜브라는 것이 고압의 액체 냉매를 저압으로 내리는 역할을 한다. 그리고 컴프레서의 바로 앞에서 주계통의 흡인 라인에 결합된다. 컴프레서의 저압 쪽으로 들어간 냉매는 곧 증발하여 증기가 된다. 따라서 디프로스트 회로에 대해서 저압 컴프레서 케이스는 에버포레이터 역할을 한다(서리 제거 회로가 있는 것은 액체 냉매가 컴프레서로 들어가므로 컴프레서로는 액체 냉매를 빨아들이면 고장난다는 사실과 모순되지만 이 컴프레서는 이 상태에서도 고장나지 않게 설계되어 있다).

정리

(1) 〔그림 4〕는 냉매 사이클의 중요한 부분을 4개로 블럭화한 것에 서리 제거 회로를 겹쳐 그린 것이다. 이 그림으로 동작을 정리해 두자.

(2) 〔그림 5〕는 서리 제거시 냉매는 평상시 냉동 사이클 회로와 서리 제거 회로로 흐르므로, 그 양적 관계상 두 개의 큰 상이한 저항이 병렬로 이어진 전기 회로와 대비되는 것을 나타낸 것이다. 전류의 크기를 냉매로 생각할 수 있다.

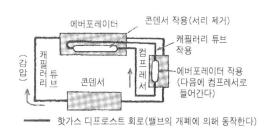

〔그림 4〕 작동도

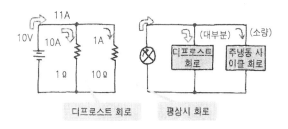

〔그림 5〕 서리 제거시 냉매의 흐름(대비)

Let's review!

1 서리 제거중이 아닐 때 솔레노이드 밸브는 (닫혀 있다, 열려 있다).

2 서리 제거중일 때 주냉동 사이클의 회로를 흐르는 냉매는 솔레노이드 밸브에 의해 주회로에 (흐른다, 흐르지 않는다).

3 서리 제거시에 냉각관(에버포레이터)은 어떤 작용을 하나?

4 서리 제거시 대부분의 냉매는 어느 곳을 흐르는가?

16 서리 제거 방법도 여러 가지
● 알고 보면 다종 다양 ●

디프로스트
회로의 정리

냉장고의 냉각 코일에 서리가 끼는 것은 당연하고 또 특징이라고도 한다. 어떤 사람은 서리가 끼면 「이 냉장고는 냉각이 잘 된다」고 말한다. 차거우니까 서리가 끼는 것은 틀림없다. 서리는 컵에 찬물을 넣으면 습한 공기가 이슬이 되어 컵 표면에 앉는 것처럼 냉장고의 경우 저온의 냉각관에 이슬이 아닌 서리가 끼는 것이다.

그런데 이 서리는 열의 전도를 방해하며 두꺼워질수록 심해진다. 그러므로 서리가 끼면 냉각기가 외부의 열을 빼앗기 어려워져 냉장고의 효율이 떨어진다 (그림 1).

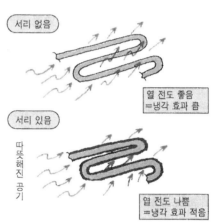

[그림 1] 열의 전달 방식

냉각관의 지느러미에 서리가 끼면 통풍도 나빠져서 열 전도는 매우 나빠진다.

그래서 서리를 제거해야 하며 그 장치를 서리 제거 장치 또는 **디프로스트 장치**라고 한다. 그 방식은 크게 다음과 같이 나뉜다.

① 핫가스식ㅡ압축기가 토해낸 고온 가스를 이용한다. 냉매의 응축 잠열을 이용한다.

② 살 수 식ㅡ핫가스 대신 물을 뿌려 서리를 녹인다.

③ 전 열 식ㅡ주로 소형 유닛 쿨러에 이용되며, 냉각관 사이에 히터를 넣은 관을 배치한다.

One Point   현열과 잠열이란? (열의 명칭)

① 물질에 열을 가하면 온도가 상승한다. 이것을 현열이라 한다.

② 물질에 열을 가해도 온도는 변하지 않고 상태만(액체가 기체로, 고체가 액체로) 변한다. 이것을 잠열이라 한다.

물건을 팔려면 손님이 잘 볼 수 있게 배치해야 한다. 이 목적으로 만든 것이 진열대이고 취급하는 상품에 따라 냉동 및 냉방을 한다. 냉동 식품, 아이스크림, 정육, 생선, 유제품, 청과 등이 주로 이에 속한다. 여기서는 개방형 진열대로 쓰이는 디프로스트 시스템을 살펴보자. 진열대는 다음의 3가지가 일반적이다.

① off cycle deforst 냉각 운전을 정지하여 자연히 서리가 녹기를 기다리는 방법이다.

② 전기 히터 디프로스트 전기 히터로 강제로 서리를 녹이는 방법으로, 증발기에 직접 또는 증기기 입구에 부착한다.

③ 핫가스 디프로스트 시간이 짧게 걸려 가장 훌륭한 방법이다. 핫가스 디프로스트의 동작을 〔그림 2·3〕을 보며 설명한다.

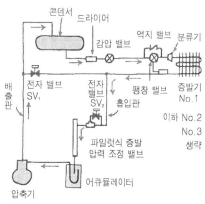

〔그림 2〕 냉각 운전중

〔그림 2: 냉각 운전시〕

압축시 토해낸 냉매 가스는 콘덴서로 들어가 액화한다. 그리고 액체관을 통해 각 증발기로 공급되어 증발하고 흡입관을 지나 압축기로 되돌아온다.

〔그림 3: 서리 제거 운전중〕

증발기 No.1의 서리를 제거할 때 증발기 No.1의 계통 전자 밸브 SV_1을 열고 SV_2를 닫아 증발 압력 조정 밸브를 폐쇄한다. 그 때문에 배출된 가스의 일부는 SV_1을 통해 증발기 No.1으로 들어가 주위에 열을 내뿜어 서리를 녹이는 동시에 응축 액화한다. 액화한 냉매는 역지 밸브를 통해 액체관에 들어가 다른 증발기로 이동한다. 이상에 의해 증발기 No.1의 서리는 제거되고 No.2 이하는 냉각 운전된다.

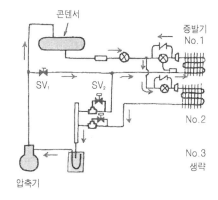

〔그림 3〕 서리 제거중

Let's review!

1 냉각기에 생기는 서리는 냉동 효과에 해가 되는가, 이익이 되는가?

2 서리 제거 장치의 분류에 대하여 기술하라.

3 냉동 장치에서 냉매는 액체에서 기체가 될 때 열이 필요하다. 이 열은 (현열, 잠열)이다.

4 진열대의 서리 제거 방법을 3가지 기술하라.

17 너무 높아도, 낮아도 안된다

냉동기의 자동 제어

● 박리다매도 물건이 좋아야 ●

알맞게 얼려지 않으면 가공하기 힘들어!

조역의 역할 분석

냉동·냉방의 기본은 뭐니뭐니 해도 냉동 사이클이다. 그러나 기본은 어디까지나 기본이고 이 상태만으로 최적의 기능을 발휘한다고는 할 수 없다. 그것을 보충하는 자동 제어 관련 기기에 대하여 알아 보자.

〔그림 1〕은 냉동 사이클의 전체 구성도이다. 이 중에 **고저압 압력 개폐기**가 있다. 냉동 사이클의 배관 중에는 곳에 따라 냉매가 고압 또는 저압이 되는 곳이 있다. 각각의 장소에서 적절한 압력이면 좋겠지만, 압축기에서 나온 고압이 너무 높거나 증발기의 압력이 너무 낮으면 이 압력 개폐기가 작용하여 전기 회로를 차단하고 압축기를 정지시킨다.

다음은 **온도 조절기**와 **전자 밸브**의 작용이다. 온도 조절기는 서모스탯을 말하는데, 이에 대해서는 전열 부분에서도 살펴보았다. 이것은 온도로 말하면 주로 낮은 온도를 다룬다. 즉 냉장고 내의 온도를 검지하여 일정 온도보다 올라가면 서모스탯이 작용하여 신호를 보내고 그 신호는 전자 밸브에 전해져 밸브를 열어 냉동 작용을 재개한다.

이 작용은 온도 조절기와 전자 밸브가 짝을 이루어 자동 제어의 일익을 담당하는 예이다.

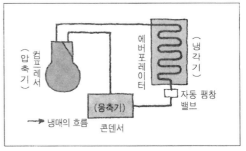

〈제어 회로의 형태〉

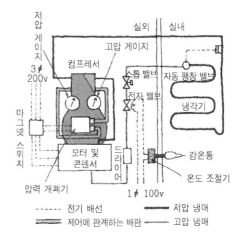

〔그림 1〕 기본 냉매 사이클

〔그림 2〕는 고저압 압력 개폐기이다. 냉동기에서 이상 압력에 의한 기기의 폭발, 압축기 전동기의 손상, 이상 저압에 의한 압축기의 고장 등을 방지하는 역할을 한다. 〔그림 2〕(b)에 외형을, (c)에 내부 모습을 나타냈는데, 압력 설정값은 상부의 나사 머리(+ 나사)를 돌려서 맞춘다. (a)에서 1~5는 전기 배선의 단자로 이 끝에 전자 개폐기의 제어선이 이어진다.

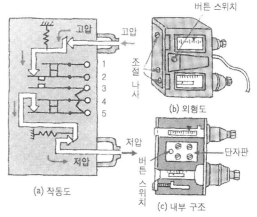

(a) 작동도

(b) 외형도

(c) 내부 구조

〔그림 2〕 고저압 압력 개폐기

(a)에 대하여 설명한다. 냉매 가스〔압축기로 가는 흡입 가스(저압), 배출 가스(고압)〕는 모세관에 의해 각각 벨로에 이끌려 조정 스프링에 대하여 신축한다. 이 벨로의 신축은 레버에 의해 확대되며 마이크로 스위치에 의한 조절(투切) 기구의 접점을 개폐한다. 이후 단자 1~5의 전기 회로는 전동기의 전자 개폐기에 이어져 정해진 동작을 하게 된다.

다음은 온도 조절기이다. 서모스탯의 원리에 대하여는 135페이지 전기 난로의 온도 조절 바이메탈에서 설명했다. 이밖에 전자식과 포화 증기압식 등이 있다. 여기서는 포화 증기압식 서모스탯에 대하여 설명한다. 이것은 감온통을 〔그림 1〕과 같이 냉장고 내에 넣어 온도를 감지하여 서모스탯에 증기압으로 전한 뒤 설정값에 따라 전기 접점을 ON-OFF하는 스위치 제어용이다. 〔그림 3〕은 그 개략적인 모습을 설명한 것이다. 이후의 전기 신호는 전자 밸브에 전해져 밸브를 개폐한다.

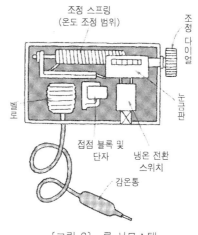

〔그림 3〕 룸 서모스탯

Let's review!

1. 고압이나 저압의 압력이 비정상일 때 모터를 정지시키는 작용을 하는 것은 무엇인가?
2. 온도 조절기는 무엇과 함께 사용되는가?
3. 압력 개폐기의 작동 순서는 ① (   ) — ② (   ) — ③ (   )의 순으로 전기 신호가 된다.
4. 냉동 장치에 사용하는 서모스탯은 무슨 식인가?

18 전기에도 릴레이 경기가 있다
● 이합집산하는 기기 ●

전자 개폐기와
전자 밸브

연계 플레이

에너지 절약은 수도물에도 적용된다. 큰 빌딩에서 야간에 일정 시간 화장실의 물 공급을 중지하려 할 경우 그 부분만 정지시키려면 각층마다 정지시키지 않으면 안된다. 그러나 전자 밸브을 사용하면 경비실에서 스위치 하나로 모든 밸브를 닫을 수 있다. 냉동 장치에서 이 전자 밸브는 어디에 장치되어 있을까? 〔그림 1〕을 보면 알 수 있

듯이 다른 기기와 조합하여 연계 플레이를 함으로써 정해진 작용을 한다. 이 그림은 온도 조절기(서모스탯)의 신호로 냉장고 내의 온도가 원하는 온도보다 내려가면 **전자 밸브**를 작동시켜 폐쇄시킨다. 다른 하나에서는 냉매 공급이 정지되므로 저압 쪽 압력이 낮아져 고저압력 개폐기의 저압 쪽 스위치가 작용하고 이 신호는 전자 개폐기에 전해져 냉동기의 운전을 정지한다. 이 순서가 연계 플레이이다.

그러면 이 전자 밸브는 실제로 어떤 모습인지 그림을 보면서 알아보자.

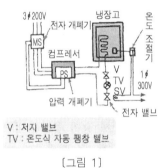

V : 저지 밸브
TV : 온도식 자동 팽창 밸브

〔그림 1〕

전자 밸브

전자 밸브는 지금까지 디프로스트 회로에서 설명한 솔레노이드 밸브와 같은 작용을 하는 것이다. 〔그림 2〕에 그 실제 모습을 나타냈다. 전자 밸브는 전자식 저지 밸브로, 코일에 전류가 통하면 열리고 중단하면 닫히는 통전개형과 역작동하는 통전폐형이 있다. 〔그림 1〕에 나타낸 바와 같이 온도 조절기, 압력 개폐기 등의 신호에 따라 유체가 지나는 관로를 전기적으로 개폐하는 데 가장 많이 사용된다. 전자 밸브의 중심은 전자 코일이며 그 속에 플런저가 있다.

온도나 압력을 감지한 신호 전류가 전자 밸브의 전자 코일에 흐르면 코일이 여자되어 안의 플런저에 전자력이 생기며, 〔그림 2〕의 경우는 밸브 시트가 올라가 냉매 통로가 열린다.

〔그림 2〕

전자 개폐기는 전기용 그림 기호로 ⑤로 일반 개폐기의 그림 기호 ⑤의 중심에 선을 넣은 것이다. 위에서 설명한 바와 같이 전자 개폐기는 다른 곳에서 온 신호에 의해 주회로를 여닫는다. 다시 기본으로 돌아가 전자석부터 검토해 보자.

전자석에도 몇 가지 유형이 있다. 그 구조는 투자율(透磁率)이 큰 재료에 코일을 감고, 그 코일에 전류를 흘리면 생기는 자력을 이용하는 것이다. 〔그림 3〕(a)는 플런저형, (b)는 클랩형이다. 전자 개폐기와 릴레이는 그림과 같이 전기 회로의 개폐를 사람의 손으로 직접 하는 것이 아니라 전자 코일에 연결된 선에 전류를 흘려(신호를 보내는 것) 그 전자력으로 하는 것이다.

전자석은 직류와 교류가 있다. 교류는 철심이 규소강이며 소음을 방지하기 위해 〔그림 4〕와 같이 셰이딩 코일이 자극에 설치되어 있다. 그밖의 형태는 직류와 같다.

전자 개폐기는 접속하기에 따라, 시퀀스 회로 내의 용도에 따라 여러 가지 동작을 한다. 과전압, 과전류가 흐르면 회로를 열기도 하고, 시퀀스 회로의 **자기 보호**라고 해서 조작 회로의 스위치를 넣은 후 스위치를 끊어도 주회로가 계속 동작하게 하는 용도로 사용된다. 〔그림 5〕는 〔그림 1〕에서도 설명한 사용법으로, 낮은 전압(조작 회로)으로 큰 전류, 높은 전압의 회로(주회로)를 여닫는 접속도이다. (b)의 ㉠은 조작 회로의 S를 닫으면 주회로도 닫히고 모터에 전류가 흐르며, ㉡은 S를 닫으면 주회로의 모터가 열려 정지되는 것이다. 이 S는 압력 개폐기 등에도 효과적이다.

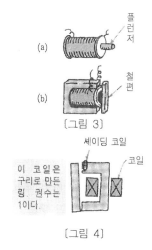

플런저

(a)

철편

(b)

〔그림 3〕

세이딩 코일

코일

이 코일은 구리로 만든 링. 권수는 1이다.

〔그림 4〕

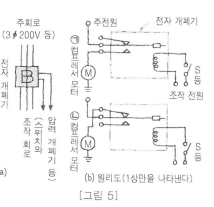

주회로
(3φ 200V 등)

전자 개폐기

전자 개폐기

주전원

전자 개폐기

㉠
컴프레서 모터

S
등

조작 전원

압력 개폐기 등
(스위치와

조작 회로

㉡
컴프레서 모터

S
등

(a)

(b) 원리도(1상만을 나타낸다)

〔그림 5〕

Let's review!

① 〔그림 1〕에서 전자 밸브를 조작하는 회로는 어디로부터의 신호인가?

② 〔그림 1〕에서 전자 개폐기를 조작하는 회로는 어디로부터의 신호인가?

③ 전자 개폐기의 그림 기호는 어느 것인가? (ⓐ ⑧   ⓑ ⑤   ⓒ ⑧   ⓓ ⑤)

④ 〔그림 3〕에 있는 전자석 (a), (b)의 형식명은 무엇인가?

⑤ 교류용 전자석에 붙어 있는 것은 무엇인가?

사양의 내용을 파악하자

● 용어도 동서양 절충 시대 ●

냉방 능력과 전력

숫자로 아는 냉난방기

냉장고, 에어컨, 냉난방 겸용 히트 펌프(186~189페이지 참조)의 기능과 구조 원리를 중심으로 지금까지 살펴보았다. 여기서는 좀 방향을 달리하여 사양에 나오는 규격이나 그 주된 숫자가 어떤 의미인지, 또 전력이 냉·난방의 운전 상태에 따라 어떤 변화를 일으키는지 등의 기본 사항에 대하여 알아 보기로 한다.

냉방 능력과 냉방 부하

냉방도 난방과 마찬가지로 열을 다루지만 난방과 달리 열을 빼앗는 작용을 한다. 이 열을 빼앗는 작용은 냉방기가 하는데, 그 능력을 나타내는 것이 **냉방 능력**으로 [kcal/h] 단위로 나타낸다. 또 냉각 대상(방의 크기나 구조, 조건 등이 다름)으로부터 열을 없애는 양을 **냉방 부하**라고 한다. 이것도 [kcal/h]로 나타낸다. 따라서 이 양자의 값이 일치하면 냉방으로서

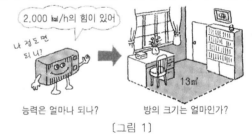

[그림 1]

기능을 다하는 것이 된다. 보통은 냉방 능력이 큰 쪽이 좋다.

냉방 부하, 난방 부하는 바닥면적 1㎡당 100~200[kcal]이다. 13㎡면 1300[kcal]~2,600[kcal]로, [그림 1]의 경우에는 냉방 능력 2,000[kcal]의 기기면 적당하다.

소비 전력

냉난방 시스템을 설치하려면 경비가 든다. 처음에는 기기 본체의 경비만 들지만, 사용을 시작하면서 하루 소비하는 전력이 시간과 함께 고려되어 전력량(단위는 [kWh])으로 표시된다.

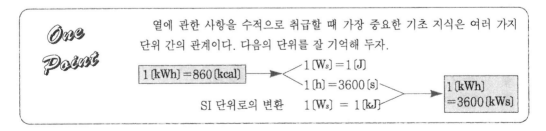

One Point

열에 관한 사항을 수적으로 취급할 때 가장 중요한 기초 지식은 여러 가지 단위 간의 관계이다. 다음의 단위를 잘 기억해 두자.

1[kWh] = 860[kcal]

1[Ws] = 1[J]
1[h] = 3600[s]
SI 단위로의 변환   1[Ws] = 1[kJ]

1[kWh] = 3600[kWs]

전기를 소비하는 주요 부품은 냉방의 경우 압축기, 난방의 경우 히터 및 각 팬용 모터이다. 냉방 능력이 큰 기종은 소비 전력도 많다. [kcal]와 [kWh]의 관계는「one point」를 참조하라. 가정용 냉장고를 예로 설명하면 용량이 50 l ~300 l 정도의 전력은 75W~300W 정도이다.

돈과 관계되는 전력 소비

냉방 시스템의 냉방 능력은 시스템이 1시간 운전하여 한 장소(에버포레이터)에서 다른 장소(콘덴서)로 열을 옮기는 양으로 나타내기 때문에 [kcal/h] 단위를 쓴다. 냉방의 주역은 냉매이고, 냉매의 변화를 돕기 위해 컴프레서가 움직인다. 컴프레서의 근본은 모터이다. 여기서 전력이 소비되는 것이다. 이 모터의 용량이 냉방 능력을 나타내기도 한다. 모터와 컴프레서 부분은 압축부라고 하는데, 모터와 컴프레서의 일체형을 모터 컴프레서라고 한다는 것도 이미 설명했다. [그림 2]는 앞서 설명한 압축부이다. (a)는 큰 것으로 중앙 공급식 에어컨용이고 (b), (c)는 작은 것을 나타낸다. (b), (c)와 같이 압축부의 용량은 겉모습만으로는 알 수 없다. 사양을 잘 보고 용량을 알아 두어서 , 만약 고장 등으로 교환할 때는 용량이 같은 것으로 교환해야 한다.

다음은 장치의 운전과 전력의 소비 관계이다. 전력은 냉매를 저압에서 고압으로 압축하는 데 필요한

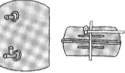

(a) 7.5kW   (b) 70W   (c) 250W

[그림 2]

에너지의 양이다. 냉방의 경우 운전 상태(냉매가 어떤 압력 아래 있는가 등)에 따라 전력은 폭 넓게 변화한다.

전력에 영향을 주는 요인은 ① 고압 쪽의 압력과 ② 저압 쪽의 압력이다. 그 중 저압 쪽의 압력 변화가 고압 쪽의 같은 양의 변화보다 전력 소비에 많은 영향을 준다. 저압 쪽이 내려가면 전력 소비도 내려간다.

[그림 3]은 냉장고 운전시의 입력 전력의 변화를 나타낸 그림이다. 에버포레이터에서 냉매의 냉각이 진행되면(저압이 낮아진다) 전력이 낮아지는 것을 알 수 있다.

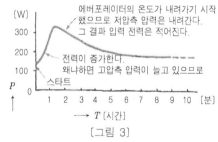

[그림 3]

Let's review!

1 냉방 능력, 냉방 부하의 단위는?

2 냉방 능력은 어떤 일을 나타내는 양인가?

3 1[kWh]는 몇 [kcal]로 계산되는가, 또 1[kcal]은 약 몇 [kJ]인가?

4 냉장고의 운전시 전력의 변화를 나타낸 [그림 3]에서 처음 급격히 전력 소비량이 증가하고 그후 서서히 내려가는 이유는?

히트 펌프의 계통 탐구 여기서는 본문 전체가 지금까지의 복습이 되는 내용을 다루었다. 그러나 똑같은 것을 다루면 학습의 신선도가 떨어지므로 [그림 1]과 같이 복잡해 보이는 계통도를 보며 살핀다. 히트 펌프의 동작, 필요한 기기와 그 작용, 냉매가 어떻게 흘러야 히트 펌프 본래의 역할을 하는가 등을 알아 본다.

먼저 기본적인 사항을 설명하고 나중에 질문을 한다.

[복습 1] 냉동 사이클(난방시)

ⓐ 컴프레서 ➡ ⓑ 콘덴서(실내 코일) ➡ ⓒ 자동 팽창 밸브 ➡ ⓓ 에버포레이터(실내 코일) ➡ ⓐ 컴프레서

이 순서로 냉매의 흐름(➡)을 따라간다.

[복습 2] 히트 펌프의 특징

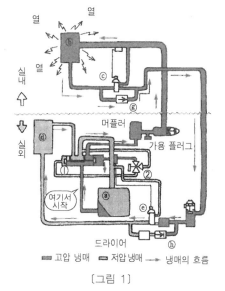

[그림 1]

🔲 다음 기기를 그림 속의 기호로 답하라(답은 다음 페이지에 있음).

1. 실내 코일
2. 실내 팽창 밸브
3. 실내 체크 밸브
4. 파일럿 밸브
5. 실외 코일
6. 실외 팽창 밸브
7. 실외 체크 밸브
8. 전환 밸브

컴프레서를 나온 곳에 실린더 모양의 ①이 있다. 이것이 **전환 밸브**이다. [그림 1]의 ┡┛┡형 밸브가 좌우로 움직여 상부 중앙 파이프(컴프레서에서 온 것)를 왼쪽 파이프(난방시—현재—)에 연결하거나, 오른쪽 파이프에 연결하여 전환한다. ②에 전환 밸브를 움직이는 작용을 하는 **파일럿 밸브**가 있다(구체적인 것은 189page 참조). 여기서 냉·난방 선택과 파일럿 밸브의 코일을 여자하지 않을 것인지(난방시), 여자할 것인지(냉방시)를 선택한다.

이제 전체적인 복습을 마쳤다. 그림 중의 작은 기기에 대하여는 생략한다. 끝으로 [그림 1]의 질문에 답하라.

이번에는 냉장고의 냉동 시스템을 복습해 보자. 냉동 사이클의 기본은 여러 번 나왔으므로 잘 알고 있을 것이다. 배관이 복잡하지만 컴프레서의 화살표 ① ⇨에서 시작하여 정상적인 회로를 돌아본다.

그 도중에 필요한 기기가 들어 있다. 또 서리 제거용으로서 핫가스 디프로스트 회로를 검게 칠해 표시했다.

ⓐ는 서리 제거 회로로 전환하는 솔레노이드 밸브이다. 이것이 여자되어 있지 않을 때는 냉매는 서리 제거 작용을 하지 않는다. 그러나 일단 여자되면 그곳의 밸브가 열리고 뜨거운 냉매가 서리 제거 회로에 흘러 냉동실의 냉각기에 낀 서리를 떼어낸다. ⓑ는 헤더로, 컴프레서에 액체 냉매가 흘러들어오지 못하도록 하기 위해 냉각기 맨 끝의 출구에 붙어 있다. 〔그림 2〕에서 ㉠~㉣은 무엇을 나타내는지 생각해 보자.

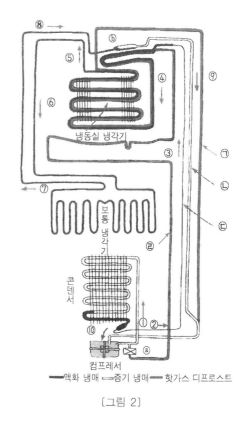

〔그림 2〕

〔그림 1〕의 답 1. ⓑ 2. ⓒ 3. ⓖ 4. ⓙ 5. ⓓ 6. ⓔ 7. ⓗ 8. ①
〔그림 2〕의 답 ㉠ 핫가스가 되돌아오는 관 ㉡ 흡입관 ㉢ 캐필러리 튜브 ㉣ 핫가스 디프로스트관

Let's review!

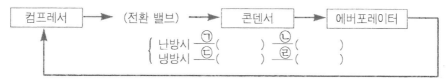

1 히트 펌프의 냉동 사이클에서 냉·난방이 이루어질 때 콘덴서의 역할과 에버포레이터의 역할은 실내·외 중 어느 코일이 하는지 ( ) 안에 기입하라.

컴프레서 ➡ (전환 밸브) ➡ 콘덴서 ➡ 에버포레이터

난방시 ㉠( ) ㉡( )
냉방시 ㉢( ) ㉣( )

2 핫가스 디프로스트로 회로를 전환하는 밸브를 무엇이라 하는가?

숲속의 샘물맛-냉수기
● 서비스도 심기일전 ●

이번에는 냉수기에 대해 알아 보자.

음료수를 항상 마시기 좋은 10~14℃의 온도로 유지시키는 것이 냉수기이다. 냉수기에도 그림과 같이 몇 가지 종류가 있다.

① 압축형

〔그림 1〕에 그 구조를 나타냈다.

급수는 수도에 바로 연결하여 항상 물이 보급되도록 되어 있다. 흔히 대형 건물이나 공장에서 볼 수 있다.

② 물통형(bottle)

위의 그림에서 카운터 위에 놓인 것이 이 타입이다. 탱크에 물을 저장해 놓고 정면의 주둥이에 컵을 대고 레버를 컵으로 밀면 물이 나온다. 이것은 탱크에 물이 비지 않도록 보충해주어야 한다. 그 구조를 〔그림 2〕에 나타냈다.

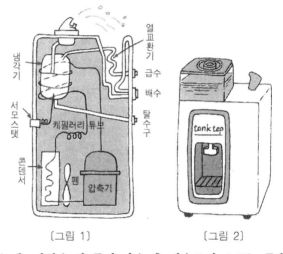

〔그림 1〕 　　　　　　〔그림 2〕

〔그림 1〕에서는 열교환기라는 것이 있는데, 이것은 찬 물이 나온 후 배수로서 흐르는 물을 급수관에 닿게 하여 냉수가 될 물을 조금이라도 식힘으로써 효율을 높이기 위한 것이다.

또 서모스탯이 붙어 있는 것은 물이 너무 차가워도 곤란하므로 서모스탯이 압축기의 운전을 조절한다. 압축기를 움직이는 모터의 출력은 150~200〔W〕이다.

냉수기는 단순히 찬 물이 나올 뿐이지만 여기에도 역시 냉장고나 에어컨에 사용되는 냉동 방법이 쓰인다는 것은 〔그림 1·2〕를 보아도 알 수 있다. 〔그림 3〕은 물통형 냉수기의 냉동 사이클이다. 냉동의 주역은 냉매인데, 이 냉매는 냉동 장치 안에서 어떤 압력과 온도를 유지하는지 〔그림 4〕를 보며 다시 한번 복습해 보자. 냉매는 냉동 사이클에서는 액체가 되었다가 증기가 되었다가 한다.

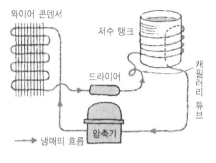

[그림 3] 물통형의 냉동 사이클

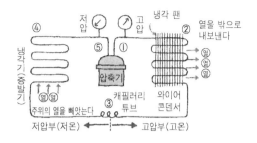

[그림 4]

① 압축기로 압축된 냉매는 고압, 고온의 증기로 되어 있다.

② 콘덴서(응축기)에서는 냉각되어 액화되지만, 압력은 고압 그대로이다.

③ 캐필러리 튜브를 지나는 곳에서 액체가 팽창하여 압력이 낮아진다.

④ 증발기에서는 액체의 압력이 낮아지므로 냉매의 성질상 압력과의 관계에 의해 온도는 낮
  아진다. 즉 여기서 외부의 열을 빼앗는다(이 부분을 냉각기라고도 한다).

⑤ 증발기에서 외부의 열을 받아 액체는 증발하여 증기가 된 뒤 압축기로 들어간다.

이상의 일을 되풀이한다.

마지막으로 열에 대하여 확인해 두자. 열에는 현열(顯熱: 물건을 데우는 데 쓰는 열)과 잠열
(潛熱)이 있으며, 후자에는 다음의 3가지가 있다(현열·잠열에 대하여는 168페이지 참조).

융해열 … 얼음을 녹인다. 온도는 올라가지 않는다. 이와 같이 고체를 녹일 때 필요한 열.

증발열 … 물이 비등하여 수증기가 되는 것처럼 액을 증발시켜서 기체로 만들 때 필요한 열.

승화열 … 드라이 아이스처럼 고체에서 곧바로 기체로 될 때 필요한 열.

Let's review!

[1] 냉수기의 종류를 2개 써라.

[2] 물이 너무 차가워지는 것을 방지하기 위해 있는 것은 무엇인가?

[3] 컴프레서를 나온 냉매의 상태는 (액체, 가스) 상태로 (고온 고압, 고온 저압, 저온 고압,
   저온 저압)이다.

[4] 냉각기란 냉매가 어떤 상태에서 무엇을 하는 곳인가?

[5] 물체에 가한 열이 물체의 온도는 올리지 않고 상태만 바꾸는 잠열의 가열 방법에는 어떤
   것이 있는가?

22 언제든지 만들 수 있는 각얼음

● 산자수명의 맑은 얼음 ●

제빙기란 얼음을 만드는 곳은 꼭 큰 공장만이 아니다. 가정의 냉장고도 얼음을 만든
무엇인가? 다. 여기서는 그 중간쯤 되는 제빙기를 다룬다. 그 원리의 기초는 지금까지 학
습한 냉매 사이클이다. 아이스크림이나 위스키에 얼음을 넣을 때, 제빙기만
있으면 언제든지 많은 각얼음을 쓸 수 있다.

이 제빙기에도 여러 가지 제빙 방식이 있는데, 얼음의 모양에 따라 큐브 아이스(각얼음)와
플레이크 아이스(잘게 부순 얼음)로
나뉜다. 〔그림 1〕에 제빙기의 내부
구조도를 나타냈다. 먼저 제빙기에서
얼음은 어떤 행정을 거쳐 만들어지는
지 설명한다.

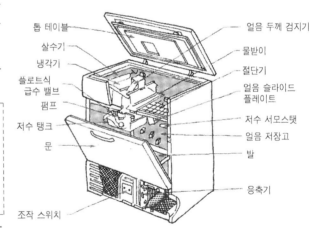

① 물을 넣는다(급수 행정)
② 얼음을 만든다(제빙 행정)
③ 판 모양 얼음을 만든다
   (이빙 행성)
④ 얼음을 저장한다(저빙 행정)

각 행정에 대한 자세한 것은 다음
에 설명하겠지만, 지금까지 배운 핫

〔그림 1〕 제빙기 내부 구조도

톱 테이블 — 얼음 두께 검지기
살수기 — 물받이
냉각기 — 절단기
플로트식 — 얼음 슬라이드
급수 밸브 — 플레이트
펌프 — 저수 서모스탯
저수 탱크 — 얼음 저장고
문 — 발
조작 스위치 — 응축기

가스에 의한 디프로스트의 원리가 ③의 이빙 행정에서 사용되는 것을 보면 이미 배운 지식이
다음을 이해하는 데 얼마나 많은 도움을 주는지 잘 알 수 있다.

또 기기마다 목적에 따라 여러 가지 부품 및 요소가 쓰인다. ②의 제빙 행정에서 얼음의 두께
가 적당한지 여부를 가리는 얼음 두께 검지 방식의 구조에 대하여 살펴본다.

제빙 행정 제빙의 큰 흐름은 다음과 같다. 〔그림 2〕의 계통도에 있는 냉각기 부분의 위
에 물을 흘려 일정한 두께의 판얼음를 만든 다음 얼음을 떼어내 절단기로 각얼
음으로 자른다. 제빙의 순서에 따라 각 행정을 설명한다. 〔그림 2〕를 참조하면서 읽어 보자.

① **급수 행정** 꼭지를 열면 플로트식 급수 밸브가 열려 저수 탱크에 급수되고 수위가 기준에 이르면 자동으로 급수 밸브가 닫힌다.

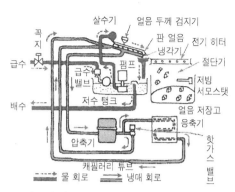
〔그림 2〕 큐브 아이스(판 얼음) 제빙기

② **제빙 행정** 펌프에 의해 물이 살수기 → 냉각기 → 저수 탱크를 순환한다. 그러면 냉각기 위에 얼음이 언다.

③ **이빙 행정** 얼음이 일정한 두께가 되면 얼음 두께 검지기에 의해 제빙 행정이 이빙 행정으로 넘어가 펌프가 정지하고 물의 순환도 정지된다.

이 때 핫가스 밸브가 열리고 핫가스가 직접 냉각기로 흐르면 냉각기와 접한 얼음 부분이 약간 녹아 냉각기 표면에서 떨어지고 절단기로 미끄러져 내려간다(냉각기는 콘덴서 작용을 해 열을 방출하고 그 후 압축기로 돌아간다. 이 부분에서 감압되어 에버포레이터의 역할을 마친 다음 냉매는 압축기로 압축되어 정상 루트를 따른다).

④ **절단 행정** 절단기 위로 미끄러져 내려온 판얼음은 전기 히터선의 열에 의해 접촉 부분이 약간 녹고 작은 각얼음으로 잘린다.

⑤ **저빙 행정** 절단기로 잘린 얼음은 저빙고로 떨어진다. 저빙고에는 저빙 서모스탯이 있어, 얼음이 일정량이 되면 제빙 운전을 정지하고 감소하면 자동으로 제빙 운전에 들어가도록 한다.

이상이 제빙 행정이다. 제빙기에 사용되는 특수 부품에는 플로트식 급수 밸브, 수위 검지기, 얼음 두께 검지기 등이 있다.

얼음 두께 검지기에는, ① 직접 검지 방식 ② 전기식 검지 방식 ③ 타이머식 검지 방식 ④ 수량 검지 방식 등이 있다. 〔그림 3〕은 전기식이다.

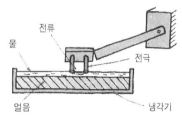
〔그림 3〕 전기식 얼음 두께 검지 방식

얼음의 두께가 일정 두께에 이르면 얼음 위를 흐르는 물이 얼음 두께 검지용 두 전극에 닿아 전극 간에 물을 매개로 하여 미약한 전류가 흐른다. 이 전류로 얼음 두께를 검지하고 제빙 운전을 정지시키는 방식이 전기식이다.

Let's review!

1 제빙기의 행정을 순서대로 5가지 써라.

2 이빙 행정에서 냉각기에서 제빙된 얼음을 꺼내는 방법은?

3 얼음 두께 검지 방식을 4가지 써라.

4 얼음이 모여 일정량이 되면 제빙을 정지하는 신호를 내는 것은 무엇인가?

☞ 〈165페이지 정답〉

1. 냉매　　　　　2. 프레온
3. 특정 프레온으로 바뀌는 프레온
4. 연　　　　　　5. 콘덴서

☞ 〈167페이지 정답〉

1. h, g　　　　　2. a, b
3. d, c　　　　　4. 20℃

☞ 〈169페이지 정답〉

1. 압력　　　　　2. 흡수
3. −29.8℃　　　4. −6℃

☞ 〈171페이지 정답〉

1. 오른쪽(콘덴서), 왼쪽(에버포레이터)
2. B　　　　　　3. ㉠
4. 본문 참조　　　5. 냉동 사이클

☞ 〈173페이지 정답〉

1. 너무 많다　　　2. 과열도
3. 12.8−7.2=5.6〔℃〕
4. 밸브가 닫힌다　5. 밸브가 열린다

☞ 〈175페이지 정답〉

1. 각종 기기를 손상시킨다.
2. 〔그림 4〕 참조　3. 증발 냉매만이 통함.
4. 위를 향한다.　　5. ⓐ

☞ 〈177페이지 정답〉

1. 0.25〔kg/cm²〕　2. 같은 크기의 압력
3. 해면상　　　　4. 3.03〔kg/cm²abs〕
5. 시계 반대 방향

☞ 〈179페이지 정답〉

1. 본문 참조　　　2. 연속한 길을 더듬는다.
3. 패러렐은 2개 이상의 길
4. 관은 폐회로

☞ 〈181페이지 정답〉

1. −13℃, 4.4℃　2. 2개
3. 냉장실　　　　4. 냉장실 내압을 높인다.

☞ 〈183페이지 정답〉

1. 저압, 저온　　　2. 저압 케이스
3. B　　　　　　4. 본문 참조

☞ 〈185페이지 정답〉

1. 본문 참조　　　2. 실제로 기입해 본다.
3. 탈과열기　　　4. 고압 케이스

☞ 〈187페이지 정답〉

1. 냉방-열을 빼앗는다, 난방-열을 낸다.
2. 전환 밸브　　　3. 실제로 기입해 본다.
4. 실내쪽　　　　5. (a) 실내 (b) 실외

☞ 〈189페이지 정답〉

1. 〔그림 1〕 참조　2. 본문 참조
3. 솔레노이드와 파일럿 밸브
4. 실제로 기입해 본다.
5. 실제로 기입해 본다.

☞ 〈191페이지 정답〉

1~2. 본문 참조　3. 전열로 냉기를 데운다.
4. 본문 참조

☞ 〈193페이지 정답〉

1. 닫혀 있다　　　2. 흐른다
3. 콘덴서　　　　4. 디프로스트 회로

☞ 〈195페이지 정답〉

1. 해가 된다　　　2. 본문 참조
3. 잠열　　　　　4. 본문 참조

☞ 〈197페이지 정답〉

1. 고저압 압력 개폐기　2. 전자 밸브
3. 레버 → 벨로 → 압력 개폐기
4. 포화 증기압식

☞ 〈199페이지 정답〉

1. 온도 조절기　　2. 압력 개폐기
3. ⓓ　　　　　　4. 그림 참조
5. 셰이딩 코일

☞ 〈201페이지 정답〉

1. 〔kcal/h〕　　　2. 열을 빼앗는 작용
3. 860〔kcal/h〕, 4.19〔kJ〕　4. 본문 참조

☞ 〈203페이지 정답〉

1. ㉠ 실내, ㉡ 실외, ㉢ 실외, ㉣ 실내
2. 솔레노이드 코일

☞ 〈205페이지 정답〉

1. 본문 참조　　　2. 서모스탯
3. 액체, 고온 고압　4. 본문 참조
5. 융해, 증발, 승화열

☞ 〈207페이지 정답〉

1. 본문 참조　　　2. 핫가스 디프로스트 회로
3. 본문 참조　　　4. 저빙 서모스탯

8 선풍기·시계의 전기학

전동기(모터)는 전원이 있는 곳이면 어디서든지 사용할 수 있는 가장 친근한 동력원이다. 전철이나 선풍기, 장난감에 이르기까지 그 이용 범위는 매우 넓다.

전동기의 기초인 전자기 현상과 법칙은 1820년대부터 에르스텟, 아라고, 패러데이 등에 의해 밝혀졌으며, 전력원의 발전과 함께 진보해 왔다.

이 장에서는 이러한 전동기를 동력원으로 하는 것 중 유도 전동기를 사용하는 선풍기와 교류 전원 주파수에 동기하여 회전하는 시계용 전동기를 채택하여 다루어 본다.

선풍기에 대해서는 먼저 풍력 조절 구조를 알아 본다. 그리고 메커니즘으로서의 풍향 조절 기구와 전자 스톱 회로에 대해서도 조사한다.

다음으로 시계용 전동기에서는 동기 와렌 히스테리시스 등의 동기 전동기에 대하여 서술하고, 알람 시계의 디지털 표시 장치에 대하여 언급한다.

1 바람이 상쾌하면 맥주도 맛있다

● 오늘 하루도 시원하게 ●

쓰기 편리한 선풍기

여름철의 풍물 선풍기는 사용자의 기호에 맞는 바람을 내도록 여러 가지 기능이 달려 있다. 회전 기구, 타이머, 높이 조절 기구 등이 있으며 가장 중요한 기능으로는 미풍에서 강풍까지 날개의 회전 속도를

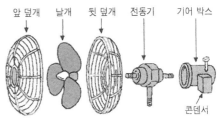

〔그림 1〕 선풍기 전개도

바꾸는 스위치가 있다(그림 2). 여기서는 선풍기 전동기의 속도 조절이 어떻게 이루어지는지 알아 보자.

부드러운 바람을 스위치 하나로

선풍기 전동기는 세탁기의 전동기와 같은 유도형 콘덴서 전동기로 〔그림 2〕와 같이 주권선, 보조 권선, 회전자, 콘덴서로 구성되어 있다. 회전 구조는 (100페이지 〔그림 2~5〕 참조) 보조 권선에 직렬로 접속되어 있는 콘덴서에 의해 흐르는 전류에 의해 생기는 자계와 주권선에 흐르는 전류에 의해 생기는 자계가 회전 자계를 만들면 그 자계에 이끌려 회전자가 돌아가는 식이다. 이 전동기에 가해지는 전압이 100V보다 작아지면 발생하는 회전 자계가 약해지고, 회전자를 돌리는 힘(이 힘을 토크라고 함)도 작아 회전 속도가 떨어진다. 전동기에 가하는 전압을 낮추려면 어떻게 하면 될까? 〔그림 2〕 (a)와 같이 전동기에 직렬로 **조속 코일**이라는 철심이 든 코일을 넣는다. 만약 스위치가

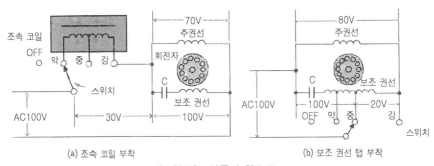

(a) 조속 코일 부착   (b) 보조 권선 탭 부착

〔그림 2〕 선풍기 회로도

210

강이라면 주권선에 100V가 가해져 전동기는 최고 속도를 낸다. (a)와 같이 스위치가 약이면 조속 코일에서 전압이 떨어져 주권선에는 100V보다 낮은 전압만 가해지므로 전동기는 저속으로 돌고 날개는 미풍을 보낸다. 〔그림 2〕 (b)는 조속 코일을 생략하고 보조 권선이 그 역할을 대신하게 한 것으로, 이 회로가 현재 많이 쓰인다. (b)의 스위치는 내장되어 있다. 이 경우 보조 권선으로 20V의 전압을 강하시키므로 주권선에 가해지는 전압은 80V가 되어 날개는 미풍보다 강한 시원한 바람을 보낸다.

토크 특성이 말하는 「속도 조절」

콘덴서 전동기와 같은 유도 전동기는 전원의 주파수와 극수에 의해 정해지는 동기 속도 n_0 를 갖는다. 전동기의 회전 속

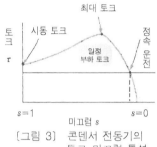

〔그림 3〕 콘덴서 전동기의 토크-미끄럼 특성

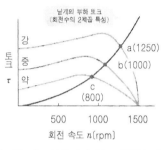

〔그림 4〕 선풍기의 토크-회전수 특성

도를 n 이라 하면 미끄럼 s 는 $s = \dfrac{n_0 - n}{n_0}$ 으로 나타낸다. 〔그림 3〕은 콘덴서 전동기의 토크-미끄럼 특성이다. **시동 토크**는 전원을 넣는 순간 발생하는 토크로 이것이 부하 토크보다 크지 않으면 전동기는 소리만 내고 회전하지 않는다. 전동기의 토크는 부하 토크보다 크므로 점차 가속하면 최대 토크를 지나 동기 속도에 가까워진다. 이 때 부하 토크의 크기와 전동기의 발생 토크가 일치한 지점에서 정속 운전이 되는 것이다. 전원의 주파수가 50Hz이고, 극수가 4일 때의 동기 속도는 1500〔rpm〕이다. 미끄럼 s 대신 회전수로 토크를 나타낸 것이 〔그림 4〕이다. 전동기에 가해지는 전압의 크기로 강·중·약의 토크 특성을 나타낼 수 있다. 전동기의 부하는 날개이다. 날개는 천천히 돌고 있을 때는 가볍지만 빨라지면 갑자기 무거워진다. 회전수의 2제곱에 비례하는 부하 토크 때문이다. 선풍기에 강·중·약의 스위치를 넣으면 전동기의 발생 토크와 부하 토크의 교차점 a·b·c의 각 점에서 정속 운전을 하고 해당하는 바람을 낸다.

Let's review!

1 동기 속도 1800〔rpm〕의 전동기가 1600〔rpm〕으로 정속 운전하고 있다. 미끄럼은 얼마인가?

2 동기 속도 1500〔rpm〕의 전동기가 미끄럼 0.05로 운전하고 있다. 회전수는 얼마인가?

3 30cm 날개의 선풍기 시동 토크를 오른쪽 그림과 같이 측정했다. 날개 끝에 테이프로 나무젓가락을 붙이고 그 끝을 접시 저울에 얹은 뒤 강 버튼을 눌렀다. 시동 토크〔gm〕는 얼마인가? (반지름×무게)

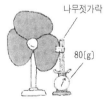

2 방향 조절은 크랭크에 맡겨라

● 만든 사람이 모르다니 말도 안 돼! ●

누르면 움직인다구!? 왜? why?

전동기의 뒤를 주목!

선풍기가 목을 돌리는 것은 자동차 와이퍼와 같은 크랭크 기구이다.

선풍기의 방향 조절 기구에는 래칫 버튼과 각도 전환 레버가 붙어 있다. 이러한 기구를 이해하려면 메커니즘을 분해하여 관찰하는 것이 필요하다. 〔그림 1〕은 팬 전동기의 뒤쪽 커버를 벗긴 그림이다. 이 그림에서 전체 구성을 보면 전동기의 회전 운동은 기어에 의해 감속되고 크랭크 기구에 의해 좌우 회전 운동으로 바뀐다. 각도는 전환 레버에 의해 요크심축과 로드축과의 간격을 조정함으로써 정해진다.

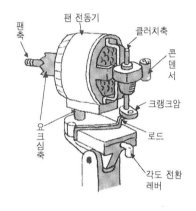

〔그림 1〕 선풍기 덮개를 떼낸다

클러치 버튼을 누르면

〔그림 1〕을 더 세밀히 분석한 것이 〔그림 2〕이다. 전동기의 회전축은 웜기어로 되어 있으며, 웜휠에 의해 세로 방향의 회전으로 바꿀 수 있다. 웜기어비(比)로도 감속시킬 수 있으나, 다시 기어를 넣어 감속시킨다. 다음에 로드축을 고정시켜 크랭크암을 회전시키면 로드는 좌우 운동, 즉 목을 돌리는 운동을 하는 것이다. 이 운동에 대한 자세한 설명은 다음에 하기로 하고, 여기서는 클러치 기구에 대하여 설명한다. 〔그림 3〕은 클러치 버튼 상하식 스위치이다. 그림은 스위치가 들어간 상태로, 클러치축의 일부에 베어링이 들어갈

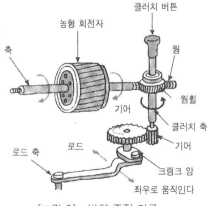

〔그림 2〕 방향 조절 기구

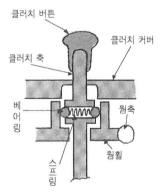

〔그림 3〕 클러치 버튼 상하식

구멍이 있고, 그 속에는 용수철이 들어 있다. 웜휠의 위쪽 벽에 있는 凹 부위에 스프링에 의해 베어링이 들어가 凸 부위 역할을 한다. 이 凹凸이 맞물려 웜기어에서 클러치축으로 회전이 전달된다. 이어서 클러치 버튼을 당기면 클러치 커버 속의 축이 올라가 凹凸이 풀리고 웜휠이 회전해도 클러치 축으로는 전달되지 않는다.

**보드지로
검증해 보자**

각도를 바꾸는 원리를 〔그림 4〕에서 설명했다. 〔그림 4〕에서 전환 레버는 40°이다. 방향 조절 기구에서 회전 각도를 정하는 중요한 포인트는 요크심축과 로드축 사이의 거리이다.

기어축 D가 회전하여 크랭크암과 로드가 직선이 되고 그 거리가 가장 길어지면((b)) 팬축은 중심선에서 20° 돌아간다. 로드와 크랭크축이 겹쳐져 그 거리가 가장 짧아질 때 반대쪽으로 20° 돌아간다.

즉 크랭크축이 1회전 할 때마다 팬축은 40° 돌아간다.

레버를 90°로 바꾸면 로드축은 요크심축에 가까워진다. 이 상태에서 크랭크축이 회전하면 레버가 40°일 때와 같이 크랭크암과 로드와의 길이가 가장 길 때 팬축은 45° 돌아가고, 거리가 가장 짧아졌을 때인 45°에서 90° 돌아가게 된다. 이 설명만으로는 별로 실감이 나지 않을지 모르겠다. 보드지를 잘라 시험해 보자.

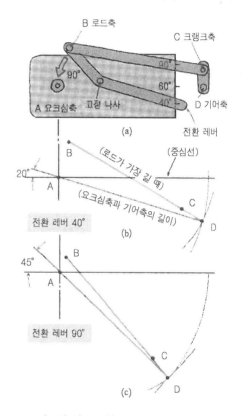

〔그림 4〕 회전 각도를 바꾸는 원리

Let's review!

1 웜기어는 어떤 운동을 하는가?

2 기어비가 1:10이다. 최초의 기어 회전이 200rpm(회전/분)일 때 나중의 기어는 몇 회전하는가?

3 〔그림 4〕(b)에서 B-D 사이가 일정할 때 크랭크암이 길어지면 회전 각도는 커지는가, 작아지는가, 변함이 없는가?

이거라면 안전 "전자의 파수꾼"

● 재기발랄한 터치 센서 ●

순간 멈춤식

측정할 때나 수리할 때나 전기 기술자에게 오실로스코프는 없어서는 안되는 도구이다. 〔그림 1〕을 보자. 수직 단자에 손가락이 닿으면 정현파 같은 파형이 생기는 것을 본 적이 있을 것이다. 이 파형의 **주기 T**를 측정해 보니 〔그림 1〕과 같이 20밀리초이다. 여기서 **주파수 f**를 구하면 $f = 1/T$ 이므로, 50(또는 60)Hz가 된다. 이것으로 보아 이 파형은 상용 전원이 인체에 유도하여 생긴 것임을 알 수 있다. 즉 전등선과 대지 간의 정전 용량에 흐르는 **변위 전류**가 인체에 흘러 들어 전위가 생기는 것이다.

전위를 띠고 있는 인체의 일부가 〔그림 2〕와 같이 선풍기 가드에 닿으면 어떻게 될까?

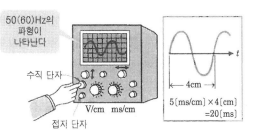

50(60)Hz의
파형이
나타난다

수직 단자

V/cm ms/cm

접지 단자

5[ms/cm]×4[cm]
=20[ms]

〔그림 1〕 오실로스코프에 손을 댄다

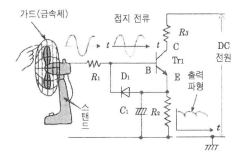

가드(금속제)

접지 전류

R_3

C

Tr_1

B

E 출력
파형

DC
전원

R_1

D_1

C_1 R_2

스탠드

〔그림 2〕 입력(터치 센서) 회로

+의 반파는 고저항 R_1을 지나 트랜지스터 Tr_1의 베이스 전류를 흘리고 그에 따라 Tr_1은 ON(도통)되어 부하 전류가 흘러 저항 R_2에 1V 정도의 출력이 발생한다. 왜 인체를 통해 베이스 전류가 흐를까? DC 전원의 접지 라인은 상용 전원에 접속되어 있고, 상용 전원 라인은 1선이 대지에 접속되어 있다. 가옥(목조라도)의 마루는 대지와 고저항 상태로 연결되어 있으며, 거기에 있는 사람도 접지되어 있다고 할 수 있다. 따라서 이 닫힌 루프에 의해 베이스 전류가 흐르는 것이다.

전자 스톱 선풍기의 기능을 분류하면, ① 팬전동기가 스타트할 때는 반드시 큰 시동 전류(시동 보상)가 흐르며 1초 뒤에 통상 운전에 들어간다. ② 가드에 손이 닿으면 전동기에 직류 브레이크가 걸려 급정지한다. 1초

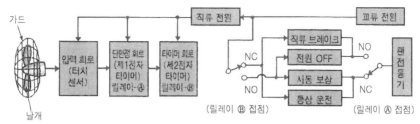

〔그림 3〕 전자 스톱 선풍기의 블록도(통상 운전중)

뒤에는 전동기 전원이 끊긴다. 가드에서 손을 떼면 3초 뒤에 ①의 동작으로 옮겨간다. 설명으로도 알 수 있듯이 〔그림 3〕의 블록도에서 전자 스톱 선풍기에는 두 개의 릴레이가 있으며, 그것은 타이머에 의해 작동된다.

전동기를 순식간에 정지 시키는 직류 브레이크

〔그림 3〕에 나타낸 전동기의 제어 블록도는 〔그림 4〕와 같다. 가드에 손이 닿으면 릴레이 Ⓐ가 작동하여 접점이 NO가 된다. 〔그림 4〕(a)의 ㉠에 플러스 전위가 가해지면 (a)와 같이 주코일과 보조 코일에 → 전류가 흘러 회전 자계가 생기고 화살표의 전자력으로 회전자가 돌아간다(C_7에는 그림과 같은 전하가 대전한다).

그림 (b)와 같은 − 전압이 가해지면 보조 코일에는 ⋯ 전류가 흐르는데, 주코일에는 D_6에 의해 전원 전류는 흐르지 않고 C_7 전하에 의해 ⋯ 전류가 흐른다. 이들의 전류에 의해 생기는 회전 자계는 역회전하여 전동기를 정지시키는

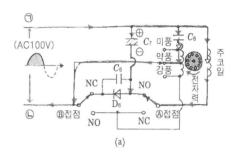

(a)

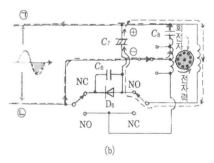

(b)

〔그림 4〕 직류 브레이크의 프로세스

방향의 전자력(브레이크)으로 작용하는 것이다. 따라서 주코일에는 항상 일정 방향의 전류만 흐르므로 **직류 브레이크**라고 한다.

Let's review!

1 〔그림 1〕에서 소인(掃引) 시간이 4〔ms/cm〕, 1주기의 길이가 2.5〔cm〕일 때 주기 T와 주파수 f를 구하라.

2 〔그림 2〕의 저항 R_1은 어떤 역할을 하는 것인가?

3 〔그림 4〕의 전동기는 (직류, 유도, 정류자) 전동기이다.

4 〔그림 4〕의 C_7의 용량이 빠지면 어떻게 되나?

부드러운 바람은 출발이 약하다

● 강제 시동 ●

시동은 순조로운 회로

선풍기에 초미풍 선택 스위치가 붙어 있을 경우 전동기 시동에 신경을 써야 한다. 이것은 전동기의 회전 속도를 낮추는 것이므로 회전 토크가 약해서 전동기의 시동이 안 걸릴 수도 있다.

그래서 〔그림 1〕과 같은 시동 보상을 한다. 먼저 선풍기의 선택 스위치(이 그림에서는 초미풍)를 누르면 릴레이 ⑧ 접점은 NO가 되고 ㉠ 쪽에 + 반파가 가해진 경우의 전류가 흐른다. 이 때 보조 코일에 흐르는 전류가 선택 스위치로 흐르지 않고 전체 보조 권선으로 흘러 시동 토크를 크게 하는 것은 왜일까? 이것은 C_8의 교류 저항분 리액턴스 $1/\omega\,C_8$과 코일 리액턴스 ωL과의 차의 크기로서 전류를 제한하는 요소로 작용하기 때문이다. 즉 보조 코일을 흐르는 전류는 초미풍 선택 스위치를 통하여 흐르는 것보다 모든 코일을 통해 흐르는 쪽이 많아지므로 〔그림 1〕과 같이 흘러 시동 토크를 크게 한다. 이어서 1초 뒤 ⑧ 접점은 NC가 되고 〔그림 2〕의 통상 운전으로 들어간다.

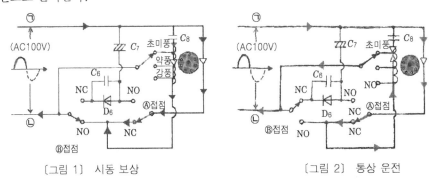

〔그림 1〕 시동 보상   〔그림 2〕 통상 운전

전자 타이머

이제 전자 스톱 선풍기의 제어 회로의 핵심에 다가가자. 〔그림 3〕의 입력 회로는 이미 설명했으므로 **단안정 회로** 이야기를 해보자. 단안정 회로는 디지털 회로의 하나로 두 개의 트랜지스터 중 하나가 ON되면 다른 한쪽은 반드시 OFF되는 회로로, Tr_3의 베이스에 신호가 들어가 있지 않으면 Tr_2는 R_6로 제한되는 베이스 전류가 흘러 ON된다.

가드에 손이 닿았을 때 R_2에 출력 신호가 발생하여 Tr_3는 ON되고 릴레이 Ⓐ가 흡인되고 전동기 제어 회로(215페이지 〔그림 4〕)의 **직류 브레이크**가 걸려 바로 정지한다. 한편 Tr_2는 OFF되어 R_4, R_7을 통과한 전류가 C_4에 걸린다. 약 1초 뒤 C_4의 전압은 Tr_4를 ON하기에 충분해지고 릴레이 Ⓑ가 흡인되어 전동기 제어 회로는 〔그림 3〕의 접속을 이루며 **전원 OFF**가 되어 전동기는 정지한 채이다.

가드에서 손을 떼었을 때 C_2, R_6 등으로 정해지는 시간(4초)이 지난 뒤 단안정 멀티가 복귀하며, 전동기 제어 회로는 릴레이 Ⓐ가 OFF되므로 〔그림 1〕의 **시동 보상** 회로가 되어 전동기는 강한 힘으로 시동한다. 한편 단안정 멀티의 Tr_2는 ON되므로 C_4의 전하는 R_7을 지나 방전하고 그로 인해 Tr_4가 1초 뒤에 OFF되어 전동기는 〔그림 2〕의 통상 운전에 들어간다.

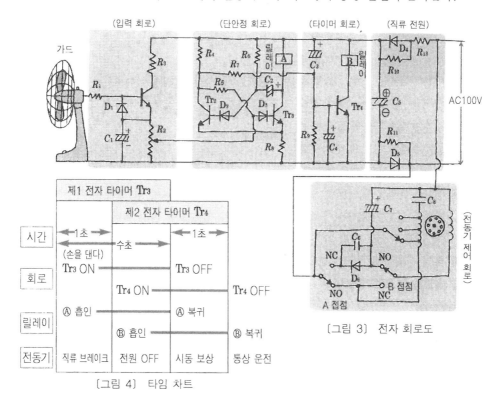

〔그림 3〕 전자 회로도

〔그림 4〕 타임 차트

Let's review!

1 〔그림 3〕의 릴레이가 다음과 같을 경우 전동기 제어 회로의 명칭을 말하라.
  (a) Ⓐ OFF이고 Ⓑ ON일 때   (b) Ⓐ ON이고 Ⓑ ON일 때
  (c) Ⓐ OFF이고 Ⓑ OFF일 때   (d) Ⓐ ON이고 Ⓑ OFF일 때
2 〔그림 1〕의 시동 보상은 왜 필요한가?
3 〔그림 3〕의 회로에서 가드에 손이 닿으면 전동기는 어떻게 되나?

5 에너지 절약형 난방

● 황당무계하지 않은 에너지 절약론 ●

강제 대류를 만드는 서큘레이터

그림에서 알 수 있듯 이 스토브로 따뜻해진 공기는 열팽창에 의해 상승한다. 대류식 스토브일 경우 천정 온도는 빨리 올라가지만 바닥은 여간해서 따뜻해지지 않는다. 그래서 천정의 따뜻해진 공

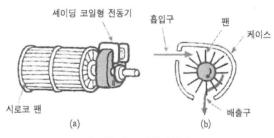

〔그림 1〕 서큘레이터

기를 **서큘레이터**로 강제로 끌어내려 열의 대류를 원활하게 함으로써 방 전체를 따뜻하게 한다. 이와 같이 스토브의 열은 서큘레이터에 의해 대류되므로 열효율이 높고 에너지가 절약된다.

서큘레이터의 팬은 〔그림 1〕과 같은 시로코(sirocco)형이 많이 쓰인다. 이 팬은 고속으로 회전하여 날개 속의 공기를 원심력으로 불어내도록 되어 있는 것이다. 서큘레이터는 부하가 작으므로 **셰이딩 코일형 전동기**가 쓰인다. 이 전동기에 대하여 알아 보자.

이것이 셰이딩 전동기이다

〔그림 2〕(b)의 자극의 일부에 홈을 내고 거기에 구리띠로 만든 단락 코일을 붙이는데 이 코일을 셰이딩 코일이라 한다.

단락 코일이 2차 코일이 된다?!

이 전동기의 회전 원리를 생각해 보자.

세탁기 등에 사용되는 단상 유도 전동기는 콘덴서에 의해 계자의 위상을 틀어 회전 자계를 만들고 농형 회전자를 돌린다.

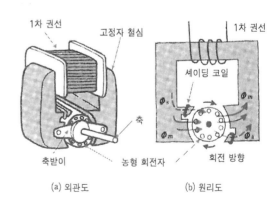

〔그림 2〕 셰이딩 코일형 전동기

셰이딩 코일형 전동기일 경우 같은 농형 회전자를 돌리는 데 **이동 자계**를 쓴다. 〔그림 3〕(a)

의 자속 ϕ_m과 ϕ_s가 어떻게 이동하는 자계가 될까?

우선 자극에 감겨 있는 1차 권선을 흐르는 전류에 의해 생긴 자속이 ϕ_m이다. 당연히 단락 코일의 자극에도 ϕ_m이 통한다. 그러면 변압기의 2차 코일에 상당하는 셰이딩 코일 내에 기전류가 발생하여 단락되어 있으므로 I_2의 대전류가 흐르고 그 전류에 의해 발생하는 자속이 ϕ_s이다. ϕ_s는 ϕ_m에 대하여 〔그림 3〕 (b)와 같이 지연 자속이 된다. 이와 같이 자속의 위치가 비켜나 있어 교류 자속에 위상차가 있을 경우 이동 자계가 생긴다. 이 자계에 의해 농형 회전자에 맴돌이 전류가 흘러 자계가 이동하는 방향으로 회전한다. 당연히 이 전동기는 셰이딩 코일 방향으로만 회전한다.

셰이딩 코일형 전동기의 토크 특성은 〔그림 4〕와 같다. 팬의 토크와의 교차점에서 정속 회전 n_0로 안정된 회전을 한다. 그러나 전동기에 비해 큰 팬을 달 경우에는 처음에는 천천히 돌기 시작하여 전동기 토크와의 교차점까지 속도가 올라가지만, 약간의 외란만 있으면 토크가 약해져 정지해버린다. 이 특성을 나타낸 것이 〔그림 4〕이다.

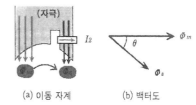

(a) 이동 자계   (b) 백터도

〔그림 3〕 셰이딩 코일에 의한 이동 자계

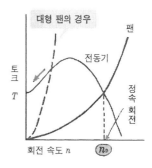

〔그림 4〕 속도·토크 특성

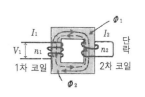

2차 코일을 단락하면

One Point

오른쪽 변압기에서 2차 쪽을 단락하면 변압기는 어떻게 될까? 2차 코일에는 단락에 의한 대전류 I_2가 흐르고 그에 대한 자속 ϕ_2가 1차 코일의 자속 ϕ_1을 상쇄하려 하고 ϕ_1은 상쇄되지 않으려고 커진다. ϕ_1을 만들기 위해 1차 코일에도 대전류 I_1이 흐르고 이 전류의 열에 의해 변압기는 타버린다.

Let's review!

① 열의 단위는?

② 공기를 뜨겁게 하면 기압은 어떻게 되나?

③ 셰이딩 코일형 전동기에서 맴돌이 전류가 발생하는 장소는 어디인가?

④ 변압기의 전압비는 권수에 비례한다. $n_1 = 1000$권, $n_2 = 200$권, 1차 전압 $V_1 = 200$〔V〕라 하면 2차 전압 V_2는 얼마인가?

6 정확한 "때"를 나타내는 동기 전동기

● 보기 편한 디지털 ●

디지털 전기 시계 전동기의 원리

회전을 디지털화 하는 간단한 조작

옛날부터 시계에는 바늘로 시간을 알리는 아날로그 표시가 쓰여 왔다. 그러나 이것은 본 순간의 눈금을 정확히 읽기에는 불편하 다. 그래서 시간을 숫자화하여 표시하는 디지털 방식이 많이 나오 고 있다. 시계 자체로도 정밀도가 높은 디지털 전기 시계를 살펴보자.

이 시계의 특징은 순식간에 표지판을 움직여 회전 운동량을 디지털 양으로 나타내는 것이다. 〔그림 1〕의 분해도에서 알 수 있듯이 정속도로 회전하는 동기 전동기에 감속 기어 박스를 달아 1분에 6번 회전할 때까지 감속시킨다. "분"을 표시하는 드럼에는 (b)와 같이 숫자판이 60장 붙 어 있다. 숫자판은 위쪽에 있는 용수철에 걸려 있는데, 드럼의 회전에 의해 1분에 1회씩 용수 철이 풀려 숫자로 "분"을 표시하는 것이다. 디지털 표시의 특징은 표시판을 멈추는 용수철에 있다.

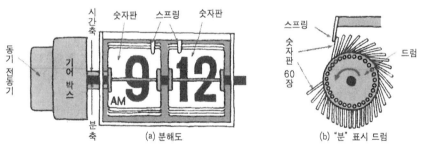

〔그림 1〕 전동기식 디지털 전기 시계

톱니바퀴를 대신 하는 동기

오차가 적은 시계는 그 심장부인 톱니바퀴의 정밀도가 높은 것을 쓴 다. 디지털 전기 시계에는 톱니바퀴 대신 회전 속도에 거의 변동이 없는 **동기 전동기**가 사용된다. 여기서는 동기 전동기의 원리와 디지털 전기 시계에 쓰이는 실제의 동기 전동기의 기구에 대하여 알아 보자.

동기 전동기에는 여러 가지 타입이 있다. 여기서는 〔그림 2〕와 같은 단상 동기 전동기를 설 명한다. 이 전동기는 단상 유도 전동기와 비슷한 구조를 갖는데, 계자인 회전자에 영구 자석이 사용된다. 〔그림 2〕에서 전기자 권선 AA′, BB′에 교류 전압을 가하면 i_1, i_2의 전류가 흘러 회전 자계가 생긴다(100페이지 참조).

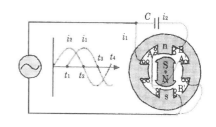

〔그림 2〕 단상 동기 전동기의 원리

따라서 회전 자계의 자극 n, s가 시계 방향으로 회전하면 회전자의 자극 N, S는 거기에 끌려 회전한다. 이 회전수 N_s는 교류 전압의 주파수 f에 동기하여 회전하므로 동기 속도라고도 하며, 다음의 식으로 나타낸다.

$$N_s = \frac{120f}{p} \text{〔rpm〕 (p : 극수)}$$

한번 비틀은 동기 전동기

디지털 전기 시계에 사용되는 동기 전동기는 몇 W에 불과한 소형에 값이 싸므로 앞의 원리에 기초하여, 구조도 간단한 **영구 자석형 동기 전동기**가 쓰여지고 있다. 〔그림 3〕은 그 분해도로, 교류 전압이 가해지는 코일에 그림과 같은 자극판이 좌우에서 샌드위치되고 그 중심에 회전자가 들어가는 구조를 이룬다. 회전자는 페라이트제 영구 자석이며, 〔그림 4〕와 같이 4극으로 자화되어 있다. 코일에는 정현파 교류가 가해지므로 〔그림 4〕 (a)와 같이 왼쪽 자극 철판이 n극에 자화하면 오른쪽 자극은 s가 되고 그림과 같은 회전자가 흡인된다. 이어서 코일에 흐르는 전류가 반대로 되면 자극의 향방이 반대로 되고 그 순간 회전자는 (b)와 같이 움직인다. 다시 전류가 반대로 되면 (a)와 같이 자극은 자화되고 회전자는 반발하므로 흡인에 의해 시계 방향으로 회전할 수 있게 된다.

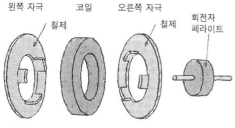

〔그림 3〕 영구 자석형 동기 전동기의 분해도

(a) 왼쪽 자극(n)   (b) 오른쪽 자극(s)

〔그림 4〕 회전의 원리

Let's review!

1 (   ) 안에 알맞은 말을 넣으라.

(a) 오른쪽 그림의 동기 전동기는 (   )가 고정되고, (   )가 회전하는 구조이다.

(b) A를 (   ) 권선, B를 전기자 철심, C를 영구 자석의 (   )자라고 한다.

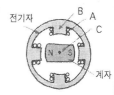

2 극수가 넷이고, 주파수가 60Hz인 동기 전동기에서는 동기 속도 N_s는 몇 〔rpm〕인가? 또 몇 〔rps〕인가?

7 시계야, 살살 좀 깨워라!

● 오만한 알람 소리 ●

빨리 볼 수 있는 아날로그 시계

시계가 없는 사람의 푸념. 「만원 전철 속에서 옛날에는 손잡이 너머 다른 사람 손목 시계의 바늘 위치로 대강의 시각을 알 수 있었는데, 요즘은 디지털식이라 숫자를 읽어야 해서 귀찮다. 다른 사람 것을 힐끔힐끔 보는 것도 어색하고 ….」

디지털 만능의 시대에도 아날로그식의 장점은 변함없이 존재한다.

[그림 1]은 아날로그식 알람 시계로, 초를 나타내는 톱니바퀴에 와렌 전동기가 사용되었다. 와렌 전동기는 동기 전동기의 하나로 교류 상용 전원 주파수에 일치하여(동기) 돈다. 알람 시계에는 알람 기구가 있어, [그림 1]의 목표축(목표침)과 시축(시침)이 일치하면 부저가 울리는 구조로 되어 있다. [그림 2]에서는 우선 세트 버튼을 눌러 전원에 부저를 접속시킨다. 다음에 목표침과 시침이 일치하면 목표 스위치가 들어가 알람이 울린다.

정확한 주파수 "상용 전원"

와렌 전동기에 쓰는 교류 전원은 상용 전원으로, 전력 회사에서도 엄격하게 발전기를 제어하고 있어 정확한 주파수가 유지된다. 그래서 와렌 전동기는 타이머 등의 시한 장치에 쓰이고 있다. [그림 3]은 와렌 전동기의 외관이다. 이 전동기의 구조는 [그림 4]와 같이 고정자 철심에 코일을 감고 그

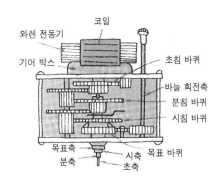

[그림 1] 알람 시계

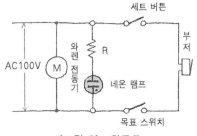

[그림 2] 회로도

[그림 3] 와렌 전동기의 외관

양극에는 셰이딩 코일을 달아 회전 자계를 발생시킨다. 회전자에는 히스테리시스가 큰 철심이 쓰인다.

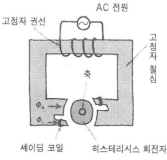

〔그림 4〕 와렌 전동기의 구조

셰이딩 전동기(218페이지 참조)는 회전자가 농형이고 비동기 전동기이다. 회전자에 히스테리시스 특성의 철심을 쓰는 와렌 전동기는 왜 동기 회전을 하는 것일까? 동기 전동기인 히스테리시스 전동기를 예로 들어 동기 회전의 원리를 알아 보자.

동기 회전을 얻는 히스테리시스

히스테리시스 전동기는 〔그림 5〕와 같이 콘덴서에 의해 회전 자계를 만든다. 회전자에는 히스테리시스가 큰 링을 단다. 철심은 많든 적든 히스테리시스를 가지고 있다. 교류 기기에 쓰이는 철심에는 히스테리시스 손실이 적은 것이 필요하며 강한 영구 자석용에는 히스테리시스가 큰 것이 필요하다. 즉 히스테리시스 회전자는 외부의 회전 자계에 의해 회전자가 영구 자석처럼 자화하여 회전 자계의 속도에 일치하여 회전하는 것이다.

〔그림 6〕의 히스테리시스 특성은 가로축이 자화력 H이며 외부의 자계를 나타내고, 세로축은 자속 밀도 B로 철심에 생긴 자속을 나타낸다. 교류 자계를 가로축에 가하면 히스테리시스 특성은 루프를 이루며 이 루프의 면적이 클수록 히스테리시스 손실은 커진다. 그러나 영구 자석일 경우에는 잔류 자기 Br와 보자력 Hc의 곱이 클수록 좋다.

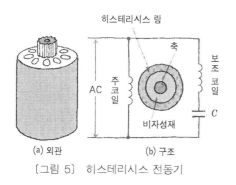

(a) 외관   (b) 구조

〔그림 5〕 히스테리시스 전동기

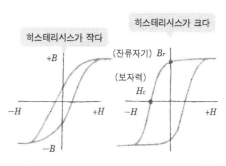

〔그림 6〕 히스테리시스 루프

Let's review!

1. 쿼츠(quartz) 시계는 무엇으로 속도를 제어하는가?
2. 쿼츠 시계와 와렌 전동기 중 어느 쪽이 더 정밀도가 높은가?
3. 와렌 전동기의 전원 주파수가 0.02% 빠를 때 이 시계는 하루에 몇 초 가는가?
4. 〔그림 4〕에서 자극의 자속 Φ_m과 Φ_s 중 어느 쪽이 지연 위상인가?
5. 〔그림 6〕에서 히스테리시스 루프의 큰 철심은 무엇에 쓰이는가?

8 보기 쉽고 편리한 친절 설계

● 아무리 어려운 것도 이 소자면 OK ●

드럼식 디지털 시계의 표시 장치

부저 스위치

수광창

전동기를 사용한 디지털 시계

전동기를 사용한 디지털 표시 시계에는 숫자 카드 판이 움직이는 카드식과 〔그림 1〕의 **드럼식**이 있다.

드럼식에 대하여 〔그림 1〕에 동작 원리를 간단히 나타냈다. 동기 전동기의 회전이 초바퀴에 전달되고 초바퀴가 1회전하여 분 드럼을 한 눈금 움직인다. 분 드럼의 숫자 5와 4 사이의 톱니가 피니언 A 아래에 오면 피니언 A를 매개로 하여 **십분 드럼**이 한 눈금 움직인다. 십분 드럼이 1회전하여 피니언 B를 매개로 시간 드럼이 한 눈금 움직이는 것은 초에서 분으로, 분에서 10분으로 움직이는 과정과 같다.

이 시계에는 눈금 드럼이 있는 데서 알 수 있듯이 알람 시계의 기능과 야광 표시 램프가 들어 있다.

빛을 감지하는 CdS

〔그림 1〕의 각 드럼은 공동(空洞)으로 되어 있어, 램프가 켜지면 숫자가 밝게 빛나 보인다. 낮 동안의 밝을 때는 숫자보다 밝게 하면 잘 보인다. 야간에 어두울 때 낮 동안의 밝기이면 눈이 부셔 숫자를 보기 힘들다. 그래서 〔그림 2〕와 같이 램

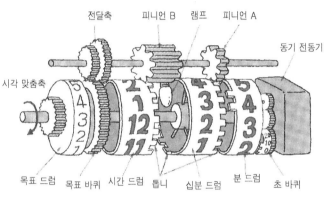

〔그림 1〕 드럼식 디지털 시계

전달축　피니언 B　램프　피니언 A　동기 전동기

시각 맞춤축

목표 드럼　목표 바퀴　시간 드럼　톱니　십분 드럼　분 드럼　초 바퀴

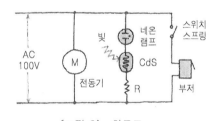

〔그림 2〕 회로도

AC 100V　M 전동기　빛　네온 램프　CdS　R　스위치 스프링　부저

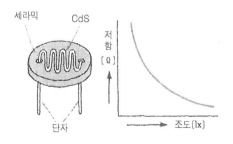

〔그림 3〕 CdS의 외관과 특성

세라믹　CdS　단자　저항〔Ω〕　조도〔lx〕

프에 직렬로 CdS(황화 카드뮴)를 넣어 방의 밝기에 반비례하도록 램프의 밝기를 조절한다.

CdS 소자는 어떠한 특성을 가지고 있을까? Cds는 〔그림 3〕의 특성에서 알 수 있듯이 빛에 너지를 받으면 저항값이 적어지는 **부성 저항**의 빛 감지 소자이다. 그래서 〔그림 2〕와 같은 조광이 되는 것이다.

CdS를 쓴 자동 점멸 스위치
CdS를 사용한 것 중에서 가로등의 자동 점멸 스위치를 살펴보자. 〔그림 4〕의 가로등은 어느 지역에서나 볼 수 있는 것으로, 해가 지면 켜지고 해가 뜨면 자동으로 소등된다. 어느 가로등에나 조도 감지 스위치가 한 개씩 붙어 있으며, 구조는 〔그림 5〕와 같다. 그 동작을 설명하면 다음과 같다. CdS와 발열체가 직렬에 접속되어 있으며 거기에 전원이 가해진다. 낮 동안은 CdS의 저항이 적어 전류가 증가하므로 발열체의 열

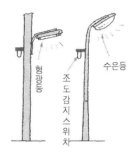

〔그림 4〕 자동 점멸 가로등

에 의해 바이메탈이 왼쪽으로 휘어 접점이 열린다. 그 반대로 어두워지면 전류가 줄어 접점이 닫힌다. 이 스위치를 〔그림 6〕과 같이 접속하면 가로 조명용 형광등과 수은등을 자동으로 점멸시킬 수 있게 된다.

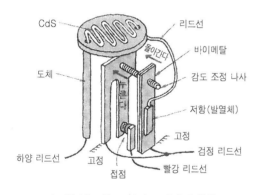

〔그림 5〕 조도 감지 스위치의 구조

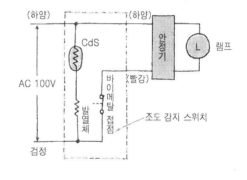

〔그림 6〕 자동 점멸 회로

Let's review!

1. 〔그림 1〕에서 십분 드럼의 실제 숫자는 0, 1, 2~5, 0, 1~5로 12개 쓰여 있다. 4시간에 십분 드럼은 몇 회전하는가?

2. 〔그림 3〕의 CdS는 세라믹에 굴곡하여 붙어 있다. 굴곡 수를 증가시키면 저항은 어떻게 되나?

3. CdS는 빛에 대하여 부성 저항이다. 서미스터는 무엇에 대한 부성 저항인가?

4. 조도 감지 스위치 부착시 주의 사항은?

5. 〔그림 6〕에서 낮 동안 램프가 꺼져 있어도 약간의 전력이 소모된다. 이유는?

☞ 〈211페이지 정답〉 ‖‖‖‖‖‖

1. $s=0.11$ 2. $n=1425$〔rpm〕
3. $\tau=12$〔gm〕

☞ 〈213페이지 정답〉 ‖‖‖‖‖‖

1. 회전을 직각 방향으로 바꾼다.
2. 20〔rpm〕   3. 변화없다

☞ 〈215페이지 정답〉 ‖‖‖‖‖‖

1. $T=10$〔ms〕 $f=100$〔Hz〕
2. 베이스 전류의 제한   3. 유도
4. 브레이크가 듣지 않는다.

☞ 〈217페이지 정답〉 ‖‖‖‖‖‖

1. (a) 시동 보상   (b) 전원 OFF
   (c) 통상 운전   (d) 직류 브레이크
2. 초미풍 스위치일 경우 시동 토크가 작기
   때문에
3. 직류 브레이크가 걸려 급정지한다.

☞ 〈219페이지 정답〉 ‖‖‖‖‖‖

1. 칼로리〔cal〕, 줄〔J〕
2. 기체의 열팽창에 의해 기압이 내린다.
3. 농형 회전자   4. 40〔V〕

☞ 〈221페이지 정답〉 ‖‖‖‖‖‖

1. (a) 전기자, 자계   (b) 전기자, 회전
2. 1800〔rpm〕, 30〔rps〕

☞ 〈223페이지 정답〉 ‖‖‖‖‖‖

1. 수정 진동자   2. quartz 시계
3. 17.3초   4. ϕ_s
5. 영구 자석

☞ 〈225페이지 정답〉 ‖‖‖‖‖‖

1. 2회전   2. 저항은 커진다
3. 열
4. 주위의 빛이 들어오지 못하도록 부착한다.
5. 발열체에 전류가 흐르고 있기 때문에

One Point

직류 전동기의 회전 원리

그림 (a)는 자석에 직각이 되도록 전선을 깔고 이쪽에서 저쪽으로 전류를 흘리고 있다. 전선에 전자력이라는 힘이 생기는 것은 플레밍의 왼손의 법칙을 통해 알고 있을 것이다. 그림 (b)와 같이 자석 속에 있는 ab, cd의 코일에 전류를 흘리면 코일 ab 사이에는 상향의 힘이 작용한다. 코일은 중심축이 고정되어 있기 때문에 힘은 시계 반대 방향의 토크(회전력)가 된다(코일 cd 간에도 왼손의 법칙에 의해 하향의 힘이 생긴다). 코일 ab가 90℃ 회전하면 정류자의 역할에 의해 전류의 흐름이 반대로 되고 같은 방향의 회전력이 된다.

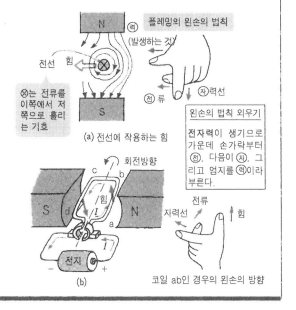

플레밍의 왼손의 법칙
(역) (발생하는 것)

전선   힘

⊗는 전류를 이쪽에서 저쪽으로 흘리는 기호

(a) 전선에 작용하는 힘

(전) 류   (자)력선

왼손의 법칙 외우기

전자력이 생기므로 가운데 손가락부터 (전). 다음이 (자). 그리고 엄지를 (력)이라 부른다.

회전방향

전류   힘
자력선

코일 ab인 경우의 왼손의 방향

(b)
전지

⑨ 오디오·비주얼(AV) 기기의 전기학

오디오와 비주얼, AV 기기는 우리들 생활을 풍부하게 해주는 가정용 전기 기기로서 중요한 위치를 차지하고 있다.

그러나 이들 기기의 구조나 원리를 제대로 이해하지 못하여 기기를 잘못 다루는 경우가 가끔 있어 안타깝게 한다.

이 장에서는 그러한 잘못된 취급 방법을 바로 잡기 위하여 AV 기기의 원리와 특징을 해설하고 기기의 바른 사용법을 다룬다. 이해를 돕기 위하여 필요한 것은 그림으로 설명했으므로 누구라도 쉽게 알 수 있을 것이다.

또한 AV 기기를 즐기기 위해 필요한 자세에 대해서도 언급하기도 했다.

나아가 새로운 기술로서 하이비전과 컴팩트 디스크(CD), CD-ROM 등에 관해서도 알기 쉽게 설명하였다.

1 작은 소리를 크게 하려면?

● 소리를 전기로 바꾸기 ●

다이내믹 마이크로폰

　　음성이나 음악 등 소리 신호(정보)를 전기 신호로 바꾸는 장치가 마이크로폰이다. 여러분이 노래방에서 쓰고 있는 그 장치이다. 마이크로폰에는 여러 가지 종류가 있다. 여기서는 다이내믹 마이크로폰과 콘덴서 마이크로폰에 대하여 알아보자.

　　먼저 다이내믹 마이크로폰에 대해 살펴보자. 〔그림 1〕 (a)는 흔히 쓰이는 다이내믹 마이크로폰의 외관인데, 그 내부 구조는 (b)와 같다.

　　그림과 같이 내부의 주요 부분은 영구 자석과 진동판, 가동 코일 등이다. 이와 같은 구조에서 어떻게 음성 신호가 전기 신호로 변환될 수 있을까?

　　그림 (c)는 다이내믹 마이크로폰의 원리를 나타낸 것이다. 영구 자석 사이에 도체가 놓여 있고 이 도체가 화살표와 같이 작용한다고 생각하지. 이 도체(실제로는 가동 코일)에는 플레밍의 오른손의 법칙에 의해 정해지는 방향으로 기전력이 발생하여 전류가 흐른다.

　　(b)로 돌아와 실제의 동작을 조사하면 다음과 같이 된다.

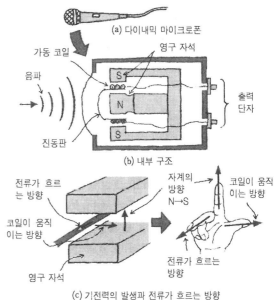

(a) 다이내믹 마이크로폰

(b) 내부 구조

(c) 기전력의 발생과 전류가 흐르는 방향

〔그림 1〕 다이내믹 마이크로폰

　　① 왼쪽 방향에서 음파가 다가온다 → ② 진동판이 음파에 의해 좌우로 진동한다 → ③ 진동판에 고정된 가동 코일이 진동판과 함께 진동한다 → ④ 가동 코일에는 플레밍의 오른손의 법칙에 따른 방향으로 기전력이 발생한다 → ⑤ 발생한 기전력은 출력 단자에 나타난다.

　　이런 식으로 음성은 전기 신호로 변환된다. 물론 음파가 강하면 발생하는 기전력이 크고, 음파가 약하면 기전력은 작아진다.

콘덴서 마이크로폰

콘덴서 마이크로폰에 대하여 조사해 보자. 〔그림 2〕(a)는 콘덴서 마이크로폰의 외관이다. (b)는 그 내부 구조인데, 진동판과 고정 전극이 주된 구성 요소이다. 이 진동판과 고정 전극은 콘덴서를 형성한다.

콘덴서에는 여러 가지 종류가 있다. 〔그림 3〕은 평행판 콘덴서의 원리도이다.

지금 금속판(이것이 전극이 된다)의 면적을 A〔㎡〕, 금속판의 간격을 d〔m〕, 금속판과 금속판의 사이에 끼운 절연체의 유전율을 ε라 하면, 이 평행판 콘덴서의 정전용량(축전하는 능력) C는 다음 식으로 나타낼 수 있다.

$$C = \varepsilon \frac{A}{d} \,[\text{F}]$$

이 식에서 d가 변화하는 것에 주의한다. C는 전기(전하)를 축적하는 능력이므로 d가 변화하면 금속판에 비축되는 전하의 양이 변하게 된다. 〔그림 2〕(c)로 돌아가 생각하면 다음과 같이 된다.

① 진동판이 음파에 의해 좌우로 진동한다 → ② 진동판과 고정 전극으로 이루어진 콘덴서의 금속판 사이의 간격 d가 변화한다 → ③ 콘덴서의 정전용량 C가 변화한다 → ④ 콘덴서에 비축된 전하가 변화한다 → ⑤ 전하의 변화분이 저항 R를 흘러 출력 전압이 된다. 음파의 강약에 따라 출력 전압은 크기에 변화가 있다.

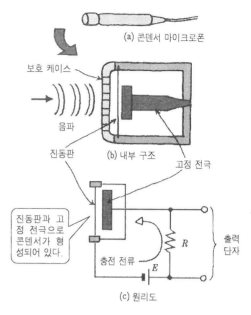

〔그림 2〕 콘덴서 마이크로폰

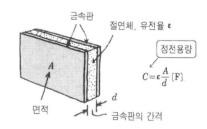

〔그림 3〕 평행판 콘덴서

Let's review!

① 다이내믹 마이크로폰의 구성 요소를 세 가지 들어라.
② 다이내믹 마이크로폰의 동작 원리는 플레밍의 어느 손의 법칙인가?
③ 마이크로폰은 음성을 무슨 신호로 변환하는 장치인가?
④ 콘덴서 정전용량 C는 $C = \varepsilon A/d$ 로 나타낼 수 있다. 콘덴서 마이크로폰은 이 식에서 무엇이 변화하는가?
⑤ 콘덴서 마이크로폰에 음파가 닿으면 출력 전압은 〔그림 2〕(c)의 어디에 나타나는가?

2 같은 정보를 모두 같이 들으려면?

● 상명 하달은 스피커로 ●

다이내믹 스피커

스피커는 전기 에너지를 소리 에너지로 바꾸는 장치이다. 우선 다이내믹 스피커의 원리를 〔그림 1〕에 나타냈다.

그림 (a)에서 스위치 S를 넣으면 전류가 흘러 전자석 B에 그림과 같이 N극과 S극이 나타난다. 그러나 영구 자석 A가 원래 있었으므로, 영구 자석 A의 S극과 전자석 B의 S극이 반발하여 콘(cone)은 화살표 방향으로 움직인다. 이 콘의 움직임에 의해 공기의 밀도가 그림과 같이 변화한다. (b)는 전원 방향이 (a)와 반대이다. 스위치를 넣으면 전류가 흘러 전자석 B에 그림과 같이 N극과 S극이 나타난다. 그러나 영구 자석이 있기 때문에 영구 자석 A의 S극과 전자석 B의 N극이 서로 끌어당겨 콘은 화살표 방향으로 움직인다. 이 콘의 움직임에 의해 공기의 밀도가 그림과 같이 변화한다.

그런데 실제로 전원은 증폭기에서 공급되는 교류이다. 〔그림 2〕는 전원을 교류로 바꾼 것이다. 교류란 전자석 B의 N극과 S극이 시시각각 변하므로 〔그림 1〕 (a)와 (b)의 상태가 서로 번갈아 바뀌며, 콘은 진동

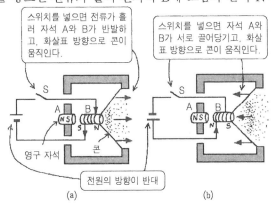

〔그림 1〕 다이내믹 스피커의 원리

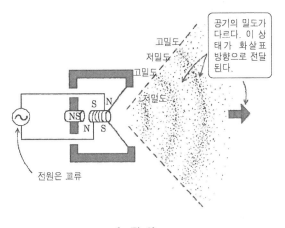

〔그림 2〕

하여 [그림 2]와 같은 공기의 소밀(疎密)을 만든다. 즉 전기 에너지는 콘의 진동이라는 기계적 에너지로 변환되고 그에 의해 공기의 소밀이 생기며 그 소밀파가 음이 되는 것이다.

스피커 시스템

인간이 소리를 들을 수 있는 주파수 범위(높은 음에서 낮은 음까지)를 단 하나의 스피커로 재생하려고 하면 음이 뒤틀리거나 지향성이 나빠진다. 그래서 높은 음을 잘 재생하는 스피커(고음용 스피커. 트위터)와 낮은 음을 잘 재생하는 스피커(저음용 스피커. 우퍼)의 두 종류의 스피커를 사용하는 2웨이 스피커 시스템이나, 여기에 중간음 스피커(스쿼커)를 더한 3웨이 스피커 시스템을 쓴다. [그림 3]은 트위터·스쿼커·우퍼의 3종류의 스피커로 구성된 3웨이 스피커 시스템이다. 그림과 같이 고음용 스피커의 크기는 작고 저음용 스피커는 크다.

또 높은 음만을 통과시키는 회로로서 콘덴서를 쓰며 이 회로를 고역 통과용 필터라고 한다. 이에 대하여 낮은 음을 통과시키는 회로로서 코일을 쓰며, 저역 통과용 필터라고 한다. 고역과 저역의 중간, 즉 중역의 음을 통과시키는 회로로서 코일과 콘덴서를 쓰는데, 이 회로를 대역 통과용 필터라고 부른다. 이와 같이 트위터·스쿼커·우

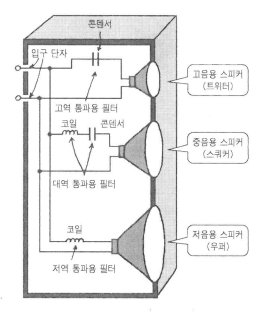

[그림 3] 3웨이 스피커 시스템

퍼를 조합한 스피커 시스템으로 재생하면 인간이 들을 수 있는 소리의 전역을 커버할 수 있어 실제에 가까운 음으로서 우리들 귀에 전달된다.

Let's review!

1 스피커는 전기 에너지를 무엇으로 변환하는 장치라고 할 수 있나?
2 공기의 소밀은 스피커의 어느 부분의 진동에 의해 발생하는가?
3 고음용 스피커를 무엇이라 하는가?
4 우퍼는 어떤 음을 재생하는 스피커인가?
5 3웨이 스피커 시스템은 어떤 명칭의 스피커로 구성되는가?
6 대역 통과용 필터의 회로 소자는 무엇인가?

3 소리의 전달자

● 전파는 우여곡절 끝에 안테나로 ●

전파의 전달

지구 상공에 있는 전리층

우리가 살고 있는 지표면에서 약 11~12km까지의 대기층을 대류권이라고 한다. 대류권에서는 대기의 대류 현상이 일어나기 때문에 여러 가지 기상 변화가 생긴다. 전파가 대류권을 통과할 때 산란이라고 하는 영향을 받을 경우가 있다.

대류권의 위쪽 상공에는 성층권이라는 영역이 있다. 이 층은 온도가 일정하고 기류는 거의 없다. 따라서 이 층에서 전파는 별로 영향을 받지 않는다.

그보다 더 위쪽은 태양의 방사 에너지를 흡수하고 대기가 전리되어 전자와 이온으로 구성되는 전리층이라 불리는 층이다. 이 전리층에 전파가 입사되면 주로 전자의 영향으로 전파의 진로가 굴절되어 지구로 되돌아오는 현상이 생

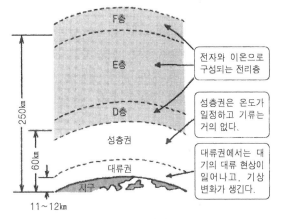

전자와 이온으로 구성되는 전리층

성층권은 온도가 일정하고 기류는 거의 없다.

대류권에서는 대기의 대류 현상이 일어나고, 기상 변화가 생긴다.

〔그림 1〕 전리층

긴다. 〔그림 1〕은 전리층·성층권·대류권의 관계를 나타낸 것이다.

전파의 전달 방식

전파가 전리층에 달하면 반사·굴절·관통·감쇠 등의 현상이 생긴다(그림 2).

반사 현상이란 전파가 전리층에 달하면 빛과 마찬가지로 반사되어 돌아오는 것이다.

굴절 현상이란 전파가 전리층 안으로 진행하다가 점차로 진행 방향이 바뀌어 다시 지상으로 향하는 것이다. 관통 현상이란 굴절이 충분치 못한 경우로, 전리층을 빠져나가 지상으로 돌아오지 않는 것이다.

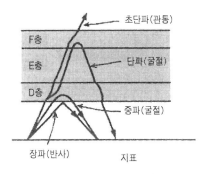

〔그림 2〕 전파의 전달 방식

감쇠 현상이란 말 그대로 전파의 강도가 점차 약해지는 것을 말한다. 전리층에는 다음과 같은 성질이 있다.

① 파장이 긴 전파일수록 굴절이 크다.

② 전자의 밀도가 클수록 전파는 크게 굴절된다.

③ 전자의 밀도가 높을수록 전파는 많이 감쇠한다.

〔그림 2〕에 나타낸 바와 같이 파장이 긴 장파는 D층에서 반사하며, 중파는 D층에서 굴절하여 지표에 되돌아온다. 단파는 F층까지 이르러 거기서 굴절하여 되돌아오지만, 초단파는 D층·E층·F층에서 그 진로에 영향을 받으면서도 빠져나가 다시는 지표로 돌아오지 않는다.

전파의 분류

파장이란 〔그림 3〕에 나타낸 바와 같이 전파의 꼭대기에서 꼭대기까지의 길이를 말하며, 1초 동안의 꼭대기 수를 주파수라 한다. 파장과 주파수 간에는 다음의 관계가 있다.

$$파장 = \frac{광 \ 속}{주파수}$$

파장이 긴 것은 주파수가 낮다. 〔표 1〕에 전파의 명칭과 주파수의 관계를 나타냈다.

〔표 1〕 전파의 분류

전파의 명칭	주파수 범위
장 파	10~100kHz
중 파	100~1500kHz
중 단 파	1500~3000kHz
단 파	3~30MHz
초 단 파	30~300MHz

〔그림 3〕 파장과 주파수

전파를 전하는 여러 경로

〔그림 4〕는 전파의 전송 경로이다. 송신 안테나에서 직접 수신 안테나에 이르는 전파를 직접파, 대지에서 반사하여 이르는 전파를 대지 반사파라 한다. 송신 안테나와 수신 안테나 사이에 산이 있을 경우, 전파는 산을 회절하여 전달되는데 이를 산악 회절파라고 한다. 또 전파가 전리층에서 돌아오는 경우 이를 전리층 반사파라고 한다.

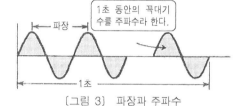

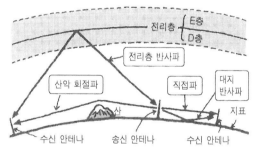

〔그림 4〕 전파의 전송 경로

Let's review!

1. 전리층에는 어떤 종류가 있는지 3가지 들어라.
2. 장파는 어느 전리층에서 반사되어 되돌아오는가?
3. 중파의 주파수 범위를 기술하라.
4. 파장과 주파수 사이에는 어떤 관계가 있는가?
5. 송신 안테나에서 직접 수신 안테나에 이르는 전파를 무엇이라 하는가?
6. F층에서 가장 영향을 받는 전파는 무엇인가?

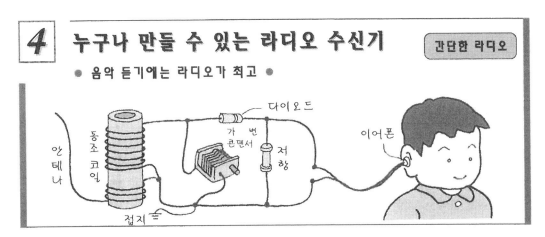

4 누구나 만들 수 있는 라디오 수신기 　간단한 라디오

● 음악 듣기에는 라디오가 최고 ●

가장 간단한 라디오 수신기 가장 간단한 라디오 수신기의 구성을 〔그림 1〕에 나타냈다. 우리를 둘러싼 공간에는 많은 전파가 흐르고 있다. 라디오 방송용 전파에는 AM과 FM이 있으며, 그밖에 많은 종류의 전파, 즉 텔레비전 방송, 경찰용 무선, 휴대용 전화 등이 있다. 이들 전파들은 각각 정해진 주파수로 흐른다. 주파수는 고주파이며 이 고주파 위에 음성 주파수(저주파)가 올라탄다.

① 안테나에는 많은 전파가 닿는다.

② 이들 전파에 의한 전류가 코일 L_1을 흐르고 있다.

③ 코일 L_1과 코일 L_2는 일체를 이루며 그 때문에 코일 L_2에는 전자 유도 작용이 일어나고 전압이 발생한다.

④ 코일 L_2에 발생한 전압의 주파수 f는 콘덴서의 정전용량 C와 다음의 관계를 갖는다.

$$f = \frac{1}{2\pi\sqrt{L_2 C}}\ \text{[Hz]}$$

이 식을 만족하는 주파수일 때 큰 전류가 흐른다. 이 현상을 공진이라고 하며, 이 때의 주파수를 공진 주파수라고 한다.

〔표 1〕은 우리 나라 라디오 방송국과 그 주파수이다.

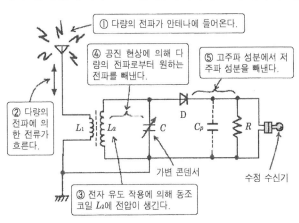

① 다량의 전파가 안테나에 들어온다.

② 다량의 전파에 의한 전류가 흐른다.

③ 전자 유도 작용에 의해 동조 코일 L_2에 전압이 생긴다.

④ 공진 현상에 의해 다량의 전파로부터 원하는 전파를 빼낸다.

⑤ 고주파 성분에서 저주파 성분을 빼낸다.

가변 콘덴서

수정 수신기

〔그림 1〕 가장 간단한 라디오 수신기

〔표 1〕

방 송 국	주 파 수
KBS 1 FM	93.1MHz
EBS FM	104.5MHz
MBC FM	91.9MHz
TBS FM	95.1MHz
CBS AM	837kHz
SBS AM	792kHz

⑤ 이들 고주파에 음성의 저주파가 실려 있으므로 다이오드 D와 콘덴서 C_p, 저항 R에 의해 고주파 성분에서 저주파 성분을 추려낸다. 고주파 성분과 저주파 성분의 관계를 〔그림 2〕에 나타냈다.

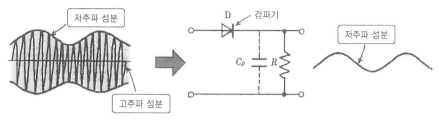

〔그림 2〕 고주파 성분에서 저주파 성분을 빼낸다

콘덴서 C_p는 점선으로 그려져 있다. 수정 수신기는 콘덴서와 같은 구조로 되어 있어, 수정 수신기를 접속하면 콘덴서 C_p를 접속한 것과 같은 작용을 한다. 따라서 콘덴서 C_p를 접속하지 않아도 된다. 다이오드 D는 고주파 성분에서 저주파 성분을 검출하는(찾아내는) 것으로, 검파기라고도 한다.

수정 수신기

〔그림 3〕은 수정 수신기와 그 동작 원리인 압전 현상을 나타낸 그림이다. (a)는 수정 수신기의 외관도이고, (b)는 그 내부 구조이다.

(c)는 압전 현상의 원칙인데, 결정에 압축력이나 인장력을 가하면 결정의 양끝에 전하가 생긴다. 또 결정에 전압을 가하면 그 결정에 인장력이나 압축력이 생긴다. 이것을 압전 현상이라고 한다. 저주파 성분이 출력 단자에 가해지면 결정이 신축하여 진동판이 진동하고 소리가 들린다.

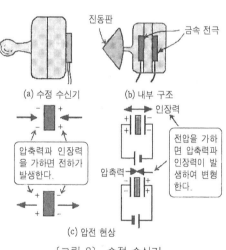

(a) 수정 수신기　(b) 내부 구조

압축력과 인장력을 가하면 전하가 발생한다.

전압을 가하면 압축력과 인장력이 발생하여 변형한다.

(c) 압전 현상

〔그림 3〕 수정 수신기

Let's review!

1 〔그림 1〕의 코일 L_2와 콘덴서 C의 역할은 무엇인가?
2 공진 주파수를 구하는 식을 써라.
3 고주파 성분에서 저주파 성분을 추려내는 것을 무엇이라 하는가?
4 〔그림 2〕에서 콘덴서 C_p를 접속하지 않아도 되는 이유는 무엇이 콘덴서 역할을 하고 있기 때문인가?
5 수정 수신기는 어떤 현상을 응용한 것인가?

스피커를 울리는 라디오는?

● 뉴스를 듣자 ●

스피커를 울리는
라디오

간단한 라디오 수신기

수정 수신기를 귀에 끼고 듣는 것이 아니라 스피커를 작동시키기 위해서는 저주파 성분의 신호를 크게 해야 한다. 저주파 신호를 크게 하는 회로를 저주파 증폭 회로라고 한다.

〔그림 1〕은 스피커로 듣는 가장 간단한 라디오 수신기의 블록도이다. 이 블록도에 나타낸 바와 같이 스피커로 들으려면 저주파 증폭 회로가 필요하다.

동조 회로 → 여러 주파수 중에서 희망하는 방송을 찾아내는 회로. 동조 회로는 코일 L과 콘덴서의 정전용량 C로

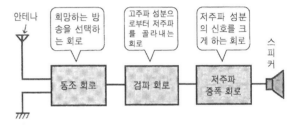

〔그림 1〕 저주파 증폭 회로를 갖춘 라디오 수신기

구성된다. 가변 콘덴서 C를 조금씩 변화시키면, $f = 1/2\pi\sqrt{LC}$ 에 의해 공진 주파수가 변하여 희망하는 주파수를 선택할 수 있다.

검파 회로 → 고주파 성분 속에 함유된 저주파 성분(음성 신호)을 골라내는 회로. 검파 회로는 다이오드(검파기) D, 콘덴서 C, 저항 R로 구성된다.

고급 라디오 수신기

'고급'이란 의미는 〔그림 1〕의 라디오보다 좀더 나은 소리를 들을 수 있다는 것이다. 좋은 소리를 듣기 위해서는 고주파 성분을 증폭하기 위한 고주파 증폭 회로를 갖추어야 한다.

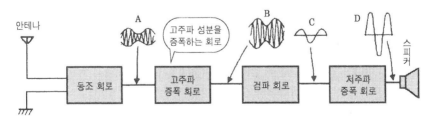

〔그림 2〕 고주파 증폭 회로를 갖춘 라디오 수신기

〔그림 2〕의 블록도에 대하여 설명한다. 동조 회로에서 원하는 방송을 선택하면 A와 같은 파형을 얻을 수 있다. 이 파형은 고주파 증폭 회로에서 증폭하면 파형 A는 파형 B처럼 진폭이 커진다. 다음에 이것을 검파 회로로 통과시키면 저주파 성분 C를 얻을 수 있고, 이 파형 C를 저주파 증폭 회로에서 증폭하면 파형 D가 얻어진다. 이 파형 D로 스피커를 작동시키는 것이다. 이상의 라디오 수신기를 직접 수신 방식이라고 한다.

슈퍼 헤테로다인 수신기

〔그림 3〕은 슈퍼 헤테로다인 수신기의 블록도이다. 지금까지의 직접 수신기와 다른 점은 국부 발진 회로와 혼합 회로를 갖추고 중간 주파 증폭 회로가 있다는 것이다.

혼합 회로(제1 검파 회로라고도 함)에서는 수신 주파수 f_c와 국부 발진 주파수 f_l을 혼합하여 그 출력으로서 중간 주파수 $f_i = f_l - f_c$를 얻을 수 있다.

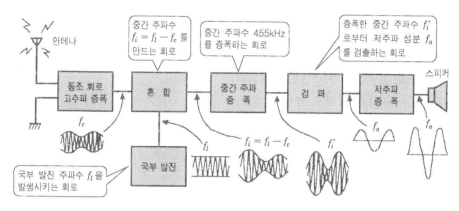

〔그림 3〕 슈퍼 헤테로다인 수신기

이와 같이 $f_l - f_c$의 주파수 성분을 골라내는 방식을 헤테로다인 검파라 하고, 헤테로다인 검파하여 증폭한 후에 다시 한번 검파(제2 검파)하여 저주파 신호를 골라내는 방식을 슈퍼 헤테로다인 검파라고 한다. 또 중간 주파수 f_i를 비트 주파수라고도 한다.

국부 발진 주파수 f_l은 수신 주파수 f_c와 함께 변하여 항상 일정한 중간 주파수 f_i를 얻을 수 있게 되어 있다. 국부 발진 주파수는 수신 주파수 f_c보다 항상 455kHz(중간 주파수) 높다.

Let's review!

1 라디오 수신기로 수정 수신기가 아닌 스피커를 사용하려면 어떤 회로가 필요한가?

2 다음 라디오 수신기의 블록도에서 A, B, C의 회로명을 써라.

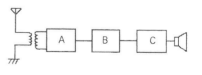

3 수신 주파수가 1134kHz일 때 국부 발진 주파수는 얼마인가? 단 중간 주파수는 455kHz.

4 $f_l - f_c$를 증폭하고 이것을 검파하여 저주파 성분을 골라내는 방식을 무엇이라 하는가?

6 음질이 좋은 FM 라디오

● 아름다운 소리를 즐기자 ●

FM 라디오

FM과 AM의 차이

AM은 진폭(Amplitude)을 변조하는 것이고, FM은 주파수(Frequency)를 변조하는 것이다. 변조는 영어로 Modulation이라 하며, AM은 진폭 변조, FM은 주파수 변조라고 부른다.

〔그림 1〕은 AM와 FM의 다른 점을 그림으로 나타낸 것이다. (a)는 반송파라고 불리는 파로, 운송 수단에 비유한다면 트럭에 해당한다. (b)는 신호파이다. 이것은 음성이나 음악이 전기 신호로 바뀐 것으로 비유하면 트럭에 실은 짐 자체이다.

(c)는 (a)와 (b)를 더한 파형으로 트럭에 짐을 실은 상태이다. 이것을 진폭 변조파라고 한다. 진폭 변조파는 반송파의 진폭을 신호파를 이용하여 바꾼 파형이다.

(d)는 주파수 변조파라고 하며, 반송파의 주파수를 신호파에 의해 바꾼 파형이다. 즉 신호파의 진폭이 플러스 쪽으로 클 때 주파수는 조밀해지고(높다), 신호파의 진폭이 마이너스 쪽으로 클 때 주파수는 성글어진다(낮다).

이와 같이 AM과 FM은 변조의 방법에 따라 다르다.

FM은 (d)에 나타낸 바와 같이 주파수는 변하지만 진폭은 일정하다. 이 진폭이 일정하다는 FM의 특징을 살려서 잡음을 제거할 수 있는 것이다.

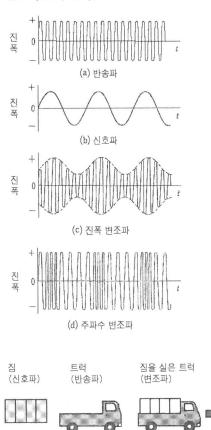

[그림 1] AM과 FM

238

〔그림 2〕는 FM 라디오 수신기의 구성 예이다. 안테나로 받은 전파는 반송파가 76~90MHz인 높은 주파수이므로 먼저 고주파 증폭기에서 온 주파수를 주파수 혼합기에 넣어 중간 주파수를 만든다. 이 중간 주파수는 10.7MHz이다. 이것을 주파수 변별기에 넣으면 FM파의 주파수 변화에 비례한 신호파가 나온다. 따라서 이 변별기는 FM의 검파기라고 할 수 있다.

디엠퍼시스 회로…FM 방송에서 잡음은 신호파의 주파수가 높을수록 심해져 송신할 때 미리 음성 신호가 높은 주파수 성분을 강조하여 변조한다. 이것을 프리엠퍼시스라고 한다. 수신 쪽에서는 검파후 송신 쪽에서 강조한 부분을 약하게 한다. 이것을 디엠퍼시스 회로라고 한다.

AFC 회로…자동 주파수 조정 회로라고도 하며, 국부 발진 회로의 주파수를 안정시키기 위해 이 회로를 사용한다.

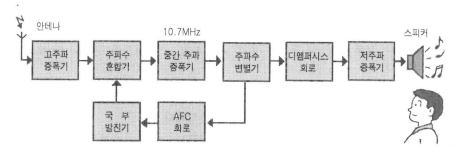

〔그림 2〕 FM 라디오 수신기의 구성 예

〔그림 3〕은 진폭 제한기의 작용을 나타낸 개념도이다. 이 회로는 리미터라고도 하며, 〔그림 2〕에서는 생략하였지만 주파수 변별기 앞에 들어가는 회로이다.

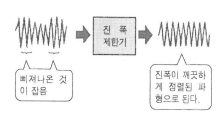

그림과 같이 잡음이 제거되어 진폭이 고르고 일정한 파형을 이루어 잡음이 적은 양질의 음이 나온다.

〔그림 3〕 진폭 제한기의 작용

Let's review!

1 AM은 무엇을 변조하는 것인가?
2 FM은 무엇을 변조하는 것인가?
3 FM 라디오 수신기의 중간 주파수는 몇 MHz인가?
4 AFC 회로는 어떤 작용을 하는가?
5 진폭 제한기는 어떤 작용을 하는가?
6 진폭 제한기의 다른 이름은?

7 즐기는 데도 준비가 필요하다

스테레오 즐기기

● 무아지경의 음악 ●

모노포닉과 스테레오포닉

일반적으로 스테레오라고 하면 스테레오포닉 사운드, 즉 입체 음향을 말한다. 또 스테레오는 입체 음향 장치의 의미로도 쓰인다. 그러므로 스테레오를 산다(이 경우는 장치)고도 하고, 스테레오를 듣는다(이 때는 음향)고도 하는 것이다.

스테레오에 대하여 모노라는 말이 있다. 모노란 모노포닉을 말하며, 하나의 마이크로폰으로 소리를 녹음하여 1대(1계통)의 스피커로 재생하는 방식이다.

스테레오포닉은 인간의 귀가 2개 있다는 데에 착안하여 2개의 마이크로폰으로 녹음하여 2대(2계통)의 스피커로 재생하는 방식이다.

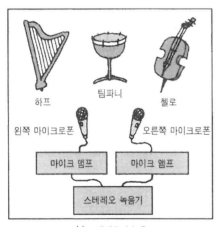

(a) 스테레오의 녹음

(b) 스테레오의 재생

〔그림 1〕 스테레오 녹음과 재생

〔그림 1〕은 스테레오의 녹음과 재생 방법을 나타낸 것이다. (a)와 같이 좌우의 마이크로폰을 무대 앞쪽에 배치하여 녹음한다. (b)는 재생 방법인데, 왼쪽 스피커에서는 왼쪽 마이크로폰의 음이 들리고 오른쪽 스피커에서는 오른쪽 마이크로폰의 음이 들린다. 이와 같이 하면 청취자는 연주한 악기의 음을 입체적으로 들을 수 있다. 즉 하프의 음은 왼쪽에서, 첼로의 음은 오른쪽에

서, 팀파니의 음은 거의 중앙에서 들리는 것처럼 느껴진다. 각 악기가 마치 그 장소에 있는 것처럼 느껴지므로 이 위치(장소)를 음상(音象)의 정위(正位)라고 한다. 음상의 정위에 관한 현상은 스피커에서 나오는 음파가 청취자의 좌우 귀에 이르는 거리의 차이에서 생긴다.

스피커의 배치

〔그림 2〕는 4채널 스테레오의 스피커 배치를 나타낸 것이다.

기본형은 (a)와 같이 스피커를 전후 좌우에 배치하는 2-2 배열이다. (b), (c), (d)와 같은 변형 배치도 생각할 수 있다.

방의 형편에 따라 네 구석에 스피커를 배치할 수 없을 때는 (c)의 앞쪽에 2-2 배열로 하거나, (b)의 3-1 배열로 한다.

흡수형과 반사형

음악 감상실의 평가 요소로서 흡수형인가 반사형인가가 있지만, 어느 쪽이 더 좋다고 할 수는 없다.

〔그림 3〕에 나타낸 것과 같이 흡수형 방은 스피커의 음 가운데 듣는 사람 방향의 것이 주로 들리며, 시스템이 좋으면 훌륭한 재생음을 들을 수 있다. 반사형 방은 스피커의 음이 반사하여 귀에 도착하는 시간이 그만큼 늦어지므로 잔향이 생긴다. 음이 풍부하게 퍼져 들린다는 특징이 있다.

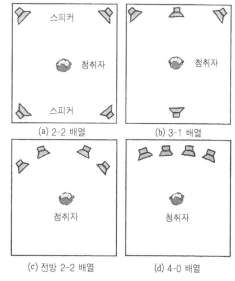

〔그림 2〕 스피커의 배치

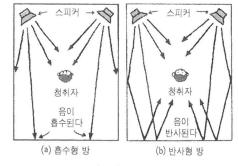

〔그림 3〕

Let's review!

1. 하나의 마이크로폰으로 녹음하여 1대의 스피커로 재생하는 방식을 무엇이라 하는가?
2. 2개의 마이크로폰으로 녹음하여 2대의 스피커로 재생하는 방식을 무엇이라 하는가?
3. 4채널 스테레오일 때 스피커 배치의 기본형은 무엇인가?
4. 4채널 스테레오일 때 음악 감상실의 네 구석에 스피커를 배치하지 못할 경우의 대책을 말하라.
5. 음악 감상실의 평가 요소 2가지는?

걸으면서 음악을 즐기는 젊은이들

● 재생, 화룡점정 ●

테이프 리코더의 구성

〔그림 1〕은 흔히 쓰이는 카세트식 테이프 리코더의 구성을 나타낸 것이다. 헤드라고 쓴 부품이 3개 있는데, 정식으로는 자기 헤드라고 한다. 그림과 같이 왼쪽으로부터 재생 헤드, 녹음 헤드, 소거 헤드의 3가지이다. 또 전자 회로의 주된 것으로는 블록도에 나타낸 것과 같이 재생 증폭기, 녹음 증폭기, 고주파 발진기가 있다. 테이프를 주행시키는 기구로서 감기 허브, 공급 허브, 테이프 가이드, 핀치 롤러, 캡스타인이 있으며, 그림에는 나타내지 않았지만 소형 모터와 건전지 등이 카세트 케이스에 들어 있다.

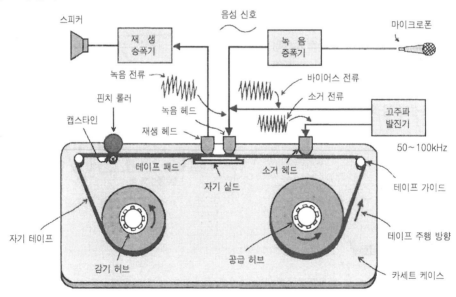

〔그림 1〕 카세트식 테이프 리코더

마이크로폰에 들어간 음성은 전기 신호로 바뀌고 증폭되어 음성 신호가 된다. 이 음성 신호를 고주파 발진기의 바이어스 전류에 실어 녹음 헤드로 자기 테이프 위에 녹음한다. 재생 헤드는 자기 테이프의 신호를 읽어 전기 신호로 바꾼다. 이것을 재생 증폭기에서 증폭하여 스피커로 음파를 내는 구조이다.

재생이란 녹음이나 녹화한 음성·화상 등을 테이프나 레코드 등으로부터 끌어내는 것을 말한다. 소거 헤드는 자기 테이프에 녹음된 여러 가지 정보를 고주파 발진기의 소거 전류로 지우는 역할을 한다.

자기 테이프

〔그림 2〕는 자기 테이프의 구성을 나타낸 것이다. 테이프의 기반이 되는 부분을 테이프 베이스라고 하는데, 테이프 베이스는 폴리에스테르 필름으로 되어 있다. 두께는 6, 8, 12㎛(㎛=10^{-6}m)의 3종류가 있고 매우 얇다. 그 위에 강자성 산화철의 자성체(두께는 3, 4, 6㎛)가 발라져 있다.

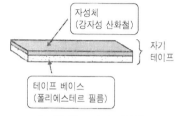

〔그림 2〕 자기 테이프

녹음의 원리

〔그림 3〕과 같은 구조의 녹음 헤드 코일에 증폭기에서 온 신호 전류를 흘린다. 그러면 전기의 주파수와 전류의 크기에 따른 자계가 녹음 헤드의 갭에 발생한다. 따라서 녹음 헤드 밑을 주행하는 테이프는 그림과 같이 NS, SN 식으로 마치 조그만 자석이 줄지어 선 것 같은 모습으로 자화된다.

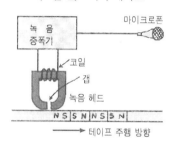

〔그림 3〕 녹음의 원리

재생과 소거의 원리

〔그림 4〕와 같이 재생 헤드 아래에 자기 테이프를 접촉시키고 녹음 때와 같은 속도로 주행시킨다. 그러면 재생 헤드의 코일에 전자 유도 작용에 의해 녹음했을 때와 같은 음성 신호가 발생하여 재생된다.

소거는 테이프에 녹음된 자기를 완전히 없애는 것이다. 소거하기 위해서는 소거 헤드에 고주파 전류를 흘려 테이프를 교류 자화하면 된다.

이와 같이 자기 테이프의 녹음·재생 또는 소거는 간단히 할 수 있다.

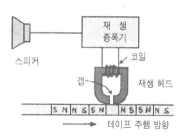

〔그림 4〕 재생의 원리

Let's review!

1. 테이프 리코더에 사용되는 3개의 헤드 이름을 기술하라.
2. 녹음하려면 헤드 코일에 어느 증폭기에서 온 신호 전류를 흘리는가?
3. 녹음한 음성을 테이프에서 끌어내 원래의 음성을 만드는 것을 무엇이라 하는가?
4. 자기 테이프의 테이프 베이스를 구성하는 것은?
5. 자기 테이프에 녹음된 정보를 없애는 것을 무엇이라 하는가?
6. 소거하기 위해서는 소거 헤드에 어떤 전류를 흘리는가?

9 빨강 초록 파랑의 아름다운 컬러 화상

● 삼위일체의 조화 ●

빛의 3원색

색과 파장　　인간의 눈으로 느끼는 빛은 도대체 무엇일까? 실은 빛도 전자파의 일종이며, 파장으로 나타내면 380나노미터에서 780나노미터까지의 범위가 빛으로 느껴진다. 나노미터〔nm〕는 10^{-9}m의 아주 작은 단위이다.

〔그림 1〕은 색과 파장의 관계를 나타낸 것이다. 파장이 380나노미터보다 짧은 영역은 보라색 바깥쪽이라는 의미로 자외라 하며, 이 영역의 파장은 보이지 않는다. 또 780나노미터보다 긴 영역은 빨강의 바깥쪽이라는 의미에서 적외라고 하며, 이 영역도 인간에게는 보이지 않는다. 그림에 나타낸 것과 같이 보라·파랑·사이안·초록·노랑·주황·빨강 순으로 나타난다.

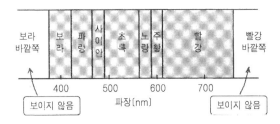

〔그림 1〕　색의 파장

빛의 3원색　　빛의 색에는 여러 가지가 있으나 적(Red)·녹(Green)·청(Blue)의 3종류 색으로 모든 색을 만들 수 있다. 이 3가지 색을 빛의 3원색이라고 한다.〔그림 2〕는 빛의 3원색과 그 색을 혼합했을 때의 색을 나타낸 것이다. 컬러 텔레비전의 경우 이 3가지 색을 써서 여러 가지 색을 나타낸다. 사이안은 녹색광과 청색광을 섞은(감산 혼합이라 함) 것이고, 마젠타는 빨강과 파랑의 감산 혼합이다. 빨강과 초록을 감산 혼합하면 노랑이 된다. 또 적·녹·청을 같은 양으로 감산 혼합하면 색이 지워져 하양이 된다.

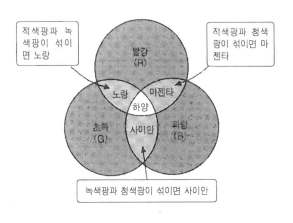

〔그림 2〕　빛의 3원색(Red, Green, Blue)

244

빛을 3원색으로 분해한다

컬러 텔레비전에서는 피사체의 빛을 3원색으로 분해하여 적·녹·청의 촬상관으로 색의 신호를 보내는 구조로 되어 있다.

〔그림 3〕 다이크로익 미러에는 청색 반사 다이크로익 미러와 적색 반사 다이크로익미러가 있다.

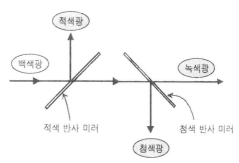

〔그림 3〕 다이크로익 미러

그림과 같이 왼쪽에서 백색광이 입사하면 최초로 적색 반사 미러에서 백색광 중의 적색 성분이 반사하여 양쪽으로 나간다. 이어서 백색광에서 적색 성분을 제외한 성분이 오른쪽으로 나가 청색 반사 미러에서 청색 성분이 반사되어 아래쪽으로 나간다. 마지막으로 남은 색의 성분은 하양−빨강−파랑=녹색이 되어 오른쪽으로 나가 백색광은 3원색으로 분해된다.

컬러 카메라의 원리

〔그림 4〕는 컬러 카메라의 원리를 나타낸 것이다. 피사체의 빛은 렌즈로 들어가 다이크로익 미러에서 3원색으로 분해된다. 적색 성분은 반사경에서 반사되어 적촬상관으로 들어간다. 녹색 성분은 2개의 다이크로익 미러를 통하여 녹촬상관으로 들어가고 청색 성분은 반사경으로 반사되어 청촬상관으로 들어간다. 적·녹·청의 3개 촬상관

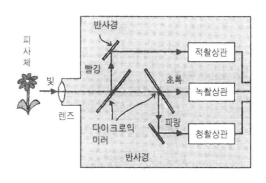

〔그림 4〕 컬러 카메라

에서 얻은 출력은 전자 회로(매트릭스 회로)에 들어가며 여기서 색의 신호와 밝기 신호(휘도 신호)가 만들어져 송신쪽 신호로 된다.

이상은 컬러 텔레비전에 대한 것이다. NTSC 방식은 흑백 방송을 컬러 수상기로 볼 수 있고 컬러 방송을 흑백 수상기로 볼 수 있다.

Let's review!

1 인간이 볼 수 있는 빛을 파장의 범위로 나타내라.

2 마젠타는 어느 색을 혼합하면 얻을 수 있나?

3 빛의 3원색을 말하라.

4 하양은 무슨 색을 혼합하면 얻을 수 있나?

5 피사체의 빛을 3원색으로 분해하려면 무엇을 사용하나?

6 컬러 카메라의 주된 구성 요소는 다이크로익 미러와 무슨 미러인가?

10 구조를 알면 즐거운 텔레비전

컬러 TV의 구조

● 매끄러운 화질의 비밀 ●

컬러 텔레비전 방송의 구성

　　[그림 1]은 컬러 텔레비전의 송신(왼쪽)과 수신(오른쪽)의 구조를 나타낸 것이다. 송신측에서는 피사체를 텔레비전 카메라로 촬영한다. 카메라는 렌즈와 색분해 프리즘, 적·녹·청의 3개 촬상관 등으로 구성되어 있다. 먼저 피사체의 빛은 렌즈로 들어가 색분해 프리즘이라고 불리는 색을 분해하는 특수한 프리즘에 의해 적·녹·청의 3원색으로 분해한다. 분해된 3가지 색 성분은 촬상관에 의해 적·녹·청의 전기 신호로 된다.

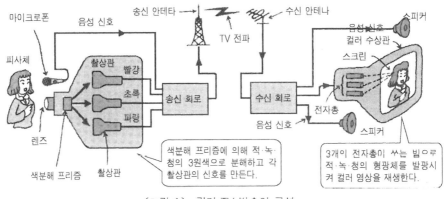

[그림 1] 컬러 TV 방송의 구성

　　이 3가지 전기 신호와 마이크로폰의 음성 신호가 송신 회로에 들어가면 송신 안테나에 의해 텔레비전 전파로 송신되는 것이다. 촬상관에는 도체 기술의 진보로 고체 촬상 소자 CCD가 사용된다. CCD는 소형에 가볍고 수명이 길며 조정 개소가 적은 등의 특징 때문에 최근 많이 사용된다.

　　수신쪽의 수신 안테나로 수신한 텔레비전 전파는 수신 회로에서 음성 신호와 3원색의 전기 신호(영상 신호)로 나뉜다. 음성 신호는 스피커에 보내져 음파로서 출력된다. 영상 신호는 컬러 수상관에 내장되어 있는 적·녹·청 3개의 전자총에 가해지고 전자총에서 나오는 전자빔으로 적·녹·청의 형광체를 발광시켜 컬러 영상을 재생한다. 스크린에는 적·녹·청의 3가지 형광체가

도포되어 있으며, 빨강 형광체는 빨강 전자총의
전자빔으로 두드린다.

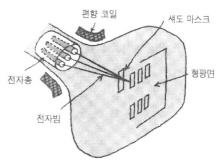

(a) 컬러 수상관의 구성

컬러 수상관의 구성

〔그림 2〕(a)는 컬러 수상관의 구성이다. 수상관의 목 부분에는 3개의 전자총
편향 코일이 있고, 관에는 섀도 마스크 형광면이
있다. 3개의 전자총에서는 적·녹·청의 형광체를
두드리는 전자빔(전자의 흐름)이 발사된다.

편향 코일은 전자빔을 수평 및 수직으로 흔드
는 역할을 한다. 편향 코일에 대해서는 다음 페
이지에 서술한다.

섀도 마스크는 형광면의 약 1cm 앞에 부착되
어 있다.

컬러 발광의 원리

〔그림 2〕(b)는 컬러 발광의 원리를 나타낸 것이다. 적·녹·청 세 전자총은 수평으로 나
란히 있고 캐소드(음극)만 별도로 3개 있는데,
다른 구성 요소는 공통으로 일체화되어 있다.

섀도 마스크는 0.2×0.6㎜ 정도의 가늘고 긴

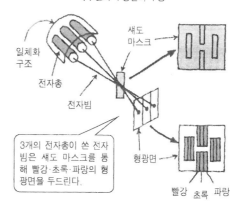

3개의 전자총이 쏜 전자빔은 섀도 마스크를 통해 빨강·초록·파랑의 형광면을 두드린다.

(b) 컬러 발광의 원리

〔그림 2〕 컬러 TV 수상관

구멍이 약 0.6㎜ 간격으로 뚫어져 있다. 형광면은 적·녹·청의 직사각형 형광체가 한 조를 이루
며 조마다 상하로 비켜나게 배열되어 있다. 적·녹·청의 세 전자총은 3가닥의 전자빔을 발사하
며, 전자빔은 섀도 마스크를 통해 적·녹·청의 형광체를 두드려 발광시킨다. 각 전자총의 전자
빔이 같은 강도로 적·녹·청의 형광체에 달하면 하얗게 보인다.

3가닥의 전자빔은 섀도 마스크에서 한 점에 집중되도록 조정되어야 한다. 이것을 컨버전스라
고 한다.

Let's review!

1. 컬러 텔레비전의 촬상관에 쓰이는 전자총은 독립한 3개가 일체화한 것인가?
2. 컬러 수상기는 원리적으로 몇 개의 전자총으로 구성되어 있는가?
3. 컬러 수상관에서 무엇이 발사되는가?
4. 형광체는 어떤 모습으로 구성되어 있는가?
5. 컨버전스란 무엇인가?

11

컬러 수상기의 구조

● 화상의 구조 ●

비월 주사의 원리

잘 보면 점이 옆으로 연속해 있어.

컬러 수상기의 구조

〔그림 1〕은 컬러 수상기(유리 밸브)의 구조이다. 전자총에서 발사되는 전자빔은 페이스 플레이트를 향하여 날아 형광막에 부딪혀 발광시킨다.

형광막 바로 앞에는 섀도 마스크라 불리는 구멍 뚫린 패널이 배치되어 있다. 또 전자빔을 상하 좌우로 흔들기 위한 편향 코일, 전자빔을 만들어 가속시키기 위한 내부 도전막이 있다. 이 내부 도전막에는 20~30kV의 높은 전압이 걸려 있다.

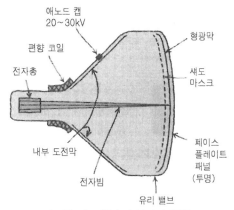

〔그림 1〕 컬러 수상기의 구조

전자빔의 진행 방향을 바꾸려면

전자빔은 형광면 전체를 구석구석까지 이동해야 한다. 그러기 위해서는 전자의 이동 방향을 변화시켜야 한다. 〔그림 2〕는 전자의 이동 방향을 바꾸는 원리이다.

지금 전자가 왼쪽에서 오른쪽으로 날고 있다고 하자. 전자의 이동 방향과 전류의 방향은 반대이므로 전류는 오른쪽에서 왼쪽으로 흐르게 된다. 한편 자계는 위에서 아래로 이동하므로 플레밍의 왼손의 법칙을 쓰면, 전자에는 아래 방향의 전자력이 작용하게 된다.

전자가 왼쪽에서 오른쪽으로 움직이고 있고, 그 때 아래쪽으로의 힘이 작용하면 전자의 궤도는 도면과 같이 구부러진다. 이와 같이 하여 전자의 이동 방향을 바꾸는 것이다. 이와 같이 전

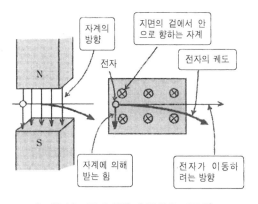

〔그림 2〕 전자 이동의 방향을 바꾼다

자빔을 자계에 의해 편향시키는 것을 전자의 편향이라 한다.

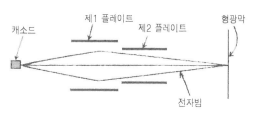

〔그림 3〕 전자빔 만들기

전자빔 만들기 그러면 전자빔은 어떻게 만드는지 알아 보자. 〔그림 3〕에서 캐소드가 가열되면 캐소드에서 열전자가 방출된다. 열전자는 제1 플레이트(수백 볼트의 전압이 걸려 있다)와 제2 플레이트(천여 볼트의 전압)의 조합에 의해 끌려가고 진행 방향으로 가속한다. 제1 플레이트와 제2 플레이트는 걸리는 전압의 차로 전기력선을 만들고 이것으로 빔을 집속하여 가속하는 것이다. 이 전기력선에 의해 만들어진 기구를 전자 렌즈라고 한다.

비월 주사의 구조 전자빔을 좌우로 흔드는 것을 수평 편향, 상하로 흔드는 것을 수직 편향이라 한다. 수평 편향과 수직 편향을 조합하여 스크린면 전체에 전자빔을 편향시킬 수 있다. 〔그림 4〕는 비월 주사의 구조이다. 제1 필드 주사와 제2

필드 주사를 조합하여 비월 주사를 완성시키고 있다. 제1 필드 주사의 화상과 제2 필드 주사의 화상을 더해 문자 A를 만들었다. 이와 같은 주사 방법을 비월 주사라고 한다.

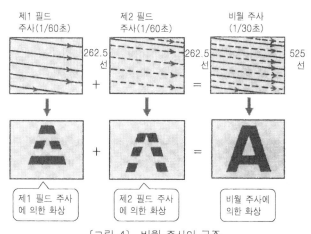

〔그림 4〕 비월 주사의 구조

또 제1 필드 주사의 주사선은 262.5선으로 제2 필드 주사선과 같다. 따라서 비월 주사의 주사선은 525선이 되고 주사 시간은 1/30초가 된다.

Let's review!

1 컬러 수상기는 어떤 부분으로 구성되는가?

2 전자의 이동 방향을 바꾸는 방법으로 어떤 것이 있나?

3 전자빔을 만들기 위해 제1 플레이트와 제2 플레이트에 가하는 전압은 플러스, 마이너스 중 어느 쪽인가, 또 대략 어느 정도의 전압인가?

4 전자빔을 스크린면 전체에 채우려면 어떤 편향을 하면 좋은가?

5 비월 주사의 주사선 수는 모두 몇 선인가?

12 뭐든지 입구가 중요하다

● TV의 현관 수신 안테나 ●

우주 안테나

〔그림 1〕은 우주 안테나와 그 설명도이다.

이 안테나는 도파기·방사기·반사기의 3개 부분으로 되어 있으며, 이를 3소자라고 한다.

방사기는 안테나의 본체로, 헤드라이트의 램프에 해당한다. 도파기는 렌즈에 대응하며 반사기는 반사경에 대응한다. 이와 같은 구성을 하면 방사기만으로 된 안테나에 비해 전파를 보다 효율적으로 받을 수 있다.

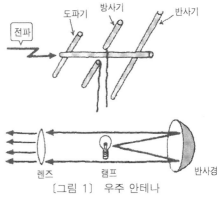

〔그림 1〕 우주 안테나

원하는 전파를 선택하는 방법

안테나에는 많은 전파가 도달한다. 그러한 전파 중에서 수신하고 싶은 전파를 선택하는 회로를 튜너라고 한다.

〔그림 2〕는 튜너의 구성도이다. 튜너는 고주파 증폭 회로와 주파수 변환 회로로 되어 있다. 고주파 증폭 회로는 안테나에 의해 얻어진 미약한 신호를 크게 하는 회로이고, 주파수 변환 회로는 고주파 신호를 중간 주파의 신호로 변환하기 위한 회로이다. 주파수 변환 회로는 국부 발진 회로와 혼합 회로로 되어 있다.

여기서 고주파 신호를 f, 국부 발진 신호를 f', 중간 주파 신호를 f''라 하면 이들 사이에는,

$$f'' = f' - f$$

의 관계가 있다. 이 중간 주파 신호를 튜너로 받아 신호를 크게 하면 텔레비전 화상과 음성이 되는 것이다.

따라서 튜너의 역할을 정확히 말하면 수신한

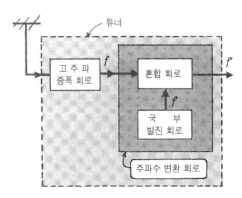

〔그림 2〕 튜너의 구성

신호를 증폭하여 중간 주파수 신호로 변환하는 것이다.

〔그림 3〕은 올채널(all channel) 수신기의 튜너이다. 즉 VHF와 UHF 모든 채널을 수신할 수 있는 튜너이다.

그림과 같이 VHF는 단독으로 수신되지만, UHF를 수신할 때는 VHF 튜너가 중간 주파 증폭기로서 작용하게 된다.

전자식 튜너 〔그림 4〕는 전자식 튜너의 기본 회로이다. 채널 선택은 동조 주파수를 바꾸는 방법으로 한다. 동조 주파수 f는 그림 중의 L, C를 써서 다음 식으로 나타낼 수 있다.

$$f = \frac{1}{2\pi\sqrt{LC}}\,[\text{Hz}]$$

바이어스 전압의 크기를 바꿔 가변 용량 다이오드의 용량을 변화시키고 국부 발진 주파수를 바꾼다.

리모트 컨트롤 리모트 컨트롤(원격 제어) 장치로 텔레비전 수신기의 수신창에 〔그림 5〕와 같이 적외선이나 초음파를 쏘아 방송 채널을 전환하는 구조이다. 각 제조 회사의 규격을 통일한 것도 발매되고 있다.

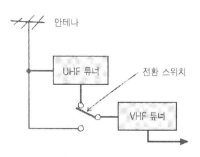

〔그림 3〕 튜너의 구성

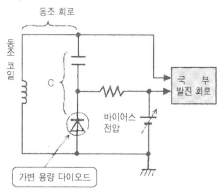

〔그림 4〕 전자식 튜너

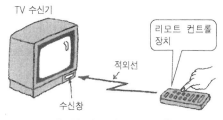

〔그림 5〕 리모트 컨트롤

Let's review!

1. 우주 안테나의 장점은 무엇인가?
2. 수신하고 싶은 전파의 주파수를 f_1, 국부 발진 주파수를 f_2라 하면 중간 주파수 f_3은 어떤 식으로 나타낼 수 있는가?
3. 올채널 수신기에서 UHF 튜너는 어떤 작용을 하는가?
4. 전자식 튜너의 경우 콘덴서의 용량은 무엇에 의해 정해지는가?
5. 리모트 컨트롤로 채널을 선택할 때, 텔레비전 수신기의 수신창에 도달하는 것은?

13 현장감 넘치는 하이비전
● 화면이 크고 또렷해요! ●

하이비전

하이비전과 현행 텔레비전

하이비전은 지금까지의 텔레비전보다 해상도가 높은 텔레비전 방식이다. 정식 명칭은 고해상도 텔레비전(High Definition Television : HDTV)이다.

〔표 1〕은 하이비전과 현행 텔레비전을 비교한 것이다. 주사선 수가 현행 텔레비전의 약 2배이므로 화질이 대단히 좋다.

또 화면의 가로·세로비(어스펙트비라고 한다)를 현행의 4:3에서 16:9로 가로를 길게 하여 현행 텔레비전에 없는 시각 효과를 겨냥했다.

다음의 화소수를 비교하여 보자.

현행의 유효 주사선 수를 490선이라 하면 화소수는,

$$490 \times 490 \times \frac{4}{3} = 320,000〔개〕가 된다.$$

하이비전의 유효 주사선 수를 1000선이라 하면

$$1,000 \times 1,000 \times \frac{16}{9} = 1,780,000〔개〕로,$$

화소수가 5.5배에 이른다.

〔그림 1〕은 가장 바람직한 시청 거리, 바꿔 말하면 최적의 시청 위치를 비교한 그림이다. 현행 텔레비전의 경우 최적의 시청 위치는 화면 높이의 7배이지만, 하이비전은 화면 높이의 3배이다. 또

〔표 1〕

	하이비전	NTSC식 현행 TV
주사선 수	1125선	525선
화면 가로·세로 비	16:9	4:3
인터레이스비 (비월 주사)	2:1	2:1
필드 주파수	60Hz	59.41Hz
영상 신호대역	20MHz	4.2MHz
음성 신호	PCM	FM
변소 방식	4채널	2채널
희망 시청 거리	$H^* \times 3$	$H^* \times 7$

* H는 화면의 높이

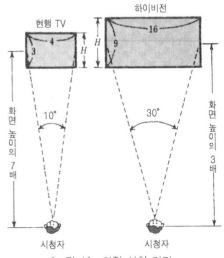

〔그림 1〕 최적 시청 거리

최적 시청 위치에서의 수평각이 30°로, 3배나 되어 현장감이 좋아진다.

음성 비교

〔그림 2〕는 하이비전 음성 시스템이다. NTSC 방식에서는 FM 2채널이지만, 하이비전은 PCM 4채널이다. 그림과 같이 앞쪽의 음은 왼쪽·중앙· 오른쪽의 3채널, 뒤쪽의 음은 왼쪽·오른쪽 모두 같은 채널이 쓰여 합계 4채널이 된다. 그래서 화면도 커지고, 음성 정보량이 증가하여 현장감이 한층 증가한다.

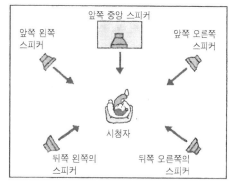

〔그림 2〕 하이비전의 음성 시스템

하이비전 방송의 기본 구성

〔그림 3〕은 하이비전 방송의 기본 구성이다. 송신쪽에서는 하이비전 영상 신호와 음성 신호를 인코더에 입력하고 디지털 신호로 변환하여 FM 변조기에서 송신기로 방송 위성(BS)을 향하여 발사한다.

수신쪽은 방송 위성에서 온 전파를 BS 안테나로 받고 이 디지털 신호를 디코더에 입력, 아날로그 신호로 변환하여 하이비전 화상을 받는다. 하이비전은 고화질, 대화면, 고품질의 음성, 박진감 등의 장점을 살려 방송 이외의 영화나 미술관 등에 응용할 수 있다.

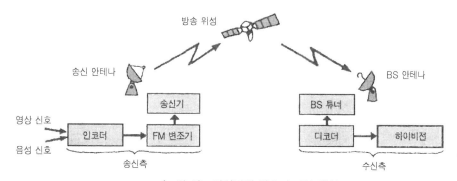

〔그림 3〕 하이비전 방송의 기본 구성

Let's review!

1 하이비전 화면의 어스펙트비는 얼마인가?
2 하이비전의 화소수는 NTSC 방식 화소수의 몇 배인가?
3 하이비전에서 최적 시청 위치는 화면 높이의 몇 배인가?
4 음성 시스템의 경우 하이비전은 몇 채널이 더 좋은가?
5 하이비전은 현장감 넘치는 방송이 가능하다고 한다. 그 이유를 말하라.
6 하이비전 방송의 구성에서 인코더나 디코더는 어떤 기능을 갖는가?

14 위성을 통해 세계의 정보를 한 눈에

● 지구 구석구석까지 다 볼 수 있다 ●

통신 위성의 구조

    지구 상공에 쏘아 올린 인공 위성을 이용하는 통신을 위성 통신이라고 한다. 그리고 위성 통신을 위한 위성을 통신 위성이라고 한다.

    위성의 궤도가 적도 상공 약 35,800km일 때 위성은 지구의 자전과 같은 주기로 돈다. 그렇기 때문에 위성은 지구에서 보면 항상 일정한 방향에 있는데, 이 정지하고 있는 것 같은 느낌 때문에 정지 위성이라고 한다.

    〔그림 1〕은 적도 상공에 3개의 정지 위성을 쏘아올린 경우의 그림이다. 이와 같은 식으로 정지 위성을 배치한다면 세계의 어느 지역과도 통신할 수 있다.

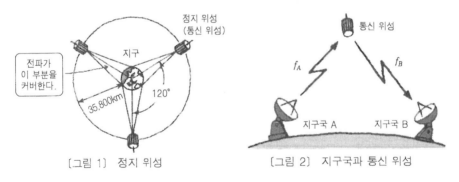

〔그림 1〕 정지 위성   〔그림 2〕 지구국과 통신 위성

    이와 같은 정지 위성은 위성 통신을 비롯하여 위성 방송과 기상 위성 등에 쓰이고 있다. 초기의 통신 위성은 지구로부터의 전파를 단지 반사하여 되보내는 것이었다. 따라서 되보내진 전파는 감쇠하여 약해진다. 그래서 현재는 트랜스폰더라는 중계기를 위성에 탑재하여 지상의 전파를 이 중계기로 증폭한 뒤 지구국으로 되보내는 시스템으로 되어 있다. 〔그림 2〕는 지구국 A에서 주파수 f_A의 전파를 발사하고, 통신 위성에서는 이 전파를 증폭하는 동

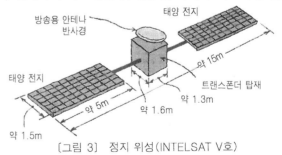

〔그림 3〕 정지 위성(INTELSAT V호)

시에 혼신을 피하기 위해 주파수 f_B의 전파로 변환하여 지구국 B로 보내는 것이다.

〔그림 3〕은 인텔새트(INTELSAT) Ⅴ호 위성의 계략도이다. 태양 전지는 날개를 편 것 같은 큰 패널 모양이다.

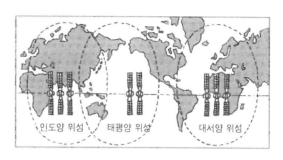

〔그림 4〕 정지 위성의 발사

국제 통신 위성

나라와 나라 간의 위성 통신은 이미 말한 바와 같이 3개의 정지 위성을 사용하면 이론적으로는 전세계를 커버할 수 있다. 그러나 실제로는 〔그림 4〕에 나타낸 바와 같이 INTELSAT(국제 전기 통신 위성 기구)의 위성이 대서양·태평양·인도양 상공에 합계 10여 개가 발사되어 있다. 이들 정지 위성을 이용하여 세계의 거의 모든 나라에 전화, 데이터 통신, 텔레비전 방송 등의 전송 서비스를 할 수 있다.

위성 방송의 구조

위성 방송은 〔그림 5〕에 나타낸 바와 같이 적도 상공의 정지 위성에 방송 전파를 발사하면 가정에서 텔레비전 등으로 방송을 수신하는 것이다.

그림과 같이 방송 센터나 차량국에서 보낸 방송 전파는 방송 위성의 트랜스폰더로 증폭·중계되어 지상의 개별 수신소나 공동 수신소로 돌아온다.

제어국은 위성의 자세와 위치를 컨트롤한다. 위성 방송을 보려면 파라볼라 안테나가 필요하다.

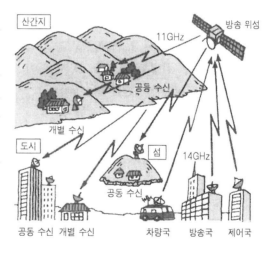

〔그림 5〕 위성 방송 센터

Let's review!

① 정지 위성은 적도 상공 몇 km의 위치에 있는가?
② 세계의 모든 지역을 커버하기 위해서는 이론상 몇 개의 위성이 필요한가?
③ 정지 위성에 탑재된 중계기를 무엇이라 하는가?
④ 지구국에서 발사하는 전파의 주파수와 정지 위성에서 되보내는 주파수는 왜 서로 다른가?

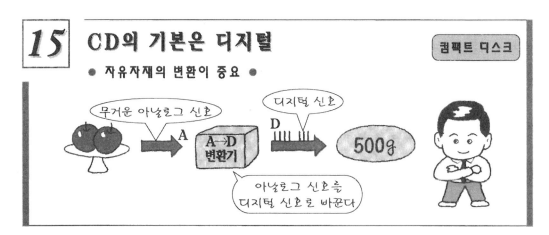

15 CD의 기본은 디지털

● 자유자재의 변환이 중요 ●

무거운 아날로그 신호

A

A→D 변환기

디지털 신호

D

500g

아날로그 신호를 디지털 신호로 바꾼다

아날로그 신호와 디지털 신호

컴팩트 디스크 (CD)는 음악이나 음성을 기록하는 장치로서 널리 사용되고 있다.

CD는 음악 등의 아날로그 신호를 디지털화하여 기록한다. 〔그림 1〕은 아날로그 신호의 디지털화를 설명한 것이다. (a)와 같이 시간과 함께 연속하여 변화하는 양을 아날로그량이라 하고, 음악이나 음성을 전압의 신호로 한 것을 아날로그 신호라고 한다. (b)는 그 아날로그 신호를 일정한 간격으로 꺼낸 것이다. 이와 같이 하여 디지털 신호를 끄집어내는 것을 표본화라고 한

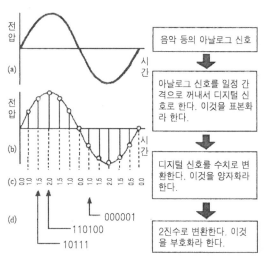

음악 등의 아날로그 신호

⬇

아날로그 신호를 일정 간격으로 꺼내서 디지털 신호로 한다. 이것을 표본화라 한다.

⬇

디지털 신호를 수치로 변환한다. 이것을 양자화라 한다.

⬇

2진수로 변환한다. 이것을 부호화라 한다.

〔그림 1〕 아날로그 신호의 디지털화

다. 이 표본화를 위한 일정 간격이라는 시간은 주파수로서 나타낼 수 있으며, 이것을 표본화 주파수라고 한다. 표본화 주파수는 아날로그 신호의 최대 주파수의 2배면 된다고 한다.

(c)는 디지털 신호를 수치로 변환한 것이며, 이것을 양자화라고 한다. (d)는 양자화한 값을 2진수로 변환한 것으로 부호화라고 한다.

CD 트랙과 피트

이 부호화된 2진수를 디스크(원반)에 기록한다. 〔그림 2〕는 컴팩트 디스크의 일부를 확대한 것이다. 그림과 같이 CD 위에 새겨진 트랙이라고 불리는 홈을 따라 피트라고 불리는 凹凸 모양의 것이 늘어서 있다. 부호화한 2진수는 이 피트의 유무 및 장단의 형태로 정보가 되어 기록된다. 즉 디지털화한 소리 신호의 1은 피트 있음, 0은 피트 없음의 형태로 기록되는 것이다. CD의 크기는 지름 12cm로, 투명한 폴리카보네이트라고 하는 플라스틱 재료로 되어 있다(그림 3).

피트의 크기는 길이 0.9~3.3㎛ 정도에 폭이 약 0.5㎛이다. 1㎛는 1mm의 1000분의 1이므

로 아주 미세하다 할 수 있다. 이 피트가 디스크 1장에 수십 억 개 형성되어 있다.

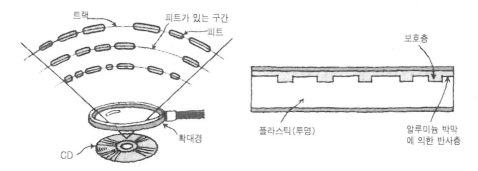

〔그림 2〕 컴팩트 디스크의 트랙 　　　　　　　　〔그림 3〕 CD의 구성

피트 판독　　　　〔그림 4〕는 피트 판독의 원리도이다. 오른쪽 그림과 같이 피트가 없는 곳에
서는 레이저 입사광이 반사하여 원래 위치로 되돌아오지만, 피트가 있으면 레
이저광은 산란하여 원래 위치로 돌아오지 않는다. 이와 같이 반사광의 유무로 피트를 검출한다.

　왼쪽 그림과 같이 레이저 발진기에서 발사된 레이저광은 렌즈를 통해 피트의 곳에서 초점을
연결하도록 조정되어 있다. 피트면에서 반사된 빛은 하프 미러에서 반사하여 광센서로 들어간
다. 피트가 있으면 산란하여 반사광은 광센서에 이르지 못하지만, 피트가 없으면 반사하여 광
센서로 들어가 전기 신호가 된다.

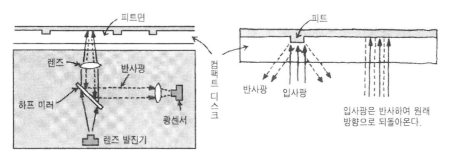

〔그림 4〕 피트 판독

Let's review!

1 컴팩트 디스크는 소리의 신호를 아날로그 신호로 기록하는가, 디지털 신호로 기록하는가?
2 아날로그 신호를 일정한 간격으로 꺼낸 디지털 신호로 변환하는 조작을 무엇이라 하는가?
3 CD 트랙 위에 소리의 정보를 기록하는 것은?
4 피트를 판독하는 데 쓰이는 빛을 무엇이라 하는가?
5 빛을 전기 신호로 변환하는 소자를 무엇이라 하는가?

☞ 〈229페이지 정답〉
1. 영구 자석, 진동판, 가동 코일
2. 오른손　　　3. 전기
4. d　　　5. R의 양끝

☞ 〈231페이지 정답〉
1. 소리 에너지　　2. 콘
3. 트위터　　　4. 저음
5. 트위터, 스쿼커, 우퍼
6. 코일 콘덴서

☞ 〈233페이지 정답〉
1. D층, E층, F층　2. D층
3. 100~1500kHz　4. 파장=광속/주파수
5. 직접파　　　6. 단파

☞ 〈235페이지 정답〉
1. 목적 전파를 잡아낸다.
2. $f = \dfrac{1}{2\pi\sqrt{LC}}$
3. 검파　　　4. 수정 수신기
5. 압전 현상

☞ 〈237페이지 정답〉
1. 저주파 증폭 회로
2. A는 동조 회로, B는 검파 회로, C는 저주파 증폭 회로
3. 1589kHz　　4. 슈퍼 헤테로다인

☞ 〈239페이지 정답〉
1. 진폭　　　2. 주파수
3. 10.7
4. 발진 주파수를 컨트롤한다.
5. 진폭을 일정하게 한다.
6. 리미터

☞ 〈241페이지 정답〉
1. 모노포닉　　2. 스테레오포닉
3. 2-2 배열
4. 3-1 배열이나 4-0 배열
5. 흡수형인가 반사형인가

☞ 〈243페이지 정답〉

1. 재생, 녹음, 소거　2. 녹음 증폭기
3. 재생　　　4. 폴리에스테르 필름
5. 소거　　　6. 고주파 전류

☞ 〈245페이지 정답〉
1. 380~780nm　2. 빨강과 파랑
3. 빨강, 파랑, 녹색
4. 3원색을 같은 강도로 감산 혼합한다.
5. 다이크로익 미러　6. 반사경

☞ 〈247페이지 정답〉
1. 일체화 한 것　2. 3개
3. 전자빔　　　4. 가늘고 긴 직사각형
5. 새도 마스크로 전자빔을 한 점에 집중한다.

☞ 〈249페이지 정답〉
1. 전자총, 편광 코일, 형광막
2. 편향 코일
3. 플러스, 제1 플레이트는 수백V, 제2 플레이트는 천 수백V
4. 수평 편향, 수직 편향
5. 525선

☞ 〈251페이지 정답〉
1. 전파를 보다 효율적으로 잡을 수 있다.
2. $f_3 = f_2 - f_1$　3. 중간 주파 증폭기
4. 바이어스 전압　5. 적외선

☞ 〈253페이지 정답〉
1. 16:9　　　2. 5.5배
3. 3배　　　4. 4채널
5. 화면이 크고 음성 정보량이 많다.
6. 아날로그 신호를 디지털 신호로 변환하거나 그 반대 작용을 한다.

☞ 〈255페이지 정답〉
1. 35,800km　2. 3개
3. 트랜스폰더　4. 혼신을 피하기 위해

☞ 〈257페이지 정답〉
1. 디지털 신호　2. 표준화
3. 피트　　　4. 레이저광
5. 광센서

🔟 멀티미디어의 전기학

멀티미디어는 문자·음성 화상을 조합한 새로운 정보 전달 수단이다. 새로운 기술인 탓에 아직도 발전 중이며, 정보형 가전 시스템으로 이미 사용하고 있는 것에서부터 앞으로 실현이 기대되는 것까지를 모두 멀티미디어라고 부른다.

지금 퍼스널 컴퓨터가 대단한 기세로 보급되고 있는데, 멀티미디어에는 어떤 형태로든 이 컴퓨터가 관계하고 있다. 그런 의미에서 퍼스널 컴퓨터도 멀티미디어의 중요한 범주 중 하나라고 할 수 있다.

통신망으로 화제를 모으고 있는 것으로 「네트워크의 네트워크」라 불리는 인터넷과 서비스 종합 디지털망이라 불리는 ISDN 및 광역 ISDN이 있다.

또한 미국의 고어 부통령이 제창한 정보 슈퍼 하이웨이 구상은 전세계에 큰 영향을 끼쳐 일본판 슈퍼 하이웨이, EU판 슈퍼 하이웨이 등이 발표되기에 이르렀다. 이들 통신망은 멀티미디어와 밀접한 관계를 갖는다.

이밖에 멀티미디어라 생각되는 중요한 것들에 대하여 그림을 통해 알기 쉽게 설명해 두었다.

1 멀티미디어란?

● 다재다능한 미디어란? ●

멀티미디어

**멀티미디어의
개념**

　　멀티미디어란 말을 접한 지도 오래이다. 대체 멀티미디어란 무엇일까? 현재로서는 정확한 정의는 없지만 한 마디로 말하면 「음성·문자·화상의 정보를 (양방향으로) 주고받을 수 있는 매체」라고 할 수 있다.

　구체적으로는 홈쇼핑이라고 불리듯이 집에 있으면서 원하는 상품을 구입한다거나, 재택 학습이라고 해서 학원에 가지 않고 학원에서 보내는 메뉴(학습물)를 배워 학력을 취득한다거나, 집에 있으면서 원격지의 정보를 얻는 것 등이다. 또 외출지에서 자택의 안전 확인과 전기 용품을 컨트롤하기, 원격지 의료, TV 전화, PC 통신, 이동 통신, 카 내비게이션 시스템, 화상 회의, 나아가 통신 노래방 등 많은 종류가 있다.

**원격 병리
진단의 구조**

　　[그림 1]은 원격지 병원과 대학 병원을 ISDN(서비스 종합 디지털망)으로 연결하여 병리 진단을 하는 구조를 나타낸 것이다. 병리 진단이 가능한 의사는 외과의나 내과의에 비해 적고, 그 때문에 대학 병원의 병리의에게 진단을 의뢰하는 케이스가 증가한다.

　원격지의 병원은 환자의 병리 세포의 화상을 대학 병원에 광섬유 케이블로 보낸다. 대학 병원에서는 이 세포 화상을 하이비전 화상으로 조사하여, 병리 진단을 하고 그 결과를 되보낸다. 원격지 병원에서는 그 결과에 따라 치료를 시작한다.

[그림 1] 원격 병리 진단

260

재택 건강 진단의 구조

케이블 텔레비전을 이용하여 하는 재택 건강 진단도 멀티 미디어 중 하나이다. 환자는 자택에서 전용 단말 장치를 통하여 혈압 수치나 심전도의 결과를 입력한다. 이상이 있으면 의사의 지시에 따라 치료를 받는다. 헛되이 통원하지 않아도 되고, 병원의 진단 효율도 높으며 환자의 건강 관리 의식도 높아진다.

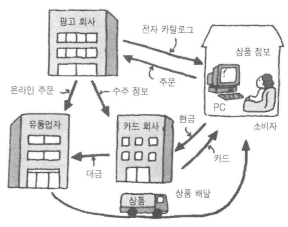

〔그림 2〕 홈쇼핑

홈쇼핑

〔그림 2〕는 홈쇼핑 시의 현금 카드 상품의 흐름을 나타낸 것이다.

집에 있는 소비자는 단말기를 조작하여 광고 회사의 상품 카탈로그를 정지 화상으로 본다. 이와 같은 카탈로그를 전자 카탈로그라고 한다. 마음에 드는 상품이 있으면 같은 단말기로 주문한다. 광고 회사는 상품을 취급하는 유통업자에게 온라인으로 상품명과 배달처를 통보하고 유통업자는 그것을 받아 즉시 상품을 택배한다. 대금 지불은 어떻게 할까? 소비자는 카드 회사와 계약하여 카드로 대금을 지불하고, 카드 회사는 광고 회사로부터 수주 정보를 받으면 대금을 유통업자에게 보낸다. 상품 카탈로그는 정지 화상 외에 통화나 음성 등을 자유로이 활용하여 보낼 수 있다. 일종의 PC 통신이다.

통신 노래방의 구조

통신 노래방은 곡을 충분히 마련한 운영 회사가 공중 통신 회선 등을 통해 노래방 점포로 보내는 시스템이다.

이용자가 부르고 싶은 곡을 주문하면 즉시 곡이 영상과 함께 흐른다. 통신 노래방은 곡의 타이틀이 많고 신곡이 나오면 곧 부를 수 있다는 장점이 있고, 점포 입장에서는 기존의 레이저 디스크에 비해 도입 비용과 설비 면적이 적어서 좋다는 장점이 있다.

〔그림 3〕 통신 노래방

Let's review!

1. 멀티미디어는 어떤 형태의 정보를 주고받는가?
2. 원격 병리 진단에는 어떤 통신망이 필요한가?
3. 재택 건강 진단에서 환자는 어떤 수치를 자택에서 병원으로 보내는가?
4. 홈쇼핑에서 쓰는 상품 카탈로그를 달리 무엇이라 부르는가?

2 「현대판 호적」, IC 카드
● IC 카드로 소원성취 ●

IC 카드, 데이터 베이스, 전자 통화

지역 카드 시스템
멀티 미디어는 행정이나 공공 조직에도 영향을 미치기에 이르렀다. 그 대표적인 것이 주민 IC 카드이다. IC 카드에 의해 의료 복지 서비스가 향상되고, 행정 관청이 발부하는 각종 증명서 처리 절차가 단순해질 수도 있다.

〔그림 1〕은 지역 카드 시스템의 예를 나타낸 것이다. IC 카드에는 주소·이름·혈액형·병력 등이 기록되어 위급시의 치료에 도움을 줄 수 있다.

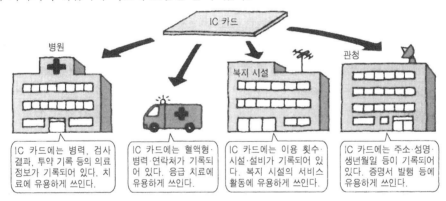

병원

IC 카드에는 병력, 검사 결과, 투약 기록 등의 의료 정보가 기록되어 있다. 치료에 유용하게 쓰인다.

IC 카드에는 혈액형·병력·연락처가 기록되어 있다. 응급 치료에 유용하게 쓰인다.

복지 시설

IC 카드에는 이용 횟수·시설·설비가 기록되어 있다. 복지 시설의 서비스 활동에 유용하게 쓰인다.

관청

IC 카드에는 주소·성명·생년월일 등이 기록되어 있다. 증명서 발행 등에 유용하게 쓰인다.

〔그림 1〕 주민 카드 시스템

또 IC 카드에는 비상 연락처, 약품의 부작용 유무, 병력, 건강 진단 결과 등의 의료 정보가 기록되어 병원 치료에 도움이 된다.

복지 시설 등의 공공 조직은 IC 카드에 시설 설비의 이용 횟수나 종류를 기록하여 서비스 활동을 향상시키는 데 이용한다. 관청에서는 IC 카드에 기록되어 있는 주소·성명·생년월일 등으로 본인임을 확인하고 증명서를 신속히 발행한다.

IC 카드의 포인트는 사용하기 편리함이다. 그래서 우체국이나 은행의 현금 카드로도 사용할 수 있다. 이밖에 시설 이용이나 각종 행사 및 공연의 예약, 공공 요금의 결제 등에도 이용될 것으로 보인다. 주민 전체가 IC 카드를 갖게 되려면 많은 시간이 걸리겠지만, 점차 확대되어 갈 것임에는 틀림없다.

멀티 미디어를 활용하
여 대학·도서관·박물관
이 소장하고 있는 정보
를 공개할 수 있다.

〔그림 2〕 각종 데이터 베이스의 공개

도쿄 대학은 400만 점의 불상, 동식물 표본,
산업 시제품 등을 소장하고 있다. 이것들을 비디
오 디스크에 수록하여, 2005년 전후에 완성한
다고 한다. 이 비디오는 장차 일반인에게도 공개
될 것이다(그림 2).

박물관 중에는 진열대 옆에 컴퓨터 그래픽으로 즐겁게 해설을 들을 수 있는 장치를 마련하여
인기를 모으는 곳도 있다.

영국의 브리티시 라이브러리에서는 전세계의 회화·사진·고문서·우표 등의 문화재를 컴퓨터
에 입력하는 작업을 시작했다고 한다. 가까운 미래에 누구나 세계의 문화에 손쉽게 접근할 수
있는 날이 올 것이다.

구매자가 상품을 온라인으로
구입할 경우 신용 카드 번호를
전자 메일로 상품 판매인에게 보
내면 카드 회사가 결재하는 구조로 되어 있다.

온라인으로 상품을 사면 온라인으로 지불하는
방법은 없을까?

〔그림 3〕은 돈(현금)이 아닌 전자 통화의 흐름
을 나타낸 것이다. 소비자는 상품을 판매자로부
터 받고 온라인으로 전자 통화를 지불한다. 그러
기 위해서는 은행에서 전자 통화를 현금과 교환

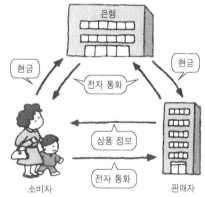
〔그림 3〕 전자 통화의 흐름

할 필요가 있다. 판매자가 소비자로부터 받은 전자 통화는 은행에서 현금으로 환전한다.

Let's review!

1. 지역 카드 시스템으로 사용되는 IC 카드의 의료 정보로서 어떠한 내용의 정보가 IC 카
   드에 기록되는가?
2. IC 카드는 어떤 시설에서 도움이 된다고 생각하는가?
3. 공공 조직이 가지고 있는 문화재를 멀티 미디어를 활용하여 일반인에게 공개할 때 어떤
   종류의 문화재를 생각할 수 있나?
4. 온라인으로 상품을 구입할 때 신용 카드 대신 사용하는 것은?

3 멀티미디어의 주춧돌 네트워크

● 종횡무진 ●

정보 슈퍼 하이웨이

정보 슈퍼 하이
웨이 구상

정보 슈퍼 하이웨이 구상은 미국의 고어 부통령이 제창하고 클린턴 대
통령이 선거 공약으로 내건 것이다. 문자·음성·화상 등의 데이터 정보가
왕래하는 하이웨이(고속 도로)를 만들어 멀티 미디어 사회를 실현하고자
하는 계획이다. 이것을 실현하기 위해서는 광섬유를 미국의 모든 가정에 깔 필요가 있다. 이 계
획이 정보 슈퍼 하이웨이 구상이다. 물론 가정뿐 아니라 기업·학교·도서관·관청·연구기관도 모
두 광섬유 케이블 네트워크로
연결하는 장대한 계획이라고 할
수 있다.

〔그림 1〕은 전세계 규모의 정
보 슈퍼 하이웨이 구상이다.

미국은 2000년까지는 이 구
상을 실현하고자 하고 있다.

일본은 2010년까지 정부·기
업·가정을 광섬유 케이블로 연
결하여 네트워크를 구축하는 계
획을 구상하고 있다. 말하자면
일본판 정보 슈퍼 하이웨이 구
상이다.

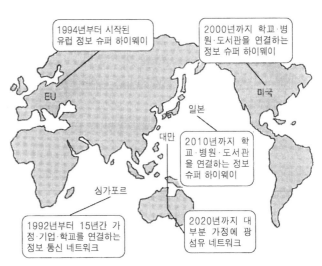

〔그림 1〕 세계 정보 슈퍼 하이웨이 구상

유럽은 EU(유럽 연합)가 1994년 약 33조원의 예산이 소요되는 유럽판 정보 슈퍼 하이웨이
구상을 발표했다. 이를 위해 EU는 유럽 내의 공공 기관과 민간 기업의 연대를 촉구하고 있다.
아시아 각국도 2007~2020년을 목표로 고도 종합 정보 통신 네트워크를 구축할 예정이라고
한다.

이상과 같이 세계 각국이 멀티미디어를 이용한 정보 슈퍼 하이웨이 구상을 하고 있지만 그
중에서도 미국이 가장 앞서 있다. 미국에는 일찍이 CATV(유선 텔레비전)가 보급되어 있어,

CATV 네트워크를 이용하여 각 가정을 연결하는 정보 슈퍼 하이웨이로 발전시킬 수 있기 때문이다.

정보 슈퍼 하이웨이에는 왜 광섬유가 사용될까? [그림 2]는 광섬유 케이블과 도선의 정보를 전달하는 능력, 즉 전송 용량을 비교한 것이다. 광섬유 케이블은 구리로 만든 동축 케이블(그림 중의 도선)에 비하여 1만 6천 배의 전송 용량을 갖는다. 앞으로의 연구에 따라서는 더욱 향상될 것이다. 이 많은 전송 용량을 가진 광섬유 케이블 네트워크를 정비함으로써 비로소 멀티 미디어 사회가 도래한다고 할 수 있다.

광섬유 케이블 통신은 종래의 무선 통신이나 유선 통신이 아날로그 방식임에 비해 정보가 1과 0으로 이루어지는 디지털 방식이다. 동시에 광통신은 전기 통신에 비하여 매우 높은 주파수대가 이용되기 때문에 취급할 수 있는 정보량이 방대해져 상술한 바와 같이 구리선의 1만 6천 배나 되는 용량을 갖는다.

[그림 3] (a)는 광섬유 케이블의 구조이다. 섬유는 고품질의 유리로, 빛이 잘 통하며 굴절률이 높은 코어부와 그 주위의 굴절률이 낮은 클래드부로 이루어진다. 그 주위를 플라스틱 피복이 덮고 있다. (b)는 (a)의 광섬유를 모아 만든 광섬유 케이블이다. 실제로는 (b)의 케이블이 간선이 되고 (a)의 케이블이 지선으로 사용된다.

[그림 2] 광섬유와 구리선의
전송 용량 비교

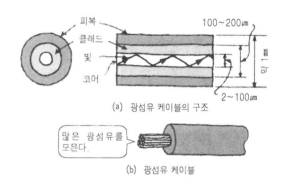

(a) 광섬유 케이블의 구조

많은 광섬유를 모은다.

(b) 광섬유 케이블

[그림 3] 광섬유 케이블

Let's review!

1. 미국에서는 미국판 정보 슈퍼 하이웨이를 언제까지 구축할 계획인가?
2. 미국이 다른 나라보다 먼저 정보 슈퍼 하이웨이를 실현할 수 있는 배경은 무엇인가?
3. 광섬유는 구리선에 비하여 몇 배의 전송 용량을 가지는가?
4. 광섬유의 코어부의 크기는 어느 정도인가?

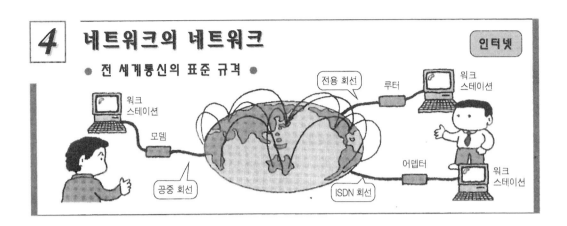

4 네트워크의 네트워크

인터넷

● 전 세계통신의 표준 규격 ●

인터넷이란? 인터넷의 인터(inter)는 「사이에 있는, 같이 있는」의 의미이며, 네트 (net)는 네트워크, 즉 통신망이라는 뜻이다. 따라서 인터넷이란 「네트워크 와 네트워크」를 연결하는 것, 혹은 「네트워크의 네트워크」라고 생각할 수 있다. 네트워크(통신 망)라 불리는 것에는 기업 네트워크, CATV 네트워크, 전화 회사의 네트워크, PC(Personal Computer) 통신의 네트워크, 행정 네트워크, 연구소의 네트워크 등 여러 가지가 있다. 이러한 네트워크는 국내 뿐 아니라 전세계에 퍼져 있다. 즉 이 들 국내외의 네트워크에 자기 PC를 접속하고자 할 때 이용하는 것이 바로 인터넷이다(그림 1).

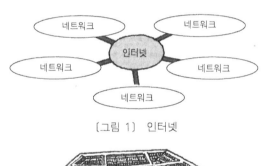

〔그림 1〕 인터넷

인터넷의 역사 인터넷의 역 사는 미국의 펜 타곤(국방부)에서 시작된다. 펜타곤 에는 4개의 큰 조직이 있고, 저마다 네트워크를 가지고 있다. 1969년 이 4개의 네트워크를 접속할 필요성 때 문에 생긴 것이 인터넷이고 현재의 규 모로까지 발전한 것이다.

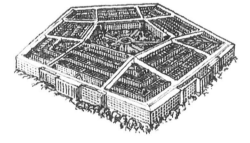

〔그림 2〕 펜타곤

1970년대 들어 이 네트워크는 미군 이외의 국방 관련 연구를 하는 대학·연구소·기업에도 그 사용이 허용되었다. 초기에는 학술 연구용 네트워크가 주류를 이루었다. 1990년대 들어 인터 넷 서비스 회사가 점차 생겨 각종 서비스를 상업용으로 파는 「상용 네트워크」가 등장했고, 전 자 메일, PC 통신, 네트 뉴스의 열람, 투고 등의 서비스를 받을 수 있게 되었다. 이것은 국내는 물론 전세계를 대상으로 한다.

우리들의 교실 인터넷

인터넷이 초·중·고교의 교육에 도입되기 시작했다. 인터넷은 세계적 규모의 컴퓨터 네트워크로서, 인터넷을 이용하여 국내의 외딴 지역이나, 외국 학생과 문자·음성·화상·동화상 등의 정보를 주고받으면서 수업을 진행할 수 있다(그림 3).

〔그림 3〕 인터넷을 이용한 수업

인터넷으로 무엇을 하는가?

인터넷에는 많은 메뉴가 있다. 그 대표는 뭐니뭐니해도 WWW(World Wide Web)이다(그림 4). 이것을 이용하여 각 공공 기관과 일반 회사, 학교, 연구소 등의 현황이나 공개 문서 등을 열람할 수 있다.

미국에는 30 사이트 이상의 주별 WWW가 있다. 그 중 교통 정보 WWW에 들어가면 로스앤젤레스의 색 표시 교통 정보를 알 수 있다. 인터넷의 이용은 여러 갈래이다. 해외 서적 수출입에 이용할 수도 있고, 전

〔그림 4〕 WWW

세계 각국의 사용자와 전자 메일을 주고받을 수도 있다. 또 인터넷의 영문 정보 서비스 이용자를 위해 인터넷으로 전달받은 영문 정보를 즉시 다른 나라 말로 번역하는 서비스도 있다.

Let's review!

1. 인터넷을 간단히 정의하면?
2. 인터넷의 발상지는 어디인가?
3. WWW는 무엇의 약자인가?
4. 인터넷 이용 중 우편을 주고받는 것을 무엇이라 하는가?

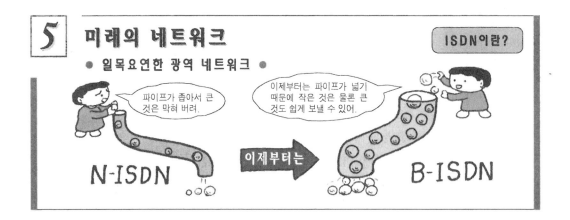

5 미래의 네트워크

● 일목요연한 광역 네트워크 ●

ISDN이란?

파이프가 좁아서 큰 것은 막혀 버려.

이제부터는 파이프가 넓기 때문에 작은 것은 물론 큰 것도 쉽게 보낼 수 있어.

이제부터는

N-ISDN

B-ISDN

지금까지의 통신 네트워크

지금까지의 통신 네트워크는 〔그림 1〕에 나타낸 바와 같이 전화는 전화망을 통하여 상대 전화에 연결하고, PC 통신으로 사용하는 PC망은 디지털 데이터 회선 교환 네트워크나 공중 회선을 통하여 상대 PC에 접속하며, 워크 스테이션은 디지털 패킷 교환망을 통하여 대형 컴퓨터에 접속되어 왔다. 즉 전용 통신 네트워크를 개별로 이용해 온 것이다.

음성·화상 등의 아날로그 신호의 경우 1개 통신망으로 주고받으면 주파수나 파형의 차이 때문에 서로 간섭하여 상태가 좋지 않다.

ISDN이란?

오른쪽의 〔그림 2〕는 ISDN의 개념도이다. ISDN은 Integrated Service Digital Network로, 우리말로 하면 「서비스 종합 디지털망」이 정식 명칭이다.

디지털망은 모든 정보를 디지털 신호로 교환하기 때문에 네트워크 내에서 여러 가지 정보를 섞어 보내도 상관 없다.

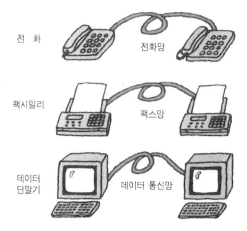

전 화 　 전화망

팩시밀리 　 팩스망

데이터 단말기 　 데이터 통신망

〔그림 1〕 개별 네트워크

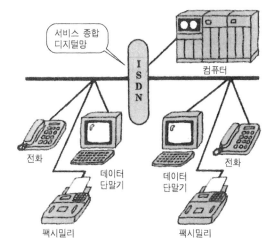

서비스 종합 디지털망

ISDN

컴퓨터

전화 　 데이터 단말기 　 데이터 단말기 　 전화

팩시밀리 　 팩시밀리

〔그림 2〕 서비스 종합 디지털망

따라서 전화, 팩시밀리, 화상 단말 장치, PC 등의 기기를 하나의 가입자 회선에 접속하여 정보의 송수신을 할 수 있다. 즉 여러 가지 통신 서비스가 하나의 네트워크로 제공된다는 것이다. 이것이 ISDN으로, 지금까지 개별로 행하던 네트워크가 종합화된 것이다.

ISDN은 지금까지의 통신 네트워크와 비교하여 다음과 같은 특징을 갖는다.

- 하나의 가입자 회선을 이용하여 복수의 통신을 동시에 할 수 있다. 전화로 상대와 말을 하면서 팩시밀리를 주고받을 수 있다. 또 전화와 PC 통신을 동시에 할 수 있다.
- 가입자 회선을 여러 가지 종류의 감시용·제어용 데이터 전송 회선으로 사용할 수 있다. 예를 들어 가스나 전기 미터 검침은 물론 이용자의 집에 있는 에어컨이나 목욕물 등을 외출지에서 제어할 수도 있다.
- 통신하는 중에도 다른 신호를 받을 수 있다. 전화 통화중에 다른 전화가 왔을 경우 그 발신자의 전화번호를 전화기의 디스플레이 상에 표시할 수 있다.

B-ISDN
광역 ISDN

현재의 ISDN은 음성, 정지 화상, 팩시밀리, 데이터, 화상 전화, 화상 회의 등에 충분히 대응할 수 있지만, TV 영상과 같은 움직이는 화상이나 초고속 데이터 통신에는 대응하지 못한다. 그래서 동화상에도 사용할 수 있는 통신 네트워크로서 B-ISDN(broad-band : 광역 ISDN)이 등장했다(그림 3). B-ISDN에 대하여 〔그림 2〕의 ISDN을 N-ISDN(narrow band : 지역 ISDN)이라고 한다.

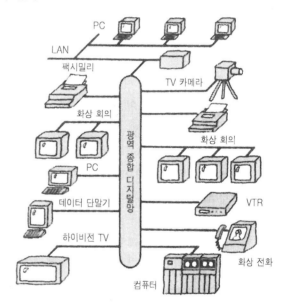

〔그림 3〕 B-ISDN

Let's review!

1. ISDN의 우리말 명칭은 무엇인가?
2. N-ISDN의 N과 B-ISDN의 B는 어떤 영어의 약칭인가?
3. N-ISDN의 경우 전화 통화중에 팩시밀리를 사용할 수 있나?
4. N-ISDN의 경우 외출중에 에어컨 제어가 가능한가?
5. N-ISDN의 경우 움직이는 화상을 이용할 수 있는가?
6. B-ISDN의 경우 TV 카메라를 이용할 수 있는가?

6 현대의 도구

● 이것 하나면 만물 박사 ●

PC

PC의 구성

퍼스널 컴퓨터(이하 PC)는 학교·기업·가정에 널리 보급되었다. 〔그림 1〕은 PC의 구성을 나타낸 것이다. 그림과 같이 컴퓨터 본체는 (중앙) 처리 장치와 주기억 장치로 되어 있고, (중앙) 처리 장치는 연산 장치와 제어 장치로 나눌 수 있다.

본체 주변에는 입력 장치와 출력 장치가 있고, 주기억 장치의 보조라는 의미의 보조 기억 장치가 있다. 그러면 각 장치의 작용에 대하여 알아 보자.

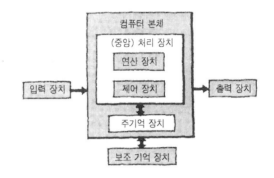

〔그림 1〕 PC의 구성

① 입력 장치 : 데이터 등을 판독하는 장치(키보드·마우스·라이트펜 등)
② 기억 장치 : 데이터나 계산 결과 등을 기억하는 장치
③ 연산 장치 : 데이터를 기본으로 하는 계산이나 크기를 비교하는 장치
④ 제어 장치 : 입력·기억·연산·출력의 각 장치 기능을 조정하는 장치
⑤ 출력 장치 : 연산한 내용을 나타내거나, 프린트하는 장치(프린터, X-Y 플로터)

하드웨어와 소프트웨어

〔그림 2〕에 나타낸 바와 같이 PC 본체, 표시 장치(디스플레이라고도 함), 프린터, 키보드 등을 하드웨어라고 한다.

또 프로그램이나 이용 기술을 총칭하여 소프트웨어라고 한다. 소프트웨어는 플로피 디스크, CD롬 등에 의해 공급된다.

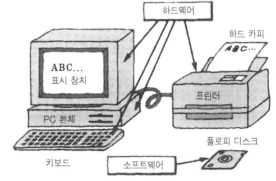

〔그림 2〕 하드웨어와 소프트웨어

PC를 이용하여 프로그램을 작성하고 그 프로그램에 의해 계산이나 대·소를 비교하여 그 결과를 표시할 수 있다. 프로그램을 만드는 언어를 프로그램 언어라고 한다. 프로그램 언어에는 BASIC·FORTRAN·COBOL·C 등 여러 가지가 있으며, 학교나 기업에서 많이 사용된다.

애플리케이션 소프트웨어에도 여러 가지가 있다. 여기서는 아래아 한글, 포토샵, Lotus 1-2-3를 설명한다.

- **아래아 한글** 우리말 워드 프로세스용 소프트웨어로 가장 보편적인 것이다. 조작이 간단하고 편집이 쉬우며, 문서 보존이 되는 등 많은 장점을 가지고 있다.
- **포토샵** 이것은 그래픽 전용 소프트웨어이다. 사진이나 그림 등의 이미지를 리터치하여 특수 효과를 내는 데 많이 쓰인다.
- **Lotus 1-2-3** 표 계산 소프트웨어의 대표라고 할 수 있다. 계산에 필요한 함수가 100종 이상 마련되어 있는 소프트웨어이다.

PC 작업에서 가장 중요한 것은 바른 자세로 키보드 조작을 하는 것이다. 또 1시간 작업하면 10분간 쉰다.

화면의 밝기를 잘 조정하고, 태양광이나 조명이 화면에 비치지 않도록 한다.

〔그림 3〕(b)와 같은 자세로 작업하면 눈이 나빠지고 어깨도 금새 뻣뻣해진다.

(a) 바른 자세   (b) 나쁜 자세

〔그림 3〕 키보드 입력시의 바른 자세와 나쁜 자세

Let's review!

1. 입력 장치에는 어떤 장치가 있는가? 2개를 들어라.
2. 연산 장치와 제어 장치를 합쳐 무엇이라고 하는가?
3. 하드웨어란 무엇인가? PC의 구성 요소를 열거하라.
4. 플로피 디스크의 내용은 하드웨어인가, 소프트웨어인가?
5. 애플리케이션 프로그램에는 어떤 것들이 있는가?
6. PC로 1시간 작업한 뒤 몇 분 쉬면 되는가?

7 즐겁고 편리한 통신 수단

● PC로 친구를 사귀자 ●

PC 통신

호스트 컴퓨터

PC 통신의 이용

PC 통신은 통신 센터의 호스트 컴퓨터와 사용자의 PC를 공중 통신 회선 등으로 접속하여 정보를 교환하는 것이다. PC 통신으로 정보를 교환하는 구체적인 예로는 전자 게시판, 전자 메일, 전자 회의 등을 들 수 있다.

PC 통신은 전화나 팩시밀리와 함께 정보 통신 수단으로서 대단히 유용한 것이다.

PC 통신에 필요한 모뎀과 접속법

PC 통신을 실제로 하려면 PC와 통신용 소프트웨어 외에 필요한 것이 있다. 그것은 모뎀이란 장치이다. 모뎀은 변복조기라고도 하며, 디지털 신호를 아날로그 신호로 변환할 때나 반대로 아날로그 신호를 디지털 신호로 변환하는 장치이다.

〔그림 1〕은 모뎀의 내부와 커넥트 케이블 등을 나타낸 것이다. PC 통신에 쓰는 PC는 이 모뎀과 연결하기 위해 RS-232C 단자를 가지고 있어야 한다.

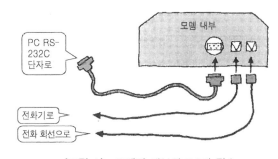

〔그림 1〕 모뎀의 내부와 PC의 접속

전자 게시판

전자 게시판은 일반적인 게시판처럼 불특정 다수의 회원이 자유로이 자기 의견이나 질문·안내 등을 쓰고 읽기 위한 것이다.

〔그림 2〕는 전자 게시판의 개념도이다. 그림의 SIG는 Special Interest Group의 약자로, 특정의 취미나 흥미를 가진 사람들의 집합체이다. CUG는 Closed User Group의 약자로, 기업 내의 사원과

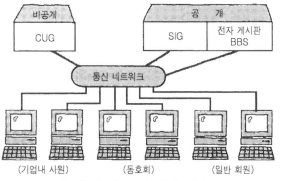

〔그림 2〕 전자 게시판의 개념도

272

같은 특정의 사람만이 가입하는 그룹이다. 전자 게시판에는 BBS란 것도 있다. 이것은 Bulletin Board System의 약자이다.

전자 메일의 구조

〔그림 3〕은 전자 메일의 개념도이다. 각 이용자에게 할당된 사서함(메일 박스)에 메일(편지)을 보내고 남이 보낸 편지를 받는다. 메일을 보내는 상대는 한사람에 한정하지 않고, 복수의 상대에게 동시에 보낼 수도 있다. 그림에서는 가입자 A가 발신자이고 가입자 E와 F에 메일을 보내고 있다.

전자 회의의 구조

〔그림 4〕는 전자 회의의 개념도이다. 전자 회의는 호스트 컴퓨터의 기억 장치 내에 회의실을 준비해 놓고 회의에 참가하는 자가 의견을 보내면 다른 사람이 그것을 보고 회의를 진행한다. 또 채팅(이야기)이라고 불리는 전자 대화도 대유행이다.

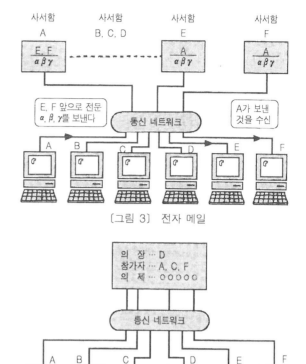

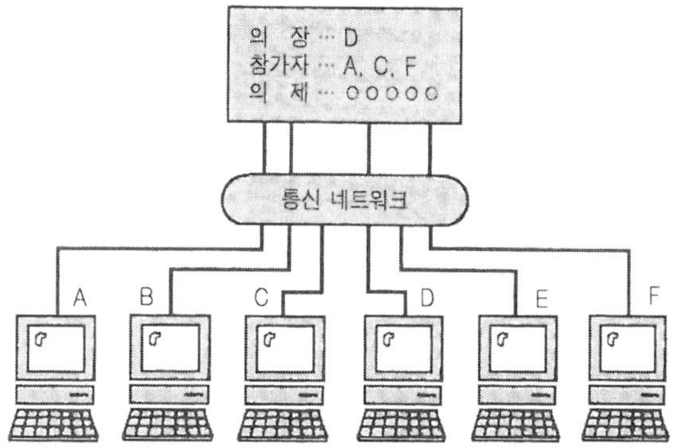

〔그림 3〕 전자 메일

〔그림 4〕 전자 회의

그밖에 문헌 등의 데이터 검색, 뉴스, 일기 예보, 금융 정보, 항공권의 예약·발권, 상품의 매매, 호텔 예약 등의 서비스가 점차 추가되고 있다.

Let's review!

1 PC 통신으로 이용되는 서비스를 3개 들어라.
2 PC 통신을 할 때 사용하는 모뎀을 다른 말로 무엇이라 하나?
3 전자 게시판 중 SIG란 그룹 외에 또 무엇이 있는가?
4 전자 메일은 복수의 상대에게 보낼 수 있는가?
5 채팅이란 무엇인가?

8 여러 가지 이동 통신

● 신기한 통신 수단-이동 통신 ●

이동 통신의 종류

자동차를 타고 있을 때나 회사에서 출장으로 돌아다닐 때, 혹은 연락처는 알고 있지만 상대가 그곳에 없을 때 어떻게 해서든지 연락은 해야겠는데 전화는 없고 해서 곤란한 경우가 있다. 이동 통신은 이와 같은 곤란함을 해소하기 위해 연구되고 실현되었다. 잘 알다시피 전화는 케이블이 있어야만 한다. 그러나 이동중의 전화에는 케이블은 사용하지 못한다. 그러면 어떻게 하면 될까? 무선 전파를 이용하면 된다. 무선 전파를 사용하면 자동차나 철도로 이동중에 또는 걸으면서 상대와 대화할 수 있다. 무선이 도달하는 범위를 서비스 지역(그림 1)이라고 한다.

〔그림 1〕

이동 통신용 주파수대

전파는 라디오 방송, TV 방송, 비상 재해용 방송, 또는 경찰 연락용, 아마추어 무선용 등 여러 가지 용도로 활용되고 있다. 따라서 이동 통신으로 사용되는 전파는 한정된 범위에만 허용되는 것이다. 그 전파의 범위는 주파수에 의해 나뉜다.

〔그림 2〕는 주파수의 폭(이것을 주파수대라고 한다)과 용도를 나타낸 것이다. 주파수란 1초 동안의 교류파의 수를 말한다. 단위는 Hz(헤르츠)를 사용한다. 1MHz(메가 헤르츠)는 100만Hz, 1GHz(기가 헤르츠)는 10억Hz의 매우 높은 주파수이다.

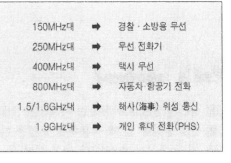

150MHz대 ➡	경찰·소방용 무선
250MHz대 ➡	무선 전화기
400MHz대 ➡	택시 무선
800MHz대 ➡	자동차·항공기 전화
1.5/1.6GHz대 ➡	해사(海事) 위성 통신
1.9GHz대 ➡	개인 휴대 전화(PHS)

〔그림 2〕 주파수대와 용도(일본의 예)

이동 통신용 전파의 주파수

전파는 무선 통신에 사용된다. 유선 통신과 달리 어디든 날아가는 것이 전파이다. 그렇기 때문에 쓰는 용도에 따라 주파수가 할당되어 있다. 〔그림 3〕은 이동 통신에 사용되고 있는 전파의 주요 주파이다.

전파는 낮은 주파수일수록 멀리 가고 높은 주파수일수록 멀리 가지 못하는 특징을 갖는다.

특히 수 GHz 이상이 되면 산이나 빌딩너머로는 전달하기 어려우며, 눈·비 따위에 의해 전파가 약해지는 등의 곤란한 현상이 생긴다. 그러나 높은 주파수는 주파수 대역이 넓어 채널 수를 많이 할 수 있는 장점이 있다.

주파수 MHz	용 도
860 ⎫ 870 ⎬	아날로그 자동차 무선 전화
885 ⎫ 887 ⎬	항공기 무선 전화
889 ⎬	항만 무선 전화
891 ⎫ 901 ⎬	아날로그 자동차 무선 전화
901 ⎫ 903 ⎬	지역 방제 무선
903 ⎫ 905 ⎬	개인 무선
940 ⎫ 956 ⎬	디지털 자동차 무선

〔그림 3〕 이동 통신용 주파수와 용도(일본의 예)

아날로그 방식과 디지털 방식

〔그림 4〕는 수신 신호 레벨과 수신 정보의 품질관계를 나타낸 것이다. 아날로그 방식의 경우 수신한 전파가 강할수록 품질은 좋아진다. 반대로 전파가 약할수록 품질이 나빠지고 알아 듣기 힘들다. 디지털 방식의 경우 전파의 신호 레벨이 극히 낮아도 수신한 정보의 품질은 나빠지지 않는다. 디지털 방식 이동 통신은 이와 같은 이점을 활용하여 발전해 왔다.

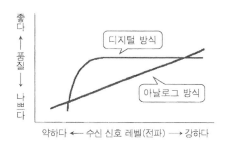

〔그림 4〕 수신 신호 레벨과 수신 정보 품질

Let's review!

1 이동 통신에는 여러 가지 종류가 있으나 모두 유선으로는 사용하지 않는다. 무엇을 이용하는가?

2 MHz는 몇 Hz인가?

3 주파수가 높으면 어떤 이점이 있는가?

4 아날로그 방식의 결점을 들어라.

5 디지털 통신 방식의 이점을 들어라.

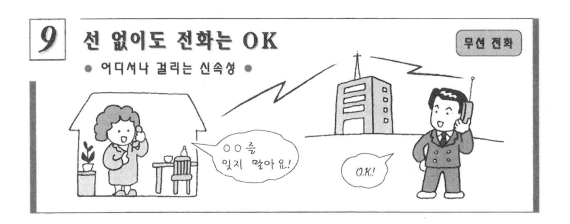

9 선 없이도 전화는 OK

● 어디서나 걸리는 신속성 ●

무선 전화

지금까지 전화는 유선 통신으로 사용되어 왔다. 전화국에서 각 가정, 사업장, 학교 등에 가설된 케이블과 전화기를 코드(선)로 접속하여 사용해 온 것이다.

〔그림 1〕에 나타낸 바와 같이 무선 전화는 전화 교환국과 일반 가정의 전화기(접속 장치)가 케이블로 연결되고 이 전화기와 무선 전화기가 무선으로 이어져 있다. 전화기, 즉 접속 장치는 자동차 전화나 휴대 전화의 무선 기지국에 해당된다. 그러나 자동차 전화의 도달 범위에 비해 무선 전화의 전파 도달 범위는 극히 좁다. 전화기에서 발사되는 전파의 송신

〔그림 1〕 아날로그 무선전화

전력은 10mW 이하의 극히 약한 전파이기 때문에 무선 전화의 통신 범위는 집안이나 집 근처 정도에 그친다. 그런 점에서 자동차 전화나 휴대 전화와는 큰 차이가 있다.

무선의 경우 특히 주의해야 할 것은 주변의 다른 접속 장치에 연결되어 버리는 현상이다. 그래서 각 접속 장치와 무선 전화기의 한 세트마다 제어 신호 내에 식별 부호(ID)를 입력해 둔다. 이 ID를 거쳐 접속되는 것이다.

무선 전화는 접속 장치와 전화기가 쌍을 이루는 것이 기본적인 구성이다. 〔그림 2〕는 접속 장치 하나에 복수의 전화기를 연결시킨 것이다.

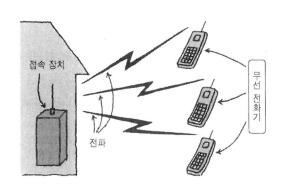

〔그림 2〕 복수의 전화기 이용

아날로그 무선 전화는 옥내용이다. Personal Handy phone System (PHS)은 옥내뿐 아니라 옥외에서도 쓸 수 있는 무선 전화이다. PHS는 디지털 무선 전화로 잡음이 적고, 전송 속도가 빠르다는 특징이 있다.

〔그림 3〕은 PHS의 개념도이다.

① 옥외용 PHS : 옥외 기지국을 설치하여 이용한다.

② 가정용 PHS : 옥내 기지국(접속 장치)를 설치하여 이용한다.

③ 사업소용 PHS : 사업소 내에 기지국을 설치하고 옥내 교환기(PBX)를 마련하여 이용한다.

PHS의 주파수대

〔그림 4〕는 PHS로 사용하는 주파수대와 전송 속도를 나타낸 것이다. 송수신하는 음성은 매초 32kb의 디지털 신호로 부호화한다. 그리고 송수신 주파수는 같은 전파를 사용한다. 사용하는 무선 주파수 대역은 1.9GHz로, 기지국과 무선 전화기는 시분할 다중 접속이라 불리는 방법으로 연결되어 있다.

PHS는 PC와 접속하여 데이터나 화상을 보내는 멀티 미디어 기기로서 기대되고 있다.

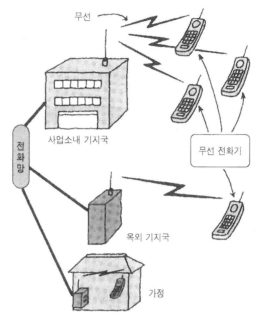

무선

사업소내 기지국

전화망

무선 전화기

옥외 기지국

가정

〔그림 3〕 PHS 개념도

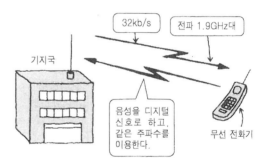

32kb/s   전파 1.9GHz대

기지국

음성을 디지털 신호로 하고, 같은 주파수를 이용한다.

무선 전화기

〔그림 4〕 PHS 주파수대

Let's review!

1 아날로그 무선 전화에서 접속 장치가 발사하는 전파의 송신 전력은 대개 몇 mW인가?

2 아날로그 무선 전화가 자동차 전화나 휴대 전화와 크게 다른 점을 한 가지 든다면?

3 PHS는 아날로그 방식인가, 디지털 방식인가?

4 PHS의 주파수 대역은 몇 GHz인가?

10 주행중에도 전화는 OK

● 어디서나 수시로 의견 교환 ●

자동차 전화

이동 통신의 기본

자동차 전화와 휴대 전화의 보급 속도는 놀랄 만하다. 이동 통신을 하려면 이용자가 있는 서비스 지역의 중심에 안테나가 있어 이용자가 이동해도 그 지역 내에 있으면 안테나를 통해 전파를 받을 수 있어야 한다. 이것이 이동 통신의 기본이고, 그 관계를 〔그림 1〕에 나타내었다.

안테나에서 발사한 전파가 닿는 구역을 존(zone)이라고 한다. 하나의 존에 속하는 이동 통신기(자동차 전화기, 휴대 전화기 등)가 점차로 증가하는 추세에 있어서, 한정된 주파수로 그 존에 가입해 있는 이용자 전원을 만족시키려면 많은 어려움이 따른다. 그래서 존의 면적을 작게 하여 범위가 좁은 존으로 하고, 같은 주파수를 많은 소(小)존에서 이용하게 한다. 소존 방식은 서비스 지역의 중심에 안테나를 두고 전체를 커버하는 대(大)존 방식에 비해서 한정된 주파수로 보다 많은 사람이 이용할 수 있다는 장점을 갖는다.

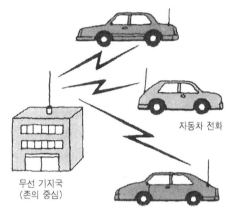

자동차 전화

무선 기지국
(존의 중심)

〔그림 1〕 이동 통신

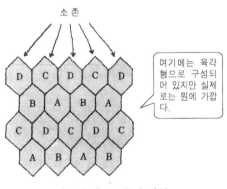

소 존

여기에는 육각형으로 구성되어 있지만 실제로는 원에 가깝다.

〔그림 2〕 소존의 방식

소존의 구성

〔그림 2〕는 소존이 어떻게 구성되어 있는지를 나타낸 것이다. 그림의 A, B, C, D는 별도 채널의 소존을 나타내고 있다. 같은 채널을 사용하는 소존을 그림과 같이 배치하면 제한된 채널을 반복하여 사용함으로써 넓은 범위를 커버할 수 있다.

이런 식으로 한정된 주파수, 한정된 채널을 유용하게 이용할 수 있다.

채널이란? 통신을 위한 회선을 채널이라고 한다. 한정된 주파수를 여러 사람이 이용하기 위해 몇 가지 방법이 고안되었다.

그 중 하나가 주파수 분할 다중 접속이다. 이 방식은 주어진 주파수 대역을 [그림 3]과 같이 일정한 주파수 간격으로 분할하여 f_1, f_2, f_3와 같이 많은 채널로 하고 사용자는 비어 있는 채널을 선택하는 것이다. 15MHz의 주파수 대역을 12.5kHz의 간격으로 분할하면 15MHz(kHz로 하면 15,000kHz)÷12.5kHz=1200. 즉 1,200채널이 된다. 이와 같이 채널을 증가시키고 동시에 소존의 반경을 5~10km에서 3~5km 정도로 하면 보다 많은 수의 이용자를 확보할 수 있게 된다.

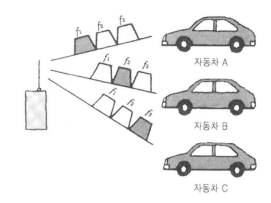

〔그림 3〕 채널

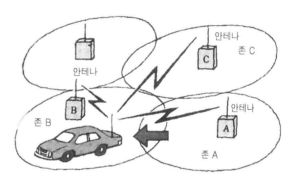

〔그림 4〕 존의 이동

존의 이동 자동차는 항상 이동한다. 지금 자동차가 A존에서 통화하고 있다고 하자. B존에 들어오면 당연히 안테나 B의 전화가 다른 안테나의 전파보다 강하므로 안테나 B의 전파를 수신하도록 주파수를 전환한다(그림 4).

Let's review!

1. 자동차 전화의 경우 안테나에서 발사된 전파가 닿는 범위를 무엇이라 하는가?
2. 소존의 장점은 무엇인가?
3. 소존에서는 동일 서비스 지역에서 같은 주파수를 사용하는 경우가 있는가?
4. 주파수대를 분할하여 사용하는 통신 방식을 무엇이라 하는가?
5. 통신을 위한 회선을 무엇이라 하는가?
6. 자동차 전화와 휴대 전화의 기본 원리는 같다고 할 수 있는가?

11 모르는 곳도 두렵지 않다
● 위성의 도움으로 길찾기 ●

카 내비게이션(car navigation)에 대하여 알아보자. 카는 물론 자동차이고, 내비게이션은 원래의 의미는 항해술, 배나 비행기의 자동 조종을 의미한다.

〔그림 1〕 카 내비게이션이란?

카 내비게이션은 우리가 운전하고 있는 자동차의 위치를 알리는 자동 항법 장치를 말한다. 카 내비게이션은 위성을 이용하여 자동차의 위치 및 거리를 측정하고 그 데이터를 CD-ROM에 기록하여 화면의 지도상에 표시하는 장치이다. 카 내비게이션의 최대 포인트는 도로 정보를 얼마나 정확히 파악하고 있는가이다. 따라서 시내 도로망은 물론 골프장이나 스키장 등 가이드 명소나 유적지를 안내해 주는 소프트웨어가 중요하다.

우수한 카 내비게이션은 지도와 CD 음악, 라디오 등이 일체화한 것, 또는 지도와 TV를 일체화한 것이라고 할 수 있다. 나아가 카 내비게이션은 도로 정체나 공사 혹은 교통 사고 등의 도로 정보를 통합하여 도로 교봉 성보 통신 시스템(VICS ⋅ Vehicle Information Communication System)으로 발전시킬 필요성이 있다. 카 내비게이션을 작동하려면 자동차가 주행하는 방향을 알아야만 된다. 이를 위해 지자기 센서, 자이로(Gyro) 센서, 차량 속도 센서, 전지구적 측위 시스템 등에 의해 방향을 검지해야 한다.

● 지자기 센서 : 이 센서는 자침의 원리를 이용하여 절대 방위를 알 수 있지만, 빌딩이나 철교 등에 영향을 받는다.

● 자이로(Gyro) 센서 : 이 센서는 자동차의 선회각 속도를 정확히 검출할 수가 있지만 위치의 검출에 애로가 있다.

● 전지구적 측위 시스템(GPS : Global Positioning

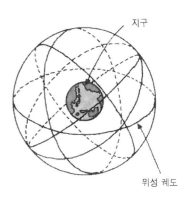

지구

위성 궤도

〔그림 2〕 GPS 위성 궤도

System) : 〔그림 2〕는 GPS 위성의 궤도를 나타낸 것이다. 지구에서 약 2만km 높이에 6개의 궤도가 있고, 각 궤도에 3개의 위성, 합계 6×3=18개가 있다.

카 내비게이션의 원리

GPS 위성에는 정확한 원자 시계가 장치되어 있다. 이 원자 시계와 동기하는 시계 및 자동차 컴퓨터의 시각 신호간의 송수신 시간차에 의해 전파 도달 시간을 알고 자동차의 위치를 구한다.

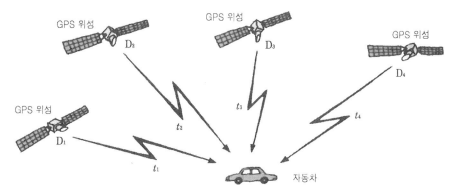

〔그림 3〕 카 내비게이션의 원리

지금 4개의 GPS 위성 D_1, D_2, D_3, D_4의 위치를 각기 (X_1, Y_1, Z_1) (X_2, Y_2, Z_2) (X_3, Y_3, Z_3) (X_4, Y_4, Z_4)로 하고 자동차 시계의 기준 시각에서의 시간을 t_1, t_2, t_3, t_4, 광속을 c, 수신기 시계의 차를 Δt 라 하면 다음 식이 성립된다.

$$c \cdot (t_1 - \Delta t) = \sqrt{(X_1 - X_u)^2 + (Y_1 - Y_u)^2 + (Z_1 - Z_u)^2}$$
$$c \cdot (t_2 - \Delta t) = \sqrt{(X_2 - X_u)^2 + (Y_2 - Y_u)^2 + (Z_2 - Z_u)^2}$$
$$c \cdot (t_3 - \Delta t) = \sqrt{(X_3 - X_u)^2 + (Y_3 - Y_u)^2 + (Z_3 - Z_u)^2}$$
$$c \cdot (t_4 - \Delta t) = \sqrt{(X_4 - X_u)^2 + (Y_4 - Y_u)^2 + (Z_4 - Z_u)^2}$$

X_u, Y_u, Z_u는 자동차의 위치를 나타내는 좌표이다. 이 방정식의 미지수는 X_u, Y_u, Z_u, Δt 이며, 이것을 풀면 위치를 구할 수 있다.

이와 같이 4개의 GPS 위성을 사용하여 네 방향에서 동시에 측정 전파를 수신할 수 있으면 가로·세로 높이 외에 속도까지 컴퓨터로 계산할 수 있다.

Let's review!

1 VICS란 무엇인가?
2 전지구적 측위 시스템은 무엇을 이용하여 실현한 것인가?
3 GPS 위성은 지상 몇 km의 위치에 몇 개 있는가?
4 광속과 시간을 곱하면 무엇이 나오는가?
5 GPS 위성에 탑재한 시계는?

12

편리한 현대의 편지

● 일의 능률을 높이자 ●

A4 원고 1장을 1분에 보낸다

팩시밀리는 19세기 중엽 영국에서 발명되어, 1925년 미국의 벨 연구소에서 실용기가 만들어졌다. 그후에도 연구가 정력적으로 진행되어 현재 널리 보급되고 있는 G3 팩시밀리는 A4 원고 1장을 약 1분 내에 보낼 수 있다.

기종	사용 통신 회선	신호방식	전송 시간
G1	가입자 전화 회선	아날로그	약 6분
G2	가입자 전화 회선	아날로그	약 3분
G3	가입자 전화 회선	디 지 털	약 1분
G4	공중 데이터 회선	디 지 털	약 4초

〔표 1〕

〔표 1〕은 팩시밀리의 개발 상황을 집약한 것이다. G4 팩시밀리는 ISDN(서비스 종합 디지털망)의 보급과 함께 이용도 증가할 것으로 기대된다. G4 팩시밀리는 고속 디지털망을 사용하여 A4 원고 1장을 놀랍게도 3~4초만에 보낼 수 있으며, 해상도도 복사기에 필적한다고 한다.

팩시밀리의 원리

〔그림 1〕은 팩시밀리의 원리를 나타낸 것이다. 그림과 같이 송신용 원고는 세밀한 부분으로 분해되어(이 하나 하나의 부분을 화소라 한다) 화살표 방향으로 왼쪽에서 오른쪽으로, 또는 위에서 아래쪽으로 주사된다.

주사란 정해진 순서에 따라 분해하고 조립하는 동작을 말한다.

각 화소는 그 농담(濃淡)에 따라 전기 신호로 변환되며, 가입자 전화 회선이나 공중 데이터 회선을 통하여 수신쪽으로 전달된다.

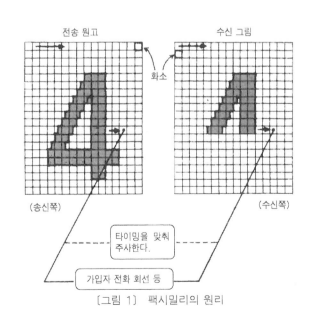

전송 원고

수신 그림

화소

(송신쪽)

(수신쪽)

타이밍을 맞춰 주사한다.

가입자 전화 회선 등

〔그림 1〕 팩시밀리의 원리

수신쪽은 전달된 전기 신호에 따라 수신 장치의 기록지에 화상으로 조립되는 동작을 하여 수신을 완성한다.

송신쪽에서 화소로 분해하는 동작과 수신쪽의 화소를 조립하는 동작의 타이밍을 일치시키는 것이 중요하다. 이것을 동기를 취한다고 한다.

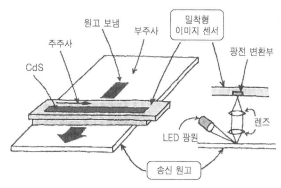

〔그림 2〕 전자적 평면 주사 방식의 원리

전자적 평면 주사 방식의 원리

〔그림 2〕는 전자적 평면 주사 방식의 원리도이다. 그림에 나타낸 바와 같이 주사에는 가로 방향의 주주사와 세로 방향의 부주사가 있다. 주주사 방향으로 CdS(황화 카드뮴) 셀이 늘어서 있다. 이 셀의 폭은 원고와 같은 폭으로 해야 한다. 셀 하나 하나는 화소에 대응한다. CdS 셀의 내부 저항은 LED 광원의 반사광의 밝기에 의해 변화한다. 따라서 문자나 화상이 검으면 반사광이 적고, 희면 반사광이 밝아진다. CdS 셀의 저항은 그 반사광에 따라서 커지기도 하고 작아지기도 한다. CdS에 전압을 가하면 반사광의 양에 따라 흐르는 전류에 변화가 생겨 각 화소는 전기 신호로 변환된다. 그 전기 신호를 전송로를 통하여 수신측에 보내는 것이다.

수신쪽은 어떻게 기록하는가?

수신쪽에 전달된 전기 신호는 감열지로 재현된다. 전달된 전기 신호에 의해 발열 소자가 가열하면 가열된 부분에 접촉한 기록지가 발색하는 구조이다.

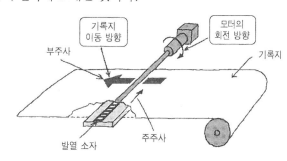

〔그림 3〕 감열 기록의 원리

Let's review!

1. G3 팩시밀리의 전송 시간은 대체로 어느 정도인가?
2. 송신측과 수신측의 화소 분해·조립의 타이밍을 일치시키는 것을 무엇이라 하는가?
3. 주주사란 무엇인가? 또 부주사란 무엇인가?
4. CdS에 빛이 닿으면 무엇이 변하는가?
5. 발열 소자에 전류가 흐르면 어떻게 되는가?

13 화상 회의

● 각지의 인재를 모은다 ●

먼저 일반 회의를 생각해 본다. 회의의 주제에 관계하는 복수의 멤버가 회의실에 모인다. 제안자는 자료를 배부하고 프로젝터 등을 사용하여 설명한다. 참석자의 질문, 수정 의견 등이 발표되고 주제의 결론을 얻는다.

화상 회의 시스템은 이와 같은 회의를 통신망을 사용하여 멀리 떨어진 곳의 복수의 멤버와 하는 데 이용된다. 사용하는 통신망은 서비스 종합 디지털망(ISDN)이다.

〔그림 1〕은 화상 회의 시스템의 개념도이다. 화상 회의는 발언하는 상대의 얼굴을 보면서 같은 회의 장소에 상대가 있다고 생각하고 발언하는 것이다. 따라서 음성을 송수신하는 마이크로폰 및 스피커, 발언자와 청취자의 얼굴을 촬영하는 비디오 카메라, 비디오 모니터 및 그것들을 결합하여 서비스 종합 디지털망에 접속하는 결합기가 필요하다.

앞으로 화상 회의의 프리젠테이션은 문자·사진·도형·동화상을 사용하여 이루어진다. 제안자는 자기의 생각을 설득력 있게 상대방에게 제시해야 한다. 그러기 위해서는 모든 수단을 써서 프리젠테이션을 할 필요가 있는 것이다. 이와 같은 화상 회의를 실현하기 위해서는 고품질의

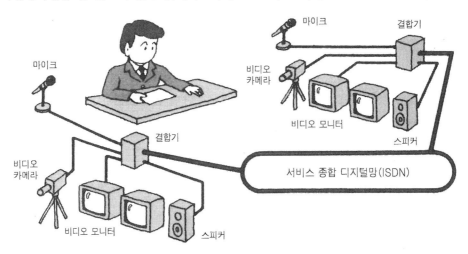

〔그림 1〕 화상 회의 시스템 개념도

동화상과 음성을 송수신하는 기술 및 정보를 송수신하는 축적된 기능을 가진 단말기가 필요하다. 이에 대비한 통신망이 광대역 서비스 종합 디지털망이다.

화상 회의 시스템 II

〔그림 2〕도 화상 회의 시스템이다. 그림과 같이 전면에 몇 개의 모니터가 있다. 발언자를 나타내는 인물용 모니터 외에 자료용 모니터(상대편에서 보내는), 전자 칠판용 모니터, TV 카메라, 스피커(저음·중음·고음을 충실히 내야한다) 등이 설치되어 있다. 자료용 모니터는 상대의 책상 위에 있는 자료를 보여주기 위한 것이다. 전자 칠판용 모니터는 상대방 전자 칠판의 화상을 비추는 것이다.

PC를 준비하여 플로피 디스켓에 입력된 자료를 필요에 따라 보내고, 또 상대의 자료를 받는다. 팩시밀리는 복사가 필요한 자료를 주고받기 위해 준비해 둔다.

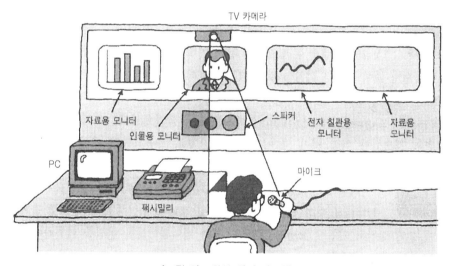

〔그림 2〕 화상 회의 시스템

Let's review!

1 화상 회의 시스템은 어떤 물리적인 조건일 때 사용하는가?

2 화상 회의의 프리젠테이션에는 어떤 정보가 사용되는가?

3 화상 회의 시스템을 운용할 때 사용되는 통신망을 무엇이라 하는가?

4 화상 회의 시스템에 필요한 주된 기기는 무엇인가?

5 화상 회의 시스템 중에는 여러 가지 기기나 장치가 준비되어 있다. 팩시밀리는 무엇 때문에 필요한가?

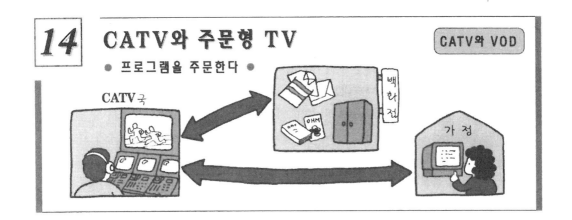

14 CATV와 주문형 TV
● 프로그램을 주문한다 ●

CATV와 VOD

CATV의 역사

CATV는 원래 방송 전파가 닿기 어려운 지역에, 말하자면 난시청 지역 대책으로서 이용되었다. 그러한 지역에서는 산 위에 공동 안테나를 세워 수신한 TV 프로그램을 동축 케이블로 각 가정에 보내는 방법이 취해졌다.

미국은 국토가 넓어 난시청 지역이 많기 때문에 일찍부터 CATV가 보급되었고, 현재는 전세대의 70%가 가입해 있다.

CATV는 원래 Community Antenna Television의 약칭이었다. 그 때까지는 단순히 텔레비전 방송의 재송신만 하던 것이 그 이외의 목적으로도 사용되면서 케이블 텔레비전(Cable Television)의 약칭이 된 것이다.

CATV란?

〔그림 1〕은 CATV의 개념도이다. 그림과 같이 방송국은 BS 안테나나 CS 안테나로 위성 방송이나 위성 통신 전파를 수신하고 이 신호를 증폭 등의 처리를 하여 송신 장치로 가정에 보낸다. 신호는 동축 케이블이라는 전선을 이용하여 보내는데, 긴 거리일 때는 신호가 약해지므로 도중에 증폭기를 설치하여 약해진 신호를 강화시킨다.

위성에서 보낸 전파 방송뿐 아니라, 독립된 방송 시스템을 설치하여 독립 방송을 보낼 수도 있다.

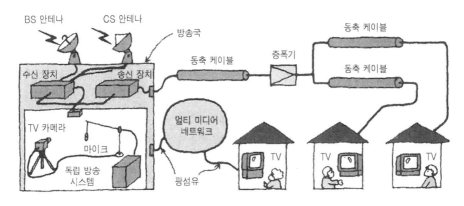

〔그림 1〕 CATV의 개념도

양방향 전송 CATV 방송국에서 각 가정까지 동축 케이블을 이용하여 텔레비전 신호를 보내는 것은 〔그림 2〕에 나타낸 바와 같이 일방 통행식이다. 이것을 일방향 전송이라고 한다. 이와 달리 일반 각 가정에서 방송국으로도 신호를 보내도록 한 것이 양방향 전송이다.

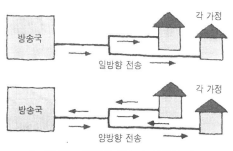

〔그림 2〕 일방향 전송과 양방향 전송

동축 케이블은 전파에 비해 큰 전송 용량을 가진다. 그렇기 때문에 전파를 사용하는 것보다 많은 채널을 보낼 수 있다. 그러나 광섬유 케이블은 동축 케이블보다도 훨씬 용량이 크며, 미래의 정보 슈퍼 하이웨이는 이 광섬유 케이블로 구축된다.

비디오 온 디맨드 비디오 온 디맨드(VOD: 주문형 비디오)는 보고 싶은 비디오를 언제든지 볼 수 있는 시스템이다. 본 것만큼 대금을 지불한다. 이것은 양방향 전송 시스템으로, 이용자가 원하는 영화를 방송국에 주문하면 방송국은 이용자에게 비디오를 송신하는 구조이다(그림 3).

〔그림 3〕 비디오 온 디맨드

온 디맨드란? 온 디맨드(On Demand)란 원래는 「청구가 있으면」이란 의미이지만 「주문형」이라는 뜻으로 쓰인다. 멀티 미디어의 정의는 여러 가지이지만 멀티 미디어의 키워드는 바로 이 온 디맨드라 할 수 있을 것이다. 또 온 디맨드 정보는 뉴스, 일기 예보, 요리, 건강, 경제, 법률, 스포츠, 오락, 여행, 교육, 학습, 기술, 교통, 호텔 예약 등 다양한 방면에 걸쳐 있다.

Let's review!

1. CATV는 처음에는 어떤 용도로 사용되었는가?
2. CATV는 방송국에서 동축 케이블로 각 가정에 정보를 보내고 있다. 전송 선로로서 동축 케이블 외에 무엇이 사용되는가?
3. 방송국에서 각 가정에 일방적으로 정보를 보내는 전송 방식을 무엇이라 하는가?
4. VOD란 무엇인가?
5. 온 디맨드란 어떤 의미인가?

15 용도가 다양한 CD-ROM
● 다양한 정보를 한 몸에 ●

CD-ROM

CD-ROM에 담는 정보

CD-ROM. 즉 컴팩트 디스크 리드 온리 메모리(Compact Disk Read Only Memory)는 기억 용량이 크고 보존성도 우수하다. 따라서 음성, 문자, 도형, 정지 화상, 동화상 등을 디지털 신호로 하여 기록하는 매체로서 주목되고 있다(그림 1).

CD-ROM에 수록되는 정보는 카 내비게이션, 신문, 서적, 게임, 음악, 영화, 사진, TV 등 넓은 범위에 걸쳐 있다.

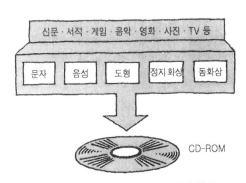

[그림 1] CD-ROM에 담겨진 정보

CD-ROM 만드는 방법

CD-ROM을 만들려면 먼저 기억시키고자 하는 정보(문자, 음성, 도형, 정지 화상, 동화상) 등의 데이터 파일을 작성한다. 다음에 작성 시스템을 써서 이들 정보의 문자·화상·음성 등을 조합한다. 그 결과는 하드 디스크나 광자기 디스크에 저장한다.

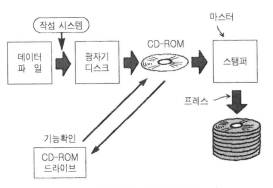

[그림 2] CD-ROM 제작

광자기 디스크에 저장된 데이터는 목적한 바의 CD-ROM 제품과 기능적으로는 같다. 따라서 여기서 제품 개발에 관한 실질적인 작업은 완료되었다고 할 수 있다. 남은 것은 프레스 작업이다. 프레스하기 전에 CD-ROM의 기능이 정확한지 여부를 확인하기 위래 CD-ROM 드라이브로 조사한다. 이상이 없으면 스탬퍼라고 하는 마스터를 작성하고 프레스 공정으로 들어간다(그림 2).

CD-ROM과 게임기

CD-ROM은 CD 플레이어나 PC 등에서 재생된다. CD-ROM에 기록된 문자·음성·화상 등의 정보는 디지털 신호로 변환되어 있어, 이것을 아날로그 신호로 바꿔 재생해야 한다.

앞으로는 게임기도 게임에만 사용하는 것이 아니라 데이터 CD-ROM이나 노래방 CD-G(G는 그래픽), 음악 CD, 영화, 전자 서적용 소프트웨어에도 대응하게 될 것이다. 물론 데이터 베이스 검색이나 홈 뱅킹에 이용되는 것도 기대된다(그림 3).

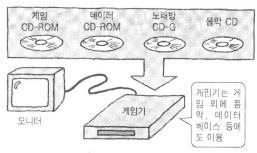

〔그림 3〕 CD, CD-ROM과 게임기

CD-ROM과 전자 출판

CD-ROM이나 플로피 디스크 등의 전자 매체에 책과 같은 서지 정보를 입력시켜 출판하는 것을 일반적으로 전자 출판이라 부른다(그림 4).

또 CD-ROM 포맷의 규격을 통일하여 간단한 플레이어로 읽을 수 있게 한 미니 CD용 전자북 출판도 활발하다. 전자북은 음악 CD나 PC 등에서 사용하는 CD-ROM과 구조적으로는 똑같다.

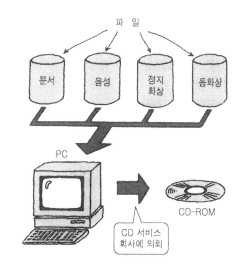

〔그림 4〕 전자 출판

전자북을 만드는 방법은 전자북 제작용 소프트웨어를 사용하여 문자, 음성, 정지 화상, 동화상의 각 파일 정보를 조합하여 편집한다. 편집 작업이 끝나면 CD 제작 회사에서 CD-ROM 디스크로 만든다. CD-ROM 전자북 외에 플로피 디스크를 이용한 디지털북이나 온라인 출판도 이루어지고 있다.

Let's review!

1. CD-ROM에 기록하는 정보에는 문자나 도형 외에 무엇이 있는가?
2. CD-ROM을 만들 때 작성용 소프트웨어는 어디에 쓰는가?
3. 게임기는 장차 게임 이외의 미디어로 활용하는 것이 가능한가?
4. 전자 출판이란 무엇인가?

Let's review! 정답

☞〈261페이지 정답〉
1. 문자, 음성, 화상　2. ISDN
3. 혈압　　　　　　4. 전자 목록

☞〈263페이지 정답〉
1. 혈액형, 병력, 약품의 부작용 유무
2. 복지 시설
3. 대학의 소장품, 문화 유산, 문헌 정보 등
4. 전자 통화

☞〈265페이지 정답〉
1. 2000년
2. CATV가 다른 나라보다 많이 보급되어 있다.
3. 16,000배　　　　4. 머리카락 굵기

☞〈267페이지 정답〉
1. 네트워크의 네트워크
2. 펜타곤　　　　　3. World Wide Wave
4. 전자 메일

☞〈269페이지 정답〉
1. 서비스 종합 디지털망
2. narrow, broad　3. 있다
4. 가능하다　　　　5. 안된다
6. 있다

☞〈271페이지 정답〉
1. 키보드, 마우스　2. 처리 장치
3. 표시 장치, 프린터, 키보드, 본체
4. 소프트웨어　　　5. 아래아 한글, 포토샵 등
6. 10분

☞〈273페이지 정답〉
1. 전자 메일, 전자 게시판, 전자 회의
2. 변복조기　　　　3. CUG
4. 있다
5. 이용자가 실시간으로 정보를 주고받는다.

☞〈275페이지 정답〉
1. 무선에 의한 전파　2. 800MHz대
3. 백만 Hz
4. 채널 수를 많이 할 수 있다.
5. 전파가 약하면 정보의 품질이 나빠진다.
6. 전파가 약해져도 어느 레벨까지는 정보의

품질이 악화되지 않는다.

☞〈277페이지 정답〉
1. 10mW
2. 이용 범위가 집안　3. 디지털 방식
4. 1.9GHz대

☞〈279페이지 정답〉
1. 존(zone)
2. 많은 사람이 이용할 수 있다.
3. 있다
4. 주파수 분할 다중 접속
5. 채널　　　　　　6. 있다

☞〈281페이지 정답〉
1. 도로 교통 정보 통신 시스템
2. GPS 위성
3. 약 2만km 상공에 합계 18개
4. 거리
5. 원자 시계

☞〈283페이지 정답〉
1. 약 1분　　　　　2. 동기를 취한다.
3. 가로 방향의 주사를 주주사, 세로 방향의
　 주사를 부주사라고 한다.
4. 저항　　　　　　5. 기록지가 발색한다.

☞〈285페이지 정답〉
1. 멀리 떨어진 사람들이 회의한다.
2. 문자, 사진, 도형, 동화상 등
3. ISDN
4. TV 카메라, 모니터, 마이크, 팩시밀리 등
5. 복사가 필요한 자료를 주고받는다.

☞〈287페이지 정답〉
1. 난시청 해결을 위해　2. 광섬유 케이블
3. 일방향 전송　　　4. 비디오 온 디맨드
5. 희망에 따라

☞〈289페이지 정답〉
1. 음성, 화상　　　　2. 문자, 음성, 화상 등
   을 조합한다.　　　3. 가능하다
4. 전자 미디어(플로피 디스크나 CD-ROM
   책)로 서지 정보를 출판하는 것.

그림해설

가정 전기학 입문

1997. 10. 2. 초 판 1쇄 발행
2020. 1. 17. 초 판 7쇄(통산 7쇄) 발행

지은이 | 일본 옴사
옮긴이 | 월간 전기기술 편집부
펴낸이 | 이종춘
펴낸곳 | **BM** ㈜도서출판 **성안당**
주소 | 04032 서울시 마포구 양화로 127 첨단빌딩 3층(출판기획 R&D 센터)
    10881 경기도 파주시 문발로 112 출판문화정보산업단지(제작 및 물류)
전화 | 02) 3142-0036
    031) 950-6300
팩스 | 031) 955-0510
등록 | 1973. 2. 1. 제406-2005-000046호
출판사 홈페이지 | **www.cyber.co.kr**
ISBN | 978-89-315-2650-9 (93560)
정가 | 25,000원

이 책을 만든 사람들
기획 | 최옥현
진행 | 김해영
본문 디자인 | 김인환
표지 디자인 | 박원석
홍보 | 김계향
국제부 | 이선민, 조혜란, 김혜숙
마케팅 | 구본철, 차정욱, 나진호, 이동후, 강호묵
제작 | 김유석

■ **도서 A/S 안내**

성안당에서 발행하는 모든 도서는 저자와 출판사, 그리고 독자가 함께 만들어 나갑니다.
좋은 책을 펴내기 위해 많은 노력을 기울이고 있습니다. 혹시라도 내용상의 오류나 오탈자 등이 발견되면 **"좋은 책은 나라의 보배"**로서 우리 모두가 함께 만들어 간다는 마음으로 연락주시기 바랍니다. 수정 보완하여 더 나은 책이 되도록 최선을 다하겠습니다.
성안당은 늘 독자 여러분들의 소중한 의견을 기다리고 있습니다. 좋은 의견을 보내주시는 분께는 성안당 쇼핑몰의 포인트(3,000포인트)를 적립해 드립니다.
잘못 만들어진 책이나 부록 등이 파손된 경우에는 교환해 드립니다.